エコ・ネットワーキング！

「環境」が広げるつなげる、思いと知恵と取り組み

枝廣淳子

法象社

「レスター・R・ブラウンに捧ぐ」

CONTENTS

序文 ……6
まえがき……9

第1章　通訳は今日もゆく ── 11

『地球白書』テレビ番組[No.6]……12
パキスタン人の運転手さん[No.7]……12
テッド・ターナー氏[No.8]……13
機内にて、環境報告書雑感[No.10]……14
車社会　沖縄[No.12]……15
環日本海環境協力会議[No.13]……17
環境を考える経済人の会21、水俣市長のお話[No.17]……18
ワールドウォッチ研究所[No.20]……20
半導体セミナーにて[No.30]……22
『地球白書2000年版』[No.66]……23
ワールドウォッチ研究所　ブリーフィング参加記：前編[No.67]……25
ワールドウォッチ研究所　ブリーフィング参加記：後編[No.68]……26
リレー通訳[No.85]……28
有機農場訪問記[No.105]……29
渡り鳥に会いに[No.118]……30
中国の地球温暖化対策[No.134]……32
世界初の燃料電池タクシー試乗記[No.155]……34
ドイツの新エネルギー法と市場創出[No.158]……35
携帯電話とカエル跳び[No.159]……37
新ワールドウォッチ研究所と、教科書に載った環境[No.165]……38
ハノイ旅行記[No.172]……40
ベトナムのニュースより[No.173]……42
身土不二[No.177]……43
富山の売薬資料館で学んだこと[No.212]……44
富山の薬売り[No.232]……47
フューチャー500と、日本人のチームワーク[No.250]……48

第2章　日本の現形（すがた）、地球の今 ── 51

棚田[No.54]……52
棚田のつづきと、大江戸事情[No.55]……53
棚田のつづき　その2[No.59]……55
棚田のつづき　その3[No.143]……56
間伐材と林業[No.84]……56
シベリアのタイガの破壊を止められるか[No.104]……58
シベリアの森林問題セミナー参加記[No.106]……59
山の感謝祭での講演会[No.108]……60
森林問題のつづき[No.111]……63
やった！　国内初「森林認証」取得[No.119]……65
森林認証と技術移転[No.124]……66
森林認証のつづき[No.125]……67
グリーンピースの抗議活動──北洋材のゆくえ[No.216]……68
北洋材を扱う製材屋さんとのやりとり[No.225]……70
血を流す島[No.136]……73
オロロン鳥[No.64]……74
気候変動と保険業界[No.4]……74
里地と地球温暖化対策[No.89]……75
世界の氷が消える日[No.127]……76
すでに始まっている社内排出権取引[No.130]……77

* 目次タイトルの[No.]は、メーリングリストのニュースの通しＮｏ.を表わします。

世界の氷が消えていく——体験談[No.133]……79
気候変動に関する政府間パネル（IPCC）の第二次評価報告書[No.199]……80
鳥取の湖山池[No.137]……82
湖山池の問題ふたたび[No.150]……83
心配な湖山池[No.263]……86
プラスチックの話２つ[No.99]……87
ペットボトルはペットにあらずの巻[No.122]……87
ペットボトルのリサイクル工場で知ったこと[No.279]……89
環境ホルモン[No.33]……92
環境ホルモンの余談[No.34]……93
千枚田と、川の話[No.246]……94

第3章　問題の「根っこ」と、解決への方向・ヒント・考え方　——97

地球環境問題　まとめ[No.50]……98
地球環境問題　原因[No.51]……100
地球環境問題　人口と豊かさについて[No.52]……102
地球環境問題　経済の変革[No.53]……104
タマネギと電気の関係[No.29]……106
仕組みづくりの話[No.58]……108
ゼロエミッション[No.91]……110
ゼロエミッション　つづき[No.92]……112
資源生産性と「本当の豊かさ」[No.94]……113
功利主義を超えて[No.97]……114
ＬＣＡとＢＷＡ（ビジネスワイド・アセスメント）[No.113]……115
環境調停者[No.152]……116
環境調停者　ふたたび[No.174]……117
「エコ」って？[No.163]……118
環境教育について[No.203]……119
ファクター４・ファクター10について[No.204]……120
環境問題に取り組むために[No.231]……122
「循環型社会」ってなあに？[No.239]……124

循環型社会について　ふたたび[No.255]……127
「循環型社会」「もったいない」は英語になるか？[No.72]……129
「もったいない」を英語にすると？[No.74]……130
日本青年会議所のMOTTAINAI運動[No.75]……131
もったいない　つづき[No.79]……133
もったいない　つづきその２[No.80]……134
山川草木悉有佛性[No.93]……135
竜安寺のつくばい[No.109]……136
モノを長く使い続けることの比較文化[No.110]……136
ヨーロッパの捨てない文化とよろず屋さん[No.120]……137
埃まみれの「物体」を誇りある「もったい」に[No.123]……140
もったいない考[No.224]……142
もったいない、チェロキーインディアン、そして線香花火[No.240]……143
レスター・ウィーク[No.175]……144
ビジョンともったいない[No.176]……145
ビジョンの意味[No.178]……148
岩手県の増田知事[No.179]……149
ビジョン　つづき[No.181]……151
ビジョン　つづきその２[No.184]……152
コミュニケーションについて[No.186]……154

第4章　エコな企業が躍進する時代　——157

富山の鱒寿司屋さん[No.28]……158
鳥取の「かにめし」[No.145]……158
グリーンコンシューマー[No.147]……159
エコ・スリッパ誕生[No.233]……161
ISO14001取得状況[No.1]……163
ISO情報：アイソス[No.16]……163
ナチュラル・ステップ[No.2]……164
ナチュラル・ステップとISO14001[No.183]…

……165
ISO14001の改定と原点[No.205]……166
ISO14001の原点──楢崎氏のお話[No.207]……
　……168
ISO14001を最大限活かすために──環境マネジメントシステムの真の力[No.208]……169
チェンジング・コース[No.210]……172
ISO14001と環境情報開示[No.221]……173
ナチュラル・ステップとISO14001、企業での取り組み[No.227]……174
環境報告書[No.9]……176
エコラベルと環境税はなぜ必要か[No.21]……
　……177
ＧＲＩシンポジウム報告記[No.37]……179
ＧＲＩシンポジウム雑感[No.38]……181
「環境経営」が「経営」になる日をめざして[No.237]……182
環境報告書のどこを見る？[No.253]……184
環境報告書とＧＲＩガイドライン[No.259]……
　……186
グリーン購入ネットワークへのお誘い[No.169]……188
グリーン購入ネットワークの購入ガイドライン[No. 195]……189
早い！安い！うまい！　環境活動評価プログラム[No.229]……191
環境活動評価プログラムをいっしょにやりましょう[No.230]……193
「今すぐできる環境マネジメントシステム」セミナー報告記[No.254]……195
エコファンド[No.39]……198
エコファンド　つづき[No.40]……199
エコファンド　つづきその２[No.43]……201
金融と環境[No.47]……202
エコファンドに関する取材の報告[No.87]……
　……203
エコファンドの現状と、荏原製作所への対応[No.151]……205
エコファンド　ふたたび[No.153]……207

エコファンド、指標、そして仕組みづくり[No.157]……209
エコファンドとエコバンク[No.168]……210
環境白書に初登場のエコファンド[No.191]……
　……213

第5章　風は地方から──変わる自治体、元気な市民、そして新しいコラボレーション
──215
東京都産業振興ビジョン[No.144]……216
ダイナモ：住民が主体者となる新しい政策形成モデル[No.146]……217
ダイナモの内側に迫る！[No.200]……218
燃料電池実用化物語[No.36]……221
鎌倉市の取り組み[No.135]……222
山梨県の「グリーン購入」の取り組み[No.138]
　……223
市民の市民による市民のための発電所[No.139]……225
ＮＰＯに愛を込めて！[No.162]……226
エコマネー[No.167]……228
持続可能な都市へのチャレンジと国際環境自治体協議会[No.196]……230
環境ＮＰＯとＣＳＯ[No.202]……231
うるさい市民を増やすには[No.215]……233
寒い寒い帯広の熱い熱い動き：北の屋台で町の活性化を！[No.220]……235
屋台、そして投げ銭[No.222]……236
カーシェアリング[No.160]……238
カーシェアリング　つづき[No.206]……239
カーシェアリングの追加情報と、クルマ・交通と環境[No.214]……242
シェアリングの時代[No.223]……244
持続可能なモビリティへ向けて[No.228]……245

エピローグ／カエルのお話を二つ[No.31]……248
あとがき……250／**自己紹介[No.49]**……252
INDEX……254

序文

　枝廣淳子さん、『エコ・ネットワーキング！』の出版、おめでとう！私が日本へ行くたびに通訳を務めてくれているので、私は彼女を何年も前から知っています。最初に会ったとき、彼女が「将来にとって大きな脅威となると思うので、環境問題をやっていきたい」と言っていたのを覚えています。いつもメッセージを伝えていきたい、外に発信したいと強く思っている人です。日本でワールドウォッチ研究所の出版物の世話をくれているワールドウォッチ・ジャパンの織田さんに、「通訳者としてお手伝いしたい」とボランティアを申し入れたのが、彼女と私との出会いに結びつきました。

　しかし、彼女は通訳者としての支援にとどまりませんでした。ワールドウォッチ研究所の資金面のサポーターにもなってくれました。特に、アジア地域のＮＧＯに、われわれの出版物を届け、情報とメッセージを広める手伝いをしてくれています。彼女は何度もわれわれの研究所に来てくれていますが、そのたびに多くの研究者と会ってお喋りをしたり、研究者が自分の研究分野での日本の動きや状況を聞くと、質問に答えたり情報を送ってくれたりしています。それから、私の本を2冊、『エコ経済革命』（たちばな出版）と『環境ビックバンへの知的戦略』（家の光協会）を日本語に訳してくれました。そのうえ、環境問題について子ども向けの連載を書き始め、メールニュースも出すようになりました。そこから本書が誕生しました。

　世界は実際、非常に難しい環境問題に直面しています。1950年以来、世界経済が6倍近くに拡大するにつれ、基本的なモノやサービスを提供する地球の能力が追いつかなくなり始めました。地球の自然の限界にあちこちで衝突しているにもかかわらず、まるで地球の能力は無限であるかのように、われわれ人間は人口を増やし、消費レベルを引き上げ続けています。世界経済が年率3％で成長し続けると、1999年には39兆ドルだった生産高が、2020年には72兆ドルと、2倍近くに増大します。39兆ドルに近づくだけでも、世界経済はすでに多くの点で、地球の自然の能力を超えてしまいました。その結果、われわれは地球環境を――時には取り返しのつかないやり方で――変えつつあるのです。

　現代の文明と、狩猟採取生活を送っていたわれわれの祖先の文明は、まったく違うものだったと思いますが、ひとつ、共通点があります。人類はわれわれを支えてくれる地球の自然生態系と資源に100％依存している、ということです。残念ながら、現在の形のまま膨張を続ける世界経済を、地球の生態系が支え切れなくなりつつあります。その紛れもない"証拠"が、消失する森林、浸食の進む土壌、低下する地下水位、崩壊する漁場、上昇する温度、死滅するサンゴ礁、融解する氷河、絶滅する植物種や動物種などです。毎年毎年、崩壊する地域の生態系が増えています。たとえば、カザフスタンでは、

土壌浸食によって1980年以来、耕地の半分を放棄せざるをえなくなりました。大西洋のメカジキの漁場も崩壊寸前です。アラル海は、1960年までは毎年4000万トン以上の漁獲高があったのに、今は死の海と化しています。フィリピンとコートジボワールでは、かつては鬱蒼と茂っていた熱帯広葉樹の森林の大半が消えてしまったため、繁栄していた林産物輸出産業も衰退してしまいました。

　ワールドウォッチ研究所ではずいぶんまえから、「アメリカでその絶頂に達した、化石燃料をベースとした、自動車中心の使い捨て経済を永久に拡大し続けることはできない」と主張してきました。経済発展を持続する唯一の方法は、経済を再構築することです。つまり、再生可能エネルギーをベースとした、鉄道と自転車中心の、再利用／リサイクル経済に転換するということです。

　世界経済が現在の形のまま拡大を続けるならば、最後には、それを支えている自然のサポートシステムを破壊し、衰退していくことになるでしょう。この「衰退－崩壊」シナリオの論理から逃れることはできないにもかかわらず、われわれはなかなか、現在の経済を持続可能な経済に転換することができないでいます。

　よい知らせは、持続可能な経済とはどのようなものか、すでにわかっている、ということです。たとえば、持続可能な経済は、再生可能エネルギー源によってその電力がまかなわれ、再利用／リサイクルの経済です。自然界では、ある生物の廃棄物は別の生物の食べ物になりますが、持続可能な経済の構造も、このような自然界をまねたものになるでしょう。そして、持続可能な経済では、人口は増え続けることなく、安定しています。

　経済を再構築するためのひとつの鍵は、税制の再編成です。労働や貯蓄といった建設的な活動に課す税を減らし、炭素の排出や有毒廃棄物の生成など破壊的な活動に課す税を重くする、ということです。このような新しい税制を実施するには、企業や政治界のトップのリーダーシップが必要です。

　リーダーたちが決意を固めて、世界を持続可能な進路に載せるために必要な、困難だが決然たるステップを歩もうとしないかぎり、世界は後退しはじめ、最終的には世界経済の発展を揺るがしかねない規模で政治不穏が広がる可能性もあります。これまでと同じやり方をしていては、地元のレベルでも各国のレベルでも、そしてもちろん、国際レベルでも、われわれの進路を定めることはできません。

　持続可能な世界へ変えていくために必要なステップにはだれもが関与しています。だれもがリーダーなのです。市民が動いて、持続可能な経済のために努力をしよう、適切な政策や奨励、補助の仕組みを作ろうというリーダーを支援しなくてはなりません。そして、われわれひとりひとりが、自分自身の持続可能ではないライフスタイルを変えなくてはなりません。リーダーシップと時間は、稀少な資源です。世界は今や死にものぐるいで、その両方を必要としているのです。気候を安定させ、人口を安定させ、地球を救うことは、歴史上なかったほど膨大で遠大な試みです。これは、観るだけのスポーツではないのです。だれもが参加できるものであり、これほど楽しくやりがいのあるスポーツもないでしょう。

　われわれは個人としてだけではなく、組織としても参加することができます。宗教団

体から企業まで、社会の組織にはすべからく果たすべき役割があります。多くの人々や企業が何か環境に関してやりたいと思っていますが、制度を変える必要性に思い至っていることは稀なようです。企業はその年次報告書に、自社の環境保全活動を誇らしく列挙しています。オフィスの古紙リサイクル率の改善やエネルギー使用量の減少を挙げることもあるでしょう。これらが正しい方向への動きであることは確かです。称賛に値する動きです。しかし、それだけでは、中核的な問題、つまり速やかに世界経済を再構築する必要性には対処できません。企業が政府に対する政治的な力を及ぼして、税制改革を積極的に支援しないかぎり、世界経済を再構築することはできないでしょう。

　間を行く道はありません。持続可能な経済を構築するか、衰退してしまうまでこの持続可能ではない経済でやっていくか、のどちらかなのです。妥協の余地はありません。どちらの道を行くのか、選択するのはわれわれの世代です。しかし、その選択は、われわれのあとに続くすべての世代に、地上の生命すべてに、影響を与え続けるのです。

　最後にもう一度、枝廣淳子さんにおめでとうの言葉を贈ります。『エコ・ネットワーキング!』は、地球環境のぞっとする現状だけではなく、世界のあちこちで展開しつつあるワクワクするような展開や動きをたくさん伝えてくれる本だからです。

レスター・R・ブラウン
ワールドウォッチ研究所
理事長

まえがき

　こんな笑い話をご存知の方も多いでしょう。
　いろいろな国の人々が乗船している船が座礁し、沈みそうになりました。何人かが海に飛び込んで船を軽くしなければなりません。船長が、アメリカ人の乗客に「勇気があるなら飛び込んでください」というと、飛び込みました。イギリス人には、「紳士なら飛び込んでください」。ジャボーン。フランス人には、「愛があれば」。ジャボーン。ドイツ人には「ルールですから」。ジャボーン。そして最後に、日本人の乗客には何と言ったか？「みんな飛び込んでいますよ」。ジャボーン！
　私は、通訳者として数多くの環境に関連する国際会議(政府、自治体、企業、NGOその他)に参加している経験からも、また日本国内や欧米の友人や知り合いと、それぞれの国での環境への取り組みや意識についての情報交換をしている経験からも、「本当にこの通りだなぁ！」と感心しています。
　私個人の感覚ですが、アメリカでの環境問題は、「非常に勇気のあるごく少数の企業やNGO、市民は先進的な取り組みをしている」けど「政府議会にとって環境は優先課題ではなく、産業界は"環境は経済の足を引っ張る"と後ろ向きで、大多数の市民は環境問題や地球の限界などには注意も払わずに生活している」ような気がします。環境先進国のモデルと目されているドイツでは、税制や法規制などのルールづくりは本当に進んでいると思います。でも各企業や市民がどのくらい「主体的に」取り組んでいるかは「？」という声もけっこう聞きます。
　そして、わが日本！ 上の笑い話は、日本人の「横並び意識」を揶揄するためによく語られますが、私は「横一線にスクラムを組みつつ進んでいる国」、「政府も自治体も企業も市民も、それぞれが、そしてお互いの連携と協力の輪を広げながら、環境問題に取り組み始めている、世界中でいまもっともオモシロくて注目に値する国」が日本だと思っています。
　アメリカ企業が好景気に浮かれている間に、日本企業は"環境"を切り口に現場での地道な努力や企業理念の練り直し、体質強化を着々と進めています。わずか30年前には「品質が経営の一部に入ってくるとは思いもしなかった」そうですが、地球環境の限界が明らかになるにつれ、同じことが"環境"でも起こっています。そして、早くそれに気づき、経営に取り込もうと努力を重ねている日本企業は21世紀にはどんなに有利な立場に立てるだろうか、とワクワクします。
　市民も地方自治体も、NPO法や地方分権の流れの中で、着実に「自力で立ち、責任を伴う権利の主張」ができるようになっていると思います。いま様々な試みや取り組みが行われ、勢いを加速しているいちばん元気な分野はここでしょう。

そしてもうひとつ、日本がとてもユニークなのは、政府の立場です。政府と経済界が協力して、温暖化への取り組みを進めている。企業や市民が取り組みやすいようにガイドラインやツールを作成し、情報を提供する。環境ＮＧＯの事務局の運営を政府の関連機関が手伝う。このような「協働」(コラボレーション)は世界にもあまり例のないものだと思います。

　特にこの１～２年の日本の動きは、本当にダイナミックで目が離せません！　環境は、企業にとっては「21世紀の生き残りの鍵」であり、市民にとっては「これまで忘れていた大切なものを取り戻すきっかけ」であり、政府や自治体にとっては「国民や市民との関係を築き直す道」になってきました。行政と企業と市民という社会の３つの当事者が同じ方向に向かって、それぞれの分野で活動を始めています。

　そして、特に最近では、インターネットなどのＩＴ革命を活かして、時空も既存の領域も超えて、連携や刺激の与え合いがあちらでもこちらでも始まっているのが本当に面白いところです。あちこちで小さなネットワークが芽生え、雨滴の波紋が重なり合って広がっていく湖面のように、ネットワークのネットワークが広がり、新しい出会いと思いと取り組みが増幅しています。もちろん、勇気あるアメリカやルールづくりの進んだドイツを始め、海外の国々や国際機関、国際ＮＧＯから学べることもたくさんあります。逆に日本の取り組みに刺激を受けて、ドイツでも環境ＮＧＯと企業のコラボレーションが始まりつつあるなど、いろいろな分野で国境を超えたネットワークが広がりつつあります。何ともワクワクする楽しい時代です！

　本書もそのようなネットワークの広がりの中で生まれました。一年足らずの間に、"環境"というつながりで、どれほど多くの人々が(バーチャルにせよ)出会い、新しい考えや取り組みが生まれ、たくさんの刺激や情報を送り出すと同時に受け取ることで広がり深まりつつある"エコネットワーク"……。いつか、皆さんの思いやネットワークともつながって、より大きなうねりをいっしょに作っていけますように。

「エコ・ネットワーキング」の世界へようこそ！

第1章
通訳は今日もゆく

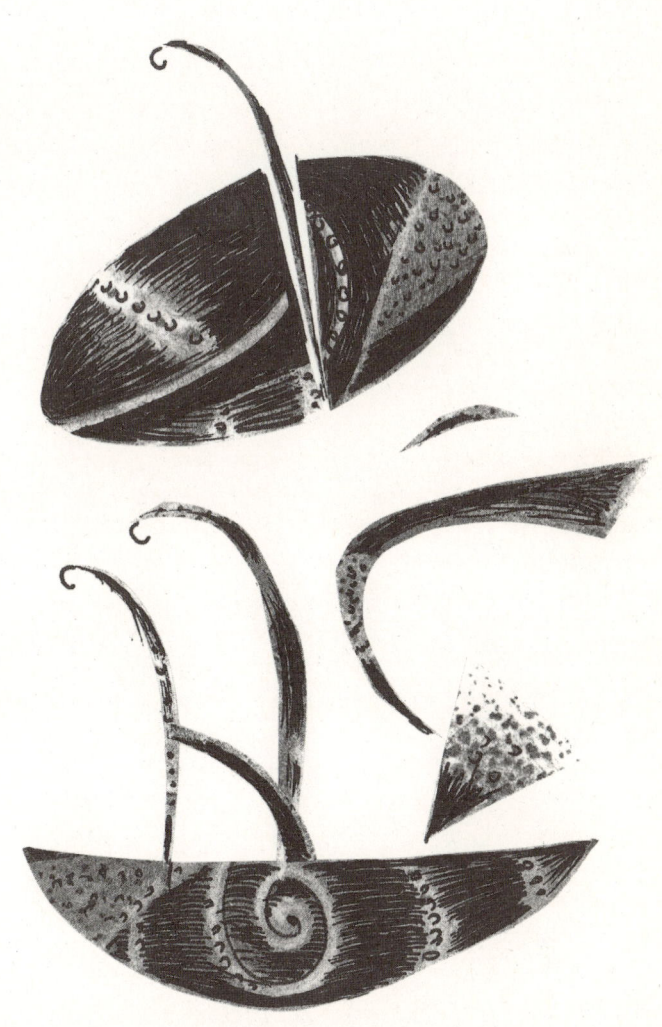

『地球白書』テレビ番組

No.6

　ワシントン出張中です。こちらはすっかり晩秋の趣です。半年前に来たときに比べて、街中で携帯電話を使っている人がずいぶん増えました。まだ日本ほどではないですけどね(^^;)。

　今回の出張は、NHKが2000年の衛星放送の目玉として力を入れて制作している環境番組プロジェクトの仕事です。ワシントンにあるアメリカの環境シンクタンクNGOであるワールドウォッチ研究所の協力を得て、NHKがCNNおよびヨーロッパの放送局と組んで、世界中で放映しようという国際プロジェクトです。

　日本ではシリーズ6本が5月から毎月1本ずつ放映される予定です。それに先駆けて、1月にプロローグが放映されます。今日は、ワールドウォッチ研究所のレスター・ブラウン所長をスタジオに迎え、インタビューしました。ひとつだけ"プレビュー"をお届けしましょう。

　「ルワンダの内戦は民族抗争として考えられている。確かにツチ族とフツ族が争ったもので、50万人のルワンダ人が殺戮された悲しい内戦だ。多くの記者が現場に入って、悲惨な状況をレポートした。あまりの酷さに、記者たちの多くは帰国後カウンセリングを必要としたほどだ。

　しかし、記者たちがレポートで落としていたことがある。ルワンダは1950年以来、人口が3倍に膨れ上がっていた、ということだ。人口急増に伴い、基本的に農耕社会であるルワンダの一人あたりの土地が減少していった。農業以外生計を立てる工業もないあの国で、国民の間には絶望感が静かに広がっていたのだ。そんな状況での民族対立は、枯れ山に火を点けるようなもので、あっという間に民族紛争が広がって悲劇となった。民族紛争ではあるが、その根っこにあったのは、人口の急増、土地の劣化、食糧問題とつながる一連の環境問題であった。

　ルワンダの悲劇は50万人という人命を奪った。しかし、世界の人口からみると、これは大した数字ではなかった。現在の世界人口の増加率からいうと、たった48時間でこの失われた人口は埋め合わせされてしまったのだから。このような悲劇的な戦争や紛争は、人口問題の解決にはならないことが明らかである。人口問題とそれに伴う環境劣化、食糧問題、社会不穏を防ぐためには、できるだけ早く、世界全体の人口増加率を抑え、現在予測されている89億人ではなく、もっと手前の70億人程度で世界人口を安定させないといけない」。

　毎年世界の人口は8000万人増えています。これは「毎秒2.5人が生まれている計算」で、「1時間に約1万人増えている」「1年半ごとに日本の人口分が増加」しているということです。

パキスタン人の運転手さん

No.7

　昨日シカゴで乗ったタクシーのパキスタン人の運転手さんが、日本の歴史などもよく知っている博学な面白い人で、いろいろと話をしました。パキスタンの人口問題につい

ても聞いてみました。「子供の数は平均して3～4人かなあ。もっと多い家族もたくさんあるけど。家名を継ぐために、どうしても男の子が要るからね、男の子が産まれるまで何人でも産むよ。貧しい家庭では、労働力として多くの子供を産むしね。イスラム教だから、家族計画を推進するのは難しい。そういうことを禁じているのでね。

イスラム教では、親や年長者を大切にすべき、となっているので、親の面倒は子供がみる。政府がちゃんとした福祉や社会保障の制度を用意しているわけではないので、やはり老後は子供頼りだね。人口問題についても、政府がちゃんと理解して、国民を教育啓発しようとか、手段をとっているわけではない。今でも人口が2億人もいるからね。土地はまだある。開発していないが。でも今でさえ貧しい国だからね、人口がこれ以上増えたらやはり困るとは思うよ」。

以下は、ワールドウォッチ研究所のレスター・ブラウン所長の分析です。

人口安定化のために今すぐに行動を起こすことがどれほど重要であるかは、バングラデシュとパキスタンの人口趨勢を比較してみるとよくわかる。1971年に、バングラデシュがパキスタンから分離建国したあと、バングラデシュの政治指導者は出生率抑制に努力したが、一方パキスタンのリーダーは、確固たる行動を取らなかった。当時の両国の人口は、ともに約6600万人でしたが、今日ではパキスタンが1億4000万人、バングラデシュが1億2000万人。2000万人も差がついており、2050年にはバングラデシュの人口はパキスタンよりも5000万人も少なくてすむ。家族計画プログラムを早急に実施することがどれほど効果的か、逆にいうと、人口安定のために早急に行動を起こさないとどのような結果になってしまうかがよくわかる。

イランは宗教上の理由で、家族計画を長年導入していなかったが、イランの政治指導者は、そのために自国の人口が3倍にも膨れ上がり、国の資源も土地も足りなくなる状況であることを認識した。その後、積極的に家族計画を推進している。国民はイスラム教の礼拝をうけたあと、地域のリーダーから家族計画に参加するよう促される。イランは、自国の資源でどのくらいの国民が養えるのか(人口収容力)の分析をした結果、家族計画の重要性が宗教イデオロギーを超えて認識された心強い例だ。

このパキスタン人の運転手さんも日本のことをいろいろ聞きたがって、話に花が咲きましたが、私の目が点になった彼のことば。
「東京には海底ホテルがあるんだって？ どの客室の窓からも魚が見えるときいたが、素敵だねえ」。そんな素敵なホテル、ご存知の方はぜひお知らせください！(^^;)。

テッド・ターナー氏
No.8
ワシントンのあとはアトランタに移動して、CNNのテッド・ターナー氏にインタビューをしました。私が「レスターの友達です」と自己紹介すると、相好を崩して「ワシもじゃよ」。テッド・ターナー氏は、私もお手伝いをしているワールドウォッチ研究所、およびレスター・ブラウン所長の強力なサポーターなのです。毎年発行される『地球白書』を何千部も購入して、国会議員、州知事、その他有力な政治家に配るほか、CNNの社員

にも配って読ませています。(日本語版もそのように配ってくださる方、いらっしゃいませんか〜?)。

実際のインタビューでも、環境問題への深い理解と懸念がよく伝わってきました。ビジネスリーダーとしてどのように環境問題を捉えるべきか、どのようなパラダイムシフトが求められているのか、など、とてもパワフルなそして温かいメッセージがもらえました。番組では全部は取り上げられないでしょうけど、ぜひお楽しみに!

テッド・ターナー氏は、人口問題にも危機感を募らせ、国連人口基金に10億ドルの寄付をしています。また、気候変動に関する京都会議のまえに米国産業界が排出削減目標に強硬に反対していたのですが、CNNはそのような反対キャンペーンの放映を中止したこともあります。

このように「環境派」で鳴らすテッド・ターナー氏ですが、ジェーン・フォンダさんと結婚する前は特に環境に関心はなかった、ジェーンのおかげだよ、と前に聞いたことがあります。

さて、上背も高く強いインパクトを与える「さすが、ビジネス界を代表するトップ!」というテッド・ターナー氏ですが、実はお茶目なオジさんでありました。

雑談で、「日本は人が多く、国土が狭いから大変じゃね。そんな日本に対する、いや、世界に使えるすばらしい解決策を考えたよ」とおっしゃるので、にわか記者の私は、「な、何ですか?」と身を乗り出したら、「ミニチュア馬のように、人間も小さくするんじゃよ。それならたくさんいても大丈夫じゃろ。そのためには、小柄な人優先じゃ。つまり日本人は増えてもよいが、アメリカ人はダメじゃな」と180cmを超えるターナー氏はかっかっと笑われたのでありました(^^;)。

機内にて、環境報告書雑感
No.10

先ほど空港のラウンジで「環境報告書」のニュース[No.9](176P)を書き、日本へ向かう飛行機に乗りこみました。が、なかなか動き出しません。どうしたのかな、と思っていたら、機長から英語のアナウンスが入りました。「電子機器の不具合で計器が正常に動きません。ただいま原因追求と対策を行っております。それほどかからずに離陸できることを期待しておりますが、また状況をお知らせします」。あら、こわい、そんな計器で太平洋を飛べるのかな、と思っていると、美しい日本語でスチュワーデスさんが、「ただいまの機長の報告ですが」と放送。「ご搭乗機はただいま機体整備をしております。もうしばらくお待ちくださいませ」。

あ、これなんだよな〜、と思いました。「計器が正常に動かない」というコワイ事実が、「機体整備」というコワクない言葉に置きかえられてしまうんですね。「乗客に余計な心配をかけたくない」という優しい親心と、「余計なことを知らせて騒がれては困る」という防衛なのでしょうか? そして、環境報告にしても、遺伝子組み替え作物の表示にしても、政府や一部企業の対応に、同じ"心情"が見て取れませんか?

アメリカの国内線に乗った経験だと、「機体後部に昨夜認められなかった凹みが見つかりました。ただいま整備工が詳しく調べているところです」「整備データと比べたところ、大丈夫であるという判断です」「現在この結果の書類を作成しております。あと数分

で離陸できる予定です」と、刻一刻、自分の置かれている状況が知らされます(そしてこのようなことが結構よくあるのです。それはそれでコワイ ^^;)。

「状況を知る」ことは、「自己責任」に結びつくと思います。「機体整備」と聞いて逃げ出す人はいないでしょうが、「計器異常」や「凹み」という状況を知れば、コワイと思う人はその場で飛行機を降りることができます。つまり、「状況を知っても乗り続けている」のは、自己責任ではないか。遺伝子組み替え作物やクローン牛の表示にしても、ちゃんと表示して、あとは消費者の「自己責任」に任せばよいように思います。「安全性は大丈夫なのだから、消費者に余計な心配をさせないように、表示しない」というのは、それこそ余計なお節介ではないか、と。安全性以外の、たとえば宗教上とか感情的な理由で、組み替え作物やクローン牛を口にしたくない人はどうしたらよいのでしょう？

環境報告書のニュースで、「影の部分」をあえて明らかにするのは勇気が要るだろうけど、健全なことだと思う、と書きました。私は臨床心理学の出身なのですが、人間でも自分の「影の部分」を外に出すまい、自分でも認めまい、と抑圧していると、そこでエネルギーをたくさん使って消耗し、神経症になったりするのですよ。企業も同じじゃないかな？どうでしょう？

さて、ふたたび機長からの英語アナウンスが入りました。「計器の異常は正すことができました。ただいま報告書類を作成中です。あと数分お待ちください」。何かあるときちんと書類に残す、という文書管理のシステムがちゃんとできているのだなぁ、マネジメントシステムが「運用」されているってことだなぁ、と思って聞いていると、日本語スチュワーデスさん、「ご搭乗機はあと数分で離陸の予定です。どなた様もお座席ベルトを···」。

機長のメッセージをそのまま訳してくれたら、環境報告書の理解が広まるだろうに、と思うのは飛び過ぎかしらね？(^^;)

車社会　沖縄
No.12

胃拡張になる寸前に、米国から帰ってきました。毎回あちらの方々の食べる量にはびっくりします。「小食人種」がいることなど知らないかのような盛り付けに、「もったいない」という言葉を有する日本人は果敢に挑むのですが、最後には罪悪感を感じつつギブアップ···です。

米国での栄養過多の問題は、途上国の栄養不良の問題と肩を並べるほどの問題になっています。皮肉というかどっかおかしいですよね。レスター・ブラウン氏は「摂取するカロリーと消費するカロリーのギャップが問題なのだから、牛肉消費量を減らして(→飼料に使っている穀物を途上国の主食に回せます)、移動も車を使わずに自転車を使えばよいのに。でも実際には、フィットネスクラブで動かない自転車を1時間も必死に漕いで、その後、車に乗って帰るんだから、何ともはや」といっていました。そのうえ「水より安いガソリン」の国ですから、「環境の時代」には日本やヨーロッパに大きく水をあけられるのではないか、と思って見ています。

さて、今回は沖縄出張中です。「沖縄は車社会です」とはガイドさんの言葉でしたが、

本当にそうなのですね。だって鉄道がないんですもの(知りませんでした)。戦前は鉄道があったそうですが、戦争で破壊され、戦後は車社会にまっしぐら、交通渋滞に悩まされる今日の沖縄です。

地元のガイドさんが言っていましたが、潮のために車もすぐに錆びてしまうそうです。したがって、新車はもったいない、というので、本土でお払い箱になったような中古車を持ってくることが多いそうです。会社の人いわく「そういえば、もう見かけなくなったような型番の車がいっぱい走っている」。そんな古い車を中心に、空港周辺でもリゾート地へ向かう道でも、押し合いへし合いという渋滞でした。いつもそうだそうです。「古いモノを大切に使い続けることが環境に優しいとは限らない」という例もあります。たとえば、カリフォルニアなどで行われた試算では「いま走っているメンテ不十分な車や古い車の10％を除去すれば、公害を70％も減らせる」と聞いたこともあります。ＪＲ東日本の計算では、電車を一編成、旧型から新型に置き換えただけで、一般家庭800戸分の電力が節約できる計算だそうです。ＪＲ東日本の全車両11,000両を全部新型に置き換えると、100万都市である仙台市全体の家庭用電力量が節約できるそうです。(『地球環境と日本経済』岩波書店)。

でもすぐに錆びてしまう沖縄では、新しい車に取り替えることは難しいでしょう。いくらプリウスを作っても、その恩恵に浴せない地域がある、ということです。とすると、やっぱり車社会ではない、新しい交通ネットワークを作る必要があるのでしょう。車しか移動手段がないという地域は必ずありますから、車をゼロにすることは不可能だし、現実的ではありませんが、代替の交通手段が可能なところでは、代替手段へ移行して、車の比重を下げていかなくては。

ところで沖縄では、来年のサミットのために、首里城のお化粧直しなどが進められていました。話は飛びますが、今度のシドニー・オリンピックは「環境に配慮したオリンピック」を目指して、設計段階から環境配慮を取りこんでいます。選手村は太陽光発電で電力を供給し、スタジアムその他の建設に際しては厳しい環境アセスメントが行われ、可能なあらゆる観点で「環境」を軸に取りこもうとしているそうです。これで、太陽光パネルの生産拡大→コストダウンにつながり、内外に対して、環境配慮の大切さやその実践を広めることができるとしたら、オリンピックの"新たな意義"の先例になるのではないでしょうか？

同じことを、サミットにこそ実践してもらいたいものだ、と思います。サミット開催国は、自国の最先端の環境技術を集め、世界のモデルとなるような、もっとも進んだ、そして後世に役立つ「環境配慮型サミット」を開いていただきたい。

大阪でＡＰＥＣが開催されたとき、私は通訳としてＶＩＰについていましたので体験して知っていますが、沖縄サミット開催時には、厳しい交通規制が敷かれ、各国からのゲストは、秒単位で動く優秀な日本の警察に誘導されて、ひどい交通渋滞など思いもよらずに、スムーズに目的地へ向かわれることでしょう。

でも、空港から市内へ、そして名護へ、日本の先端技術を活かした「ソーラー電力駆動・排気ガスゼロのハイテクモノレール＋水素バス」などの公共輸送ネットワークで移動していただけたら、どんなに素敵だろうと思います。世界中に「環境立国・日本」の存在

を示し、サミットに集まるマスコミの力を借りて、ベスト・プラクティスをあまねく広めることができるでしょう。そして、サミット終了後も沖縄の環境保全に役立ち、「沖縄サミット」の名を後世にとどめることでしょう。私の夢物語・・・。

環日本海環境協力会議
No.13

　昨日から、舞鶴で開催されている環境庁・京都府・舞鶴市主催の「第8回環日本海環境協力会議」に通訳として参加しています。先月は富山県主催の「環日本海環境フォーラム」で通訳をしました。あちこちに「環日本海」という枠組みがあるのですね。

　初日の昨日は、公開シンポジウムで、まず女優の浜美枝さんの記念講演。日本の美しい風景を残そうという農村ベースの活動をされており、農村・農業維持の手段としてグリーンツーリズムを提案されています。ヨーロッパでは進んでいるそうですが、日本では法規制や当局の制約があって、進まないそうです。

　その後の各国発表でも、面白い話がいろいろと聞けました。ロシアでは、いま「環境ビジネス」が盛んになりつつあり、主に地方の中小企業が主体となってさまざまに進めているそうです。ロシアには、炭素排出権取引の枠組みができたら大きな可能性がありますから、その辺をにらんでの活動もあるようです。政府系以外にも、非政府系のエコファンド(環境のための基金)が登場しており、政府も税制上の優遇策などで後押ししているそうです。それとともに、このような新しい動きを支えるための法体系の整備に追われている、という発表でした。

　中国の変わりようにも驚きます。5年ぐらいまえ、私がこのような活動を始めたときには、中国の発表者は悪く言えば「唯我独尊」的な態度での発表(他国からの干渉を嫌う)で、国から持ってきたこと以外は発言を控えます、という感じでしたが、最近は「個人的見解ですが」と政府の足りないところを自由に批判したり、他国から学ぼう、一緒にやろうと、とても積極的な姿勢です。この春には、中国で「国際協力に関する地方自治体の全国会議」も開かれたそうです。自治体の発表を聞いていても、省知事が環境委員会のトップを務めるなど、環境第一の政策を打ち出しているところも多いようです。

　これは別の情報源からですが、数ヶ月前中国で環境意識に関する初めての世論調査が行われました。国民の意識は「環境よりも開発を」であることがその調査では明らかでした。でも政府レベルでは環境志向へ急転回をしているようです。ただ、内容をよく見ると、「環境問題」といっても、いわゆる「公害」問題を主眼にしている状況のようです。煤煙やボイラー規制の話が中心で、二酸化炭素排出とか地球温暖化、酸性雨、といった「地球環境問題」は次の段階なのでしょうか。

　日本からは、京都に本拠を置く島津製作所の方が、唯一のメーカー代表として、環境技術について発表されました。とても率直で真摯な方で、「環境問題は企業の責任です。我々が資源やエネルギーを使い、廃棄物や二酸化炭素を出しているのです。その我々が環境技術ということで、偉そうに発表すること自体抵抗があります。環境技術やＩＳＯ14001取得でも、手にした企業がそれを中小企業に伝えていく、共有していくのは、企業の義務だと思います。最近見ていると、イメージのために使われているきらいがあるの

ではないか。そうではないと思います」。そして、「お隣の滋賀県は、琵琶湖を抱えて、非常に環境規制が厳しい。が、ウチも含めて多くの企業が移転しています。支援や優遇があるからです」というお話が印象的でした。「環境」は外部不経済コストとして、企業にも自治体にも嫌われていました。でも最近、企業が環境コストの捉え方を変えているように、自治体でも「飴と鞭」を使い分けて、環境保全型の産業振興、環境を切り口にした産業育成が行われるようになっているのだなあ、と思いました。

ところで、昨日の会議で気づいたもうひとつ大切なポイント。こういう会議では必ず「サンカンガク」という言葉が頻発します。「産官学」の連携が必要です、ということです。そして最近は、これに「ミン」がつくようになったんだなあ、と。「産官学民」です。NPO法も成立し、その流れがこのような会議にも反映されてきたのだなあと『みんなのNPO』(海象社)というガイドブックを最近翻訳した私は感無量なのであります。

しかし！「サンカンガク」ですら、日本語では一息でいえるコトバも、同時通訳で英語にしていると「Industries, governments and academia」とか必死なのに、これに「public」まで付けなくてはならなくなってしまいました。同時通訳が入っているときに「産官学民」という際には、3回繰り返す、などというルールを作ってもらいたいものです(^^;)。

環境を考える経済人の会21、水俣市長のお話
No.17

昨日・今日と「環境を考える経済人の会21シェルパ会議1999」に参加しています。「環境を考える経済人の会21」(B-LIEF)は、日経新聞の論説委員である三橋さんが1997年に立ち上げられた、環境問題に積極的に取り組む日本の代表的企業の経営者からなる「経済人の環境NGO」です。世界にもあまり例を見ないユニークな組織だと思います。

立ち上げられたときに、三橋さんが定められた2つの条件は、「環境NGOとの対話を大切にする」「自ら環境のために汗をかく」ということでした。「汗をかく」ために、昨年慶応大学湘南藤沢キャンパスで寄付講座を行いました。トヨタやアサヒビール、荏原製作所、東京電力、キヤノン、富士ゼロックスなどのトップである会員が自ら藤沢キャンパスに出向いて(代理は不可)、自社の環境への取り組みについて、大学生に90分間の講義をされました。この講義録をまとめたものが『地球環境と日本経済』(岩波書店)です。また、B-LIFEのHPでは、講義の内容に加えて、学生からの質問と経営者の応答が読めて、面白いですよ。学生さんたちもなかなか厳しい質問をぶつけ、経営トップに迫っています。

もうひとつの柱である「環境NGOとの対話を重視する」ために、毎年今回のような合宿を行っており、テーマを変えながらいろいろなNGOの方のお話を聞き、議論をしています。「地球益」がNGOの活動の原点であり、これを企業経営に取りこんでいかないと21世紀には企業は存続できないだろう。したがって、企業のために環境NGOとの対話が必要だ、という意識からの活動です。

今回は、全体テーマ「地域からの循環型社会づくり」のもと、「都市と農山村の共生と連携」「各主体の連携と仕組みづくり」で話を進めています。とっても面白いです。NGOの方も企業の方も、非常に率直に意見を出し合い、質問しあい、アイディアを出し合

い、協力を申し出たりしています。企業の方々からは「これまでＮＧＯというのは何かわからなかったが、参加してみて、やはりこのような視点をもたないと、企業としても存続できないのではないかと痛感した」という感想も聞かれました。

　私も、ワクワクしながら発表や議論を聞いています。「もう間に合わないかもしれない」と思いつつ、一生懸命活動されている方々がいます。ネットワークを組みながら、地域での政策形成のサポートをしている青森の団体、青年会議所の運動から発展して、本当に「石の上にも３年」という地道な活動をして、行政にも頼りにされ始めている十勝の組織、里山や棚田を守る運動をしている組織や個人など、少しずつでもご紹介していきたいと思います。

　最初の基調講演は、水俣市の吉井市長の講演でした。水俣の暗く悲しい半世紀にわたる「負の遺産」を、地域や市民の「内面の再構築」を経て前向きに転換し、環境モデル都市に生まれ変わることで地域を癒し、地球を守ろうと努力されてきた、非常に重いけれども、どこまでも前向きなお話に深く感動しました。全部をご紹介できないのが残念です。

　水俣市では、ごみを21種類に分別収集しているのをご存知でしたか？プロパンガス混入で爆発を起こした事故がきっかけで始めたそうですが、現在、100世帯に１つの割合で分別ステーションが置かれているそうです。とってもユニークなのは、このステーションでの分別はすべて住民が運営していること。市は分別されたゴミを運ぶだけだそうです。吉井市長は、「分別収集ゴミのブランド品です」とおっしゃっていましたが、21種類の分別とは本当にスゴイですよね。各地から視察・見学が絶えず、「水俣市の観光資源は神社仏閣ではなく、ゴミです」と。そして、副産物として地域のコミュニケーションが生まれた、といいます。ゴミ分別の日にはステーションに住民が集まり、お喋りをしながら分別しているまわりで子供たちが遊んでいるそうです。「○○さんの顔が見えないわね、どうしたのかしら」と一人暮らしの人や老人への地元のケアにもつながっているそうです。吉井市長はこれを「井戸端会議ならぬゴミ端会議ですわ」。

　とても耳の痛いこともおっしゃっていました。市の担当者が、「環境モデル都市ですから、ゴミぽい捨て禁止条例を定めましょう」と提案した時の話。吉井市長は、「環境モデル都市だから、ゴミぽい捨て禁止条例は作らない」と反対、いまでもないそうです。ゴミを捨てない、というのは、恥の意識、社会意識があってのこと。規制で縛るのではなく、その意識を高揚させることでゴミを捨てない市にしましょう、ということです。「ぽい捨て禁止条例は、市民ひとりひとりの心の中に作ってください、ということです」。市長は言葉を続けて「渋谷駅前に『東京都はゴミぽい捨て禁止条例を定めました』という大きな看板が立っていますが、その周りは吸殻やらゴミがたくさん散乱しています」。

　もうひとつ、水俣市のユニークな取り組みは「家庭版ＩＳＯ」です。水俣市自体もＩＳＯ14001を取得していますが、この家庭版を地元の青年会議所が作成したそうです。各家庭で節電など目標を定めて、実行し、その結果をチェックしてもらって、市長から「認証」がもらえるそうです。現在100家庭ぐらいの"審査"を行っているところで、そのうち続々「認証取得家庭」が出てきそうです。企業の皆さん、負けちゃいられませんよ！

　私は水俣にお邪魔したことはありませんが、本当に美しい場所だそうです。「魚がおいしいです。いらっしゃい、案内します」といっていただき、ぜひ！と思いました。

B-LIFE　http://www.zeroemission.co.jp/B-LIFE/
水俣市のゴミ分別は2000年春より24種類になったそうです

ワールドウォッチ研究所

No.20

　先日「こんなに立て続けに配信されるとは思いませんでした」と言われたのですが、私も思っていませんでした(^^;)。まあ「急流あり澱みあり」のつもりで、気ままに続けますので(これがメールニュースの長所)、よろしくお願いします。

　今日は、私の環境活動や環境に関する考え方の拠り所である「ワールドウォッチ研究所」とレスター・ブラウン所長をご紹介します。レスター・ブラウン氏は、1934年米国ニュージャージー州の農家に生まれ、ラトガース大学、メリーランド大学で農業科学、農業経済学を学んだ後、米国農務省に入省しました。国際農業開発局局長になって3年後、農務省を退職し、ロックフェラー財団の援助を得て、1974年にワールドウォッチ研究所を設立し、所長として今日まで至っています。

　ワールドウォッチ研究所は、地球環境問題を分析する非営利団体で、ワシントンDCにあります。環境の分野では世界をリードする民間シンクタンクのひとつとしてよく知られています。研究所創設10年目の1984年に、The State of the World(邦題『地球白書』)の発行を始めました。この地球環境の現状分析・提言は、同研究所の最もよく知られる年次出版物となり、現在約30カ国語に翻訳され、世界中で読まれています。1988年には、情報のアップデートをさらに進めるために、隔月刊誌『WorldWatch Magazine』を発刊し、時々刻々と変化する環境問題や各国の対応等に関する鋭い分析を発表し続けています。ワールドウォッチ研究所のHPには、最近の主な発表や研究者の紹介、出版物の紹介があり、最新のニュースがe-mailで送られてくるメールリストにも登録できます。

　ワールドウォッチ研究所の刊行物のうち、日本でも出版されている本・雑誌は、『地球白書』の他に、隔月の『ワールドウォッチ・マガジン』(ワールドウォッチ・ジャパン)。定期購読制で書店には置いてないので、ワールドウォッチ・ジャパンにお問い合わせ・お申し込み下さい。「枝廣の紹介で」とおっしゃっていただいても、残念ながら割引はありませんが(^^;)、質の高い情報や分析がタイミングよく読めますので、お薦めです。

　単行本では『エコ経済革命』(たちばな出版)。「環境問題は史上最大のビジネスチャンスだ」と考えるレスターが日本人のために書き下ろし、私が翻訳した本です。地球環境問題の大枠とビジネスとの関わりを理解していただけると思います。『環境ビックバンへの知的戦略』(家の光協会)では専門分野である人口問題というレンズを通して、地球環境問題の現状と見通しを分析しています。以上が、「オフィシャル」な紹介です。

　私は研究所やレスターとご一緒するようになって5〜6年になりますが、本当に気持ちのよい人々です。穏やかで真面目な人が多い。研究所のスタッフは全員で30名ぐらいですが、うち研究者は半分ぐらいです。十数名であれだけの出版物や分析を出し続けているのはスゴイと思います。各研究者とも勤勉ですが、レスターに至っては「日本人以上に働き詰めね」と呆れるほどの仕事ぶりです。

　研究所は完全な独立NGOです。つまり政府や企業からの資金援助は一切ナシ。だからこそ、誰に対しても思ったことが言えるのでしょう。年間予算の半分は財団から、残りの半分は自分たちの講演活動や出版物、個人からの寄付によって支えられています。個人からの寄付が広く得られるのも、あちらのNGOの強みでしょう。とはいっても、

NGOの数も多いので、寄付をめぐっての「競争」は激しいようです。どのNGOもいろいろとPRや説得、勧誘の手段に工夫を凝らしています。ワールドウォッチ研究所では、年間1000〜5万ドルを寄付してくれる大口スポンサーを年に1度研究所に招待して、刷り上がったばかりの『地球白書』を配り、各章を執筆した研究者が直接内容を説明して参加者と討議する、というイベントがあります。

　この2年ほど私も参加していますが、これがとっても楽しい。このために飛行機できました、という遠くの州の老夫婦が、孫ほどの若い研究者を相手に、地球環境問題について鋭い質問をし、レスターも各国からの参加者も交えて、熱心に討議したりするのです。NGOを支える底辺の厚みを感じることができます。企業からの寄付金はいただかないので、企業の方は個人でスポンサーになっていただくことになりますが、「常にスポンサー募集中！」ですのでどうぞよろしく。もちろん1000ドル以下でも単発の寄付でも大歓迎です。いつでもおつなぎしますので、ワールドウォッチを支えてやろう、という方は研究所のHPや私にご一報下さいませ。

　レスターの分析力やその提示力(これも大切)にはいつも感動しますが、何よりも私が凄いなーと思うのは、その強靱な精神力です(研究所の若い研究者はこれを「頑固」といいます^^;)。ワールドウォッチ研究所を立ち上げて25年、『地球白書』の刊行を始めて15年、少し前の本に書いていましたが、「地球白書は地球の健康診断のようなものである。健康診断を始めて以来、患者の容態は悪化の一途をたどっている」状況を、数多くのデータや兆候を通して目の当たりにしながら、絶望に逃避することなく、淡々と分析・提言・講演・執筆活動を続けているのはすごいと感心するのです。

　レスターは、あちこちの国家のトップや環境大臣から相談を持ちかけられるような「偉い人」らしいのですが、全然いばったところがなくて、会った人はみなレスターのファンになるぐらい、チャーミングな人です。来日するときは、蝶ネクタイとスニーカーという「トレードマーク」で一応(?)キメていますが、ふだんの研究所ではTシャツに短パンで、全然キマッテいません。いざというとき用にオフィスにジャケットが置いてあります。

　先日NHKのインタビュー収録時に「いざというとき」が発生し、この非常用ジャケットを着込んだのですが、これがまた年代物で「もともとの色はこうだったんだよ」と襟の折り返しをひっくり返すと、全然色が違うんですね。「この方がセピアっぽくていいじゃない？　サステナブル・ジャケットだね」と私がいうと、レスターは「そうそう。20年物」といたずらっこのような笑顔でした。

　ところでレスターはよく「ブラウン博士」と呼ばれます。別に否定もせずニコニコしていますが、あとで「僕は博士じゃないんだけどなぁ」と(修士までなので)。「でも、娘は正真正銘のブラウン博士だよ。獣医のドクターだからね。最近娘が、牛や馬に鍼灸を施すというコースを取ったんだ。それでたまに会うと、僕を実験台にして試すんだよ」。

　娘さんの愛情こもる動物用鍼灸のおかげで、これからもずっと世界環境問題の分析・警告を続けてくれるであろうレスター・ブラウン氏でありました。

ワールドウォッチ研究所　http://www.worldwatch.org/
ワールドウォッチ・ジャパン　Tel: 048-861-5573

半導体セミナーにて

No.30

　先日、ご紹介で登録してくださっている方とはじめてお目にかかったら、「ところで、枝廣さんの本業は何ですか？(まさか1日中環境メールニュースを書いているのでは…？)」と尋ねられました(^^;)。私の"本業"は通訳です(今のところはとりあえず　^^;)。

　昨日、半導体関係の大きなイベントが開催されました。半導体となると、米国や韓国、台湾等々、海外からの出展や講演者が多いので、東京近郊の通訳者の多くが結集する日でもあります。私も半導体製造の材料系セミナーの通訳に行きました。通訳者の95％は女性で、99％は文系出身(私も)なので、超テクニカルな世界に苦労しながら、「エピタキシャル・ウェーハにイオン注入して、レジスト処理し、エッチングしてスパッタリングして…」という一連の半導体製造工程の「エッチング」の分科会を担当しました。

　ウェーハに細かい溝をたくさん掘る過程です。細かければ細かいほど、ICの集積度が上がるので、各社がしのぎを削っている分野です。「0.18ミクロンから0.15ミクロン、いや0.13ミクロンを目指して…」という熱の入るプレゼンを、「誰が測るんだろねー。大差ないじゃないのー？」という不謹慎な思いはおくびにも出さずに、通訳しておりました。

　ある会社の「ロードマップ」のOHPにとても興味深いものがありました。「ロードマップ」というのは、今から3年、5年後にはテクノロジーをこのように進めていく、という「戦略的目的地とそこに至る道筋を示す地図」です。エッチング技術でいえば、ほんの数年前には、0.35ミクロンだったのが、0.24ミクロン、0.18ミクロン、と確かに数年前の「ロードマップ」に示された道筋に従って(そして往々にして前倒しで)進んできているのですね。通信や半導体などのテクノロジー分野でこの「ロードマップ」をよく使うのですが、ロードマップに従って企業組織を改編した外資系企業もあります。それほど「こう進まねばならない。そのためにはどのような手段も使い、犠牲も払う」という強い意志が込められているものなのでしょう。

　ある企業のロードマップを見て「ちゃんと数年前に言っていた通りに進んでいる」事実に感動したと同時に、(もう私が何を言いたいかおわかりだと思いますが^^;)「どうして、国や企業、国際社会は、持続可能な社会を作るための『ロードマップ』を作って、進めていけないのだろう？」と思いました。問題の事実はもう十分に明らかになっている、どう変えていかねばならないかもわかっている。そうしたらそこに至る「道筋」を描いて、あらゆるレベルで全面的な努力をして突き進んでいくだけなのに…、と。

　先日、レスター・ブラウン氏と話したときのことを思い出しました。「このままでは2020年、人によっては2010年には世界は大きな破綻に直面するだろう、と多くの科学者が言っているが、人類は破滅をまぬがれることができると思いますか？」と聞いた私に対して、彼の答えは、「人類という種が絶滅することはないだろう。しかし『文明』が崩壊する可能性はある。でも今なら間に合う。間に合わせるためには、あらゆるレベルで総力を結集して動かなくてはならない。それは大変なことだが不可能ではない。戦時中どの国でも、あるひとつの目的のためにあらゆる犠牲を払って、極めて短時間で経済や社会制度を変えているではないか」。

もうひとつ、ロードマップのＯＨＰで面白かったのは、端っこに「環境問題」と書いてあったのですね。私が見逃すワケがない(^^;)。通訳の打ち合わせという特権を利用して、ご本人に「これは？」と聞いてみました。彼の答えは、「あ、そんなモン説明しませんから。ただ書いてあるだけ」。それじゃ、牡蠣フライのお皿のパセリじゃない、と思いましたが、しつこく「たとえば、汚染の問題とかですか？」と聞くと、彼はうなずいて、「我々の産業は環境に本当に悪いことをしていますからねえ」と。

　本当にそうなのですね。かつては、重工業ではないし、非常にクリーンな産業と考えられていたハイテク産業ですが、シリコンバレーも「死の谷」と呼ばれるほど、有害化学物質による汚染が拡がっています。私の担当したエッチング過程でも、いろいろなガスや化学物質を駆使して、いかに微細な処理ができるか、という世界でしたから、有害化学物質も多く使われているのでしょう。半導体工場で働いている女性の流産が通常より40～100％高いといわれ、ＩＢＭなどのチップメーカーを相手取った訴訟も数多く起きています。

　シリコンバレーには、「毒物連合」というスゴイ名前の環境ＮＧＯがあります。ここのＨＰでは、「シリコンバレーの毒物ホットスポット」という地図をウェブで提供しています。これはなかなかスゴイ。一見の価値があります。シリコンバレー全域の地図から「自分はここに住んでいる」「ここに引っ越そうかな」という地域をクリックすると、「どういう汚染源が周りにあるか」「これまでどのような汚染が蓄積されているか」が地図で示されます。米国環境庁のデータと国勢調査による統計からこのような地図が作れてしまう、というのも、情報開示のレベルの違いを示しているのかもしれません。

　(私の担当という意味で)今年はじめて「ロードマップ」に環境問題が登場したのも、こういうＮＧＯのプレッシャーの賜物なのでしょう。今年はまだ「牡蠣フライのパセリ」ですけど、ロードマップの威力を痛感している私は、「ここに載った以上、ちゃんと進めていくだろう」という楽観的希望もあり(通訳としては高度な専門的内容に苦闘の連続でありましたが^^;)、来年の半導体の大会がちょっぴり楽しみです。

　ちゃんと「本業」の通訳業もやっているという証明になったかな～？ (^^;)。

『地球白書2000年版』

No. 66

　今、ワシントンに来ています。昨晩到着しましたが、シカゴもワシントンもほとんど雪がなく、暖かい冬のようです。先週、ワールドウォッチ研究所が今年版の『The State of the World』(『地球白書』)を発表しました。日本でもＮＨＫのニュースなどで取り上げてくれたので、お目にとまったかと思います。毎年研究所ではこの時期に、まずマスコミ向けの記者発表会を行い、そのあと、主なスポンサー(研究所を財政的に支援する財団や個人)を招いて、最新の『地球白書』について、各章の執筆者が直にプレゼンをし、質疑応答を行うというイベントを行っています。その後レスター主催のディナーが開かれます。

　今日がその「スポンサーへのブリーフィング」というイベント日なのです。私もスポンサー(ミニチュア版ですが^^;)として招待されました。私が参加するのは今年で３回目です。この日は、研究者の最新の話(脱稿が11月ですから、その後の進展が聞ける)も面白いし、何より

毒物連合　http://www.svtc.org/mission.htm

NGOを支える層の幅と厚さを実感できる、大変楽しく嬉しい機会です。
　去年オクラホマの農場からやってきたスポンサー(年額5万ドル)の老夫婦と「また会いましたねぇ。また来年ね！」と再会を約束してきたので、あのおじいちゃんたちにまた会えるかな、と楽しみです。引退して悠悠自適の生活のようですが、孫ほどの年齢の若い研究者に真摯な、そして結構タフな質問を繰り出すのが見ていて面白いのです。私は毎回「この中でいちばん遠方から来てくれました」とレスターが紹介してくれるので、ちょっぴり照れくさいです。
　さて、今日のイベントの様子はまたレポートするとして、今日は『地球白書2000年版』について報告します。10章のうち3章は私が翻訳しました。目次は以下のとおりです。

第1章：新世紀の課題
第2章：予期せぬ環境異変に備える
第3章：灌漑農業の再構築
第4章：飢餓と過食に取り組む
第5章：残留性有機汚染物質と闘う
第6章：紙経済の改革
第7章：環境のために情報技術を活かす
第8章：マイクロ発電とエネルギーの未来
第9章：環境保全が雇用を創出する
第10章：環境グローバリゼーションにどう対処するか

　第1章は、レスターが書いています。彼が前から言っていた「我々は閾値(ここを超えると大きな変化が加速度的に起こる一線)を超えつつあると思うよ」がずいぶん実感として感じられるようになってきたようです。第2章は、クリスという若い研究者の章。熱帯雨林、さんご礁、大気を取り上げて、「予期せぬ変化にどのように対処すべきか」。第3章は、ポステルという世界的にも屈指の「水問題」の専門家が書いています。世界的な水不足、水をめぐっての争い、灌漑農業を含め、必要な政策の変更など。
　第4章は、ガードナーとブライアンという、物静かで親切で根気強い若手研究者の執筆。ガードナーが来日したときに「きっとアナタって、前世では日本人だったね」というと「僕もそう思う」と(^^;)。飢餓に苦しむ人々の一方で、栄養過多も大きな健康問題となっている、という「まず自国の人に説いてね」というテーマ。もちろん途上国での栄養問題解決などは世界的な話ですが。第5章は、アンという女性研究者。これまで海洋問題を主に研究してきた人です。POP(難分解性有機汚染物質)は比較的新しい環境問題で、研究所が取り上げるのは初めて。
　第6章は、アブラモビッツという女性研究者。彼女も物静かで情熱を内に秘める人。森林の専門家ですが、今回は「紙」に焦点を絞っています。この章は自分で訳したので読みましたが(当然か^^;)、新しい情報もあり面白かったです。余談ですが、彼女が5月に来日した際に、日本の研究者がアレンジしてくれて、2日ほど日本の「紙」(製紙、リサイクル、市民活動その他)の現状を研究していきました。私も同席していたので、そのときの情報のうち、面白そうなもの(費用対効果が数字で見える取り組み)を英訳して送ってあげました。

オフィス町内会ととやま古紙再生サークルの活動実績です。彼女は日本で得た情報をとても重宝がって、この章の何ヶ所かで取り上げており、具体的な成功事例としてオフィス町内会についても触れています(で、責任を取って？私がこの章を訳すことにしました)。日本からの情報発信を考えている私にとって、これはとても示唆に富む経験でした。ワールドウォッチの若い研究者を呼んで、話をしてもらったり、自社や自分の業界の取り組みを知ってほしい、という方、ご一報を！

　第7章は、モリーという若手女性研究者。彼女は日本に少し住んでいたことのある日本びいきで、私が行くと喜んで日本語の練習をします。日本人より(少なくとも私よりは ^^;)ずっと日本女性らしいしとやかな人です。これまで都市問題を書いてきました。今回は、情報通信技術の発展と拡大が地球環境にどのような影響を与えるのか、「健全な地球のために、情報をどのように使い、ネットワークを活用していくか」という内容を前向きに語っています。

　第8章は、副所長のクリス・フレイビン(エネルギー専門家)と、若手のこれまた日本びいきのセスが書いています。この2人は京都会議のときに来日して、講演やパネルなど活動しました。セスはそのときに撮ってもらった着物を着た自分の写真を研究室に貼っています。なで肩なので妙に似合っています。章は、大規模な中央型発電モデルから小規模な分散型発電への移行が始まっている、という内容で、その経済性や長所、これからの課題など、エネルギー業界以外の方にもとても面白いと思います。

　第9章は、マイケルという口髭の研究者。これまで戦争をテーマにしていました。とても格式高い文体で書くので、翻訳にはいちばん苦労しました。企業や政府、労働組合は「環境規制や環境への対応は雇用を減らし、経済に害である」という主張を繰り広げてきましたが(米国では今なお主流ですが)、そうではないということを数字を上げ、進むべき方向を示しています。第10章は、もう一人の副所長、ヒラリー・フレンチという女性研究者の専門テーマです。WTOの問題や、国際的な融資の環境への問題、締めくくりは「環境ガバナンス(統治)における革新」という期待を抱かせる話です。

　この10人が、各自20分プレゼン＋10分の質疑応答、で次々と壇上に立ちます。8:30にスタートして夕方まで、中身の濃い1日になります。最後のディナーは、名士の会員制クラブ「コスモ・クラブ」で行われます。レスターが会員なのです。かつて男性しか認められていなかった会員枠を女性にも広げるべきだ、と数年前にレスターが闘ったことが伝説になっているとか。本人に聞いたら、「そうだよ。でも自分のお気に入りのテーブルが女性に陣取られているのを見た日にゃ、後悔したけどね」(^^;)と相変わらずお茶目な返事でした。

ワールドウォッチ研究所　ブリーフィング参加記:前編
No. 67

　ワールドウォッチ研究所の『地球白書』ブリーフィング、楽しい1日でした。参加者は、研究所のスタッフ以外に約40人と、去年の倍ぐらいで「嬉しく心強いサインだ」とレスター。海外からの参加は、私とブラジルからの一人でした。ブラジルでは、昨年『地球白書』などの出版を立ち上げたばかりだそうで、「地球環境問題にとって重要な国にもアウ

オフィス町内会　　http://www.tgn.or.jp/office-c/index.html
とやま古紙再生サークル　　http://www.rikuden.co.jp/koshi/

トリーチできるチャンネルができて嬉しい」と温かい歓迎を受けていました。

　総勢14名の研究者が次々に、『地球白書』の原稿を印刷所に渡して以来の進展や、今回の本には含まれていないが重要な問題について発表し、質疑応答がありました。それぞれ発表が上手で、感心して聞いていました(この人の同時通訳だけはゴメンだわ、という超早口スピーカーが一人いましたが ^^;)。遠く日本から、このためだけにやってきた、ということで、珍しがられ(?)、休憩やお昼休み、終了後のフリーの時間や夕食会では、次々と「お話ししたい」と来て下さる方がいらして、私もいろいろ聞きたいことがあったので、それはそれは密度の濃い１日でありました。

　参加者の顔ぶれは、さまざまな財団の幹部や、政府・財団から引退した熱意あふれる老紳士、ただ環境問題に関心を寄せて何とか自分たちもサポートしたいと願っている老夫婦、自分でも別の組織で環境に取り組んでいる人など。基本的にこの会合は、あるまとまった金額を寄付しているスポンサーが対象なので、年齢的にはかなり上の方が多く、夫婦でいらしている方も多かったです。終了後も、ワインやビールを片手に、数人で話し合ったり、研究者に追加の質問をしたり、自分たちの考え方を聞かせたりする姿があちこちで見られました。

　今回の会合を通じて、皆さんの興味の焦点のひとつは「燃料電池」でした。水素エネルギーに関する質問もたくさん出ました。終了後、私はエネルギー専門のブレイビン副所長を囲んでいるグループに加わって、いくつか質問しました(「この人は何か聞きたいらしい」なんて誰も察してくれませんから、誰かの発言の終わり２秒ぐらいに重ねてまず声を出す、というのがコツです)。

　「あのね、日本では先週、日本ガス協会と電機メーカーが家庭用の燃料電池発電装置の開発を本格化しているというニュースがありましたが、米国での家庭向けの商用化のメドはどんなものですか？」「それは知らなかった！ そのニュース、是非送って下さい」とフレイビン氏。他の参加者も「日本はソーラー発電の開発も進んでいるとよくレスターがいうけど、どんなものなの？」と聞くので、「ソーラーだけじゃないですよ、風力だって、京都府が4500キロワットの風力発電設置を決めるなど、進みつつあります」「それに技術だけじゃありません。エコファンドって知っていますか？ (知らなーい、と皆さん ^^;)。グリーン購入ネットワークも2000団体近くに成長し、一般の市民の意識も高まっているし、政府も方向転換して本気に取り組みはじめているように思えます。産官学民のそれぞれでここ数年盛り上がりはじめた日本の動きを見逃しちゃダメですよ」と。(英語で言うとあまり偉そうに聞こえないんだけど、日本語にするとちょっと偉そうでしたね…^^;)。

　研究所のスタッフも参加者も、是非もっといろいろ知りたい、といってくれて、来年のブリーフィングでは時間を取るから是非話してくれないか、という話になりました。「時間を取ってもらえるなら、The State of Japan の発表、喜んでやりましょう！」と私。まあ、何とかなるでしょう(^^;)。

ワールドウォッチ研究所　ブリーフィング参加記：後編
No. 68

　私が今回、スタッフや参加者の人々に、いろいろと質問を変えつつ確かめようとした

のは、米国の一般市民の環境に対する意識と取り組みについてでした。前から、アメリカは環境意識という点で、二分された世界であるように感じていました。一つの極には、「極めて環境意識が高く先進的な研究や活動を行っている本当に一握りの人々」がいます。環境シンクタンクや環境運動ＮＧＯなどに属する人々です。しかし同時に、「環境のカの字にも注意を払わず、地球は大昔と同じく無限であると信じて、自分たちのライフスタイルや社会、地球との関係などに全く思いを馳せることすらない多くの人々」がいるように思えて仕方ありませんでした。もちろんどの国でも、この二極の間に、様々な濃さの環境意識を持って市民が存在しているわけですが、米国の場合、この格差が特に大きいように思えるのです。

　日本の大企業のトップの報酬は平社員の20倍程度ですが、米国での格差は400倍もあるそうです。ちょうどこれと同じような感じがします。上の方は本当に進んでいて、世界のリーダー役を務めるような研究や活動を行っています。でも、「裾野」はどうなのだろう？　というのが今回いろいろ聞きたかったことです。

　10人以上の人にいろいろな角度から聞いてみましたが、私の感覚はやっぱり間違ってはいないかも、と思いました。たとえば、「日本ではほとんど毎日、一般向けの新聞で"環境問題"に関する記事がありますが」というと、ビックリされました。環境専門の雑誌でもないかぎり、そんな記事はめったにない、というのです。テレビにしても環境だけに焦点を当てた番組なんて考えられない、と皆さん。

　エコファンドの説明をしたら「それは素晴らしい！　米国ではあまり聞いたことがない」と。米国にも存在しているはずですが、「環境意識の高い人々」がこれでは、認知度は推して知るべしかも。オフィスでのグリーン購入も、やっているところはあるだろうが、日本のようにネットワークで進めている（しかも「環境のため」という理由で！）ところはなく、大きな流れにはなっていない、とのこと（「再生紙を使うこと」という大統領令はよく知られていますが）。

　日本ではプリウスが割高だけど予想を超えて売れているのですよ、と話したら、「日本ではガソリンが高いのでしょう。いくらですか？」と聞かれ、答えながら「どうしてそう聞くのかな」と少し考えたらわかりました。「燃費が従来の２倍優れているプリウスは、ガソリン代がかなり節約できるから、買うのでしょう」ということなのですね。プリウスの購入者にインタビューしたことはありませんが、ガソリン代の節約より「地球環境保全」のためになるなら、と思って購入されている方が多いのではないかしら、といったら、「へぇ！」とまたビックリされてしまいました。これではプリウスも、米国市場では苦労するかもしれないなぁ……。ガソリンが水より安い国ですから、「ガソリン代が半分になります！」といってもあまりアピールしないかもしれない。「地球環境保全」のために買う人がどのくらいいるのだろうか、と。

　まえに、日英技術シンポジウムに通訳で出ていたとき、日本側は環境技術に対する真摯な取り組みをいろいろと発表していました。休憩時間に英国からの参加者と雑談していたら、「日本はどうしてあんなに環境に一生懸命なのだろう？　英国では『やっています』というイメージはともかく、誰も本気で考えちゃいないよ」と。彼が正しいかどうかはわかりませんが、別の機会にドイツや英国の環境分野の専門家に「市民の意識」を聞いたときも「ぜんぜーん、ない」という答えでした。ドイツの答えには、私もビックリしま

した。ドイツは、日本から見るとモデルとなる「環境先進国」ですから。でも彼がいうには、「法規制という社会的枠組みは整っているかもしれない。しかし市民が自主的に本当に環境のことを考えているのか、という意識は別だと思う」。

　いまの日本が完璧からほど遠いのは事実ですし、あちこちで問題を抱えているのも事実ですが、ここ数年の産官学民の取り組みや考え方がいま大きなうねりとなって、あちこちで合流しつつ盛り上がってきているように私には思えて(楽観的すぎるでしょうか?)、日本が世界をリードしていく任務を負っているのではないかとすら思えるのです。他の分野と同じく、環境でも日本は「欧米に学ぼう」という志向が強く、それはそれで正しいのですが、そろそろ日本からもっと発信していく、やっていること、考えていることを伝えて、刺激にしてもらい、学んでもらう時期が来ているのかもしれないな、と。

　別に高い所から「教えてやる」必要はありませんが、あまりに日本についての情報が欠けていることを、ふたたび痛感して帰ってきました。NGOや市民のレベルで、気楽に「日本ではこんな感じなのよー」「いまエコファンドが(ポケモン以外に ^^;)流行っているのよー」なんて情報がもうちょっと行き来すれば、欧米でも役立ててくれる人がたくさんいると思います。

　嬉しいことに、日本でも最近は、政府でも企業でも各種団体でも、英語の情報を用意するようになってきました。それをもっと有効に活用してもらうためには、そういう情報を(もしくは情報の存在を)教えてあげる仕組みを作ればいいんじゃない、と思いました。…ということで(もうおわかりの方もいらっしゃるかな ^^;)、[Enviro-Info from Japan] を立ち上げようかな、と帰りの機中で思いつきました。基本的に英語になっている日本発の情報を関心のある世界中の方々にお配りする、という、「縦のものを横にする」だけのサービスを考えています。自分で書き始めたら、今度こそ本当に通訳を廃業しなければならない(^^;)。

　私の個人的な感じを率直に書いてみました。海外にいらっしゃる方、ご経験のある方、環境ミッションで欧米に行かれた方もいらっしゃいますよね。きっといろいろな違う見方や感じ方があるはずですから、コメントいただければ幸いです。[Enviro-Info from Japan] についても、まだ思いつき段階ですが、アイディアや提案をいただけたら嬉しく思います。もうどこかにそのようなチャンネルがあれば、そちらを使わせていただきたいと思いますし、何かヒントがあれば教えてください。

リレー通訳

No. 85

　昨日までアジア諸国の環境会議の通訳に入っていました。各国の取り組みの発表など、熱心な議論が交わされ、私も心躍らせて通訳しておりました。

　最終日の懇親会には、モンゴルの大使館の方もお見えだったので、モンゴルからの参加者はモンゴル語でご挨拶をされ、それを大使館の方が日本語に通訳し、それを私が英語に通訳するという、リレー通訳となりました。いつもこういうリレー通訳になると、私はドリトル先生を思い出して愉快になってしまいます。ご存じですか?

　ドリトル先生が海カタツムリと話をしたいのだけど、その言葉を知らない。結局、ド

リトル先生がイルカに話し、イルカがウニに話し、ウニがヒトデに話し、ヒトデが海カタツムリに伝えることにした、というリレー通訳の原型のような話です。

モンゴル語の挨拶を聞いていて、ハッとしたことがありました。モンゴル語の中に、climate change(気候変動)という英語が混じっていたのです。私たちがカタカナを使うように。

もしかしたら、モンゴル語には「気候変動」という語彙はないのかも知れない、と思いました。そんな単語は必要なかったからでしょう。世界のあちこちの言語にこんな語彙が増えているのだとしたら何て悲しいことだろう、と愉快なリレー通訳の合間にちょっと物思いにふけったのでありました。

有機農場訪問記

No. 105

先日、環境会議のあとに行われた埼玉県小川町の有機農家を訪問するスタディ・ツアーに、通訳としてご一緒しました。とてもステキな1日でした。農場主の田下さんは、都会育ちだけど土に密着して生活したいと思っていた、という奥さんと、16年前に脱サラして農業をいちから始められたそうです。

最初に温室で、農場の概要や作っている作物について説明をしてもらいました。普通の温室では苗床用に電気で暖房するそうですが、田下農場では、稲藁その他の農業廃棄物を外で2年寝かしておいて、余分な栄養分などを取った堆肥を鋤き込み、その発酵熱で保温していました。苗床にささった温度計は30℃。電力もサーモスイッチも要らない、天然暖房です。

作っている野菜を並べて見せてくださいましたが、どれも本当にどっしりと存在感のある野菜たちでした。「この野菜は育てられたのではないのですよ。自分の力で育った野菜なのです」という説明もナットクの立派さでした。持って生まれたポテンシャリティをできるだけ発揮した「もったい」ある野菜たち、でした。そして、じっくりそれぞれの野菜の潜在力を、苗床から育て、手と時間をかけて立派な野菜になるお手伝いをする農業は、肥料や殺虫剤をふりかけて「育てる」農業よりどんなに大変か、と思いました。でも田下さんの文字通り「地に足のついた」存在感は、ご自分の農場のお野菜と同じくらい、明るくてどっしりしていたなぁ。

この小川町には、自然エネルギー学校を開いて全国から集まる人々に、ソーラーやバイオガス・エネルギーの原理や体験、運用のノウハウなどを提供する一方、NGOとして東南アジアでのソーラー発電の展開のサポートをするなど、活発に新エネルギーを推進するグループがあります。田下さんもそのメンバーでいらっしゃいます。

田下農場でも、何ヶ所かでソーラーパネルを使っています。たとえば、水田の雑草取り担当の合鴨たちを外敵から守り、同時に逃げないように張ってある電気網。夕方には合鴨は小屋に戻りますから、昼間だけソーラーパワーが得られればよいのです。それから、温室の近くの井戸水汲み上げポンプを動かすのも、2枚のソーラーパネルと蓄電池です。1週間は日が照らなくても十分なほど蓄電できるので、極めて実用的です。

アジアからの参加者が、「ソーラーシステムのコストと、どのくらいで回収できるかを

知りたい」と質問をしました。田下さんは、ソーラーパネルは補助が出るし、蓄電池は中古だから、全部で10万円弱かな、と答えた後、ちょっと遠くを見つめるようなまなざしで、「回収には長い時間がかかるでしょう。水道料金はとても安いからです。でもここに井戸がある。ポンプの電気もソーラーで得られる。外から水や電気を買わなくても、頼らなくても、自分たちで得ることができる。だから使っているのです」。投資やその回収、見返りなどとは違う軸とその力強さに、参加者と一緒に私も感動したのでありました。

　農場でいちばん儲かるのは、養鶏や家畜だそうです。「でもウチの農場では、いまは養鶏は増やしません。鶏や家畜の糞を肥料として畑に返しています。糞の量が畑に返せる範囲で、飼っています。この農場では、いろいろなものが循環しているので、どれかを近視眼的に増やしたりすると、全体のバランスが崩れてしまうからです」。

　田下農場のもうひとつのスポットは、バイオガス設備でした。人間も家畜もその廃棄物は貴重な"原材料"です。地下の発酵槽からチューブを引いて、ガスを取り出すという極めてシンプルな作りですが(臭いもナシ)、田下家(住み込みの有機農業研修生を含む)9人の煮炊きを冬でも7割はまかなえるガスが得られるそうです。夏に発酵が盛んになるので、発生するガスの量が増え、自宅の調理や暖房用だけでは余ってしまいます。これをどう使うか？田下農場の楽しい試行錯誤や夢を聞かせてもらいました。「発電機。でもガスを電気に換える効率が悪いので、もったいない使い方。今度の夏には、池の上に小さな電灯をつけて、集まる虫が池に落ちるようにして、それで池で魚を育てようかな。ガス冷蔵庫。冷蔵庫が必要なのも夏なので、これは合理的でしょう。今度の夏には、余ったガスでトマトを煮て、ペーストやケチャップに加工してみよう。そうしたら、夏のエネルギーを変換して冬に使えます」。隅々まで、「知足」が行き渡っているような、何となくほっとできて居心地の良い、穏やかな田下農場でした。

　ただこれだけの手間をかけ、全体のバランスを優先して農業をしているけど、それをちゃんと評価する市場や消費者は少ないようです。私たちにもこれまでと違う「軸」がいるんだよなぁ、と思いました。田下農場では、年間契約で何種類かの野菜を毎週届けていますが、野菜の種類は選べません。「土地のことを考えて、60種類ほどの作物を順繰りに作っているからです。そして何より旬の野菜を食べてほしいから」と。

渡り鳥に会いに
No. 118

　去年の今頃、さむ〜い日に「日米渡り鳥会議」の伊豆沼・蕪栗沼視察ツアーに、通訳でついていきました。余談ですが、こういう通訳はなかなか苦労します。まず鳥の名前を山ほど覚えていかなくてはならない。そして「あ、××だ！」「こちらには○○が！」と研究者の指さす先を目で追っても「ふ〜む、私には同じに見えるけど…」(^^;)。

　しかし、このとき初めてオオハクチョウが空を飛ぶのを見て、感動しました。重そうな体なのに、それはそれは優雅に飛びます。あと日暮れにあちこちから沼に戻ってくる戻り雁、これも壮観でした。アメリカにいる鳥は日本とはほとんど違うらしく、アメリカの人々は、「トビ」にも「モズ」にも大興奮で大騒ぎをしていました。トビって black kite(黒凧?)っていうそうで、なるほどね〜と見上げていた私でした。

その数ヶ月後に通訳として参加した『水』がテーマのシンポジウムで、干潟の話をとても興味深く聞きました。「wetlandというと、水辺環境、水のあるところ(ラムサール条約での定義)川、田、池、湖、ダム、干潮で水深6ｍまでの海、人工も自然も両方入る」ので、日本語の翻訳「湿地」では狭すぎるそうです。そして、日本では、この50年で干潟の40％が消えてしまったという話でした。これほどな急激に干潟が消失しているのは、先進国では日本だけだそうです。そして現在日本では、すでに大小合わせて2700ものダム(砂防ダムを入れると無数)があるのに、さらに200ものダムの計画があるとか。

とてもワクワクして通訳したのは、「湿地はビジネスになる」ことを実証した海外の事例でした。開発でいったん湿地を破壊してしまったのですが、元通りの自然に戻し、そのままにしておくことによって、いまではエコ・ツーリズムなど、湿地が地元の重要なビジネス源になっているそうです。自然のもの、地元のものしか使わない、というアプローチ。コウノトリを呼び戻そうという計画にしても、コウノトリを連れてくるのではなく、営巣しやすい環境を整えて待つのだ、というお話に、「いつか行ってみたいな」と思いました。

ラムサール条約を積極的に推進し、水鳥をはじめ豊かな生態系の存続にとって欠くことのできない干潟などの広範な湿地の保護や回復運動を進めているＮＧＯがあります。「日本湿地ネットワーク」です。このＨＰでは、湿地の実態や、湿地を守るための条約などの枠組み、各地の保全運動などに関する情報が豊富に得られますし、さまざまなリンクもあります。

日本自然保護協会の集計によると、日本の干潟は戦後の乱開発による埋め立てなどで約半分が消失し、現在残っているおもな干潟は37しかないそうです。どのような干潟が残っているのか、どこがどのような危機にさらされているのか等の情報もＨＰで見られます。実情を見ると、37のうち13の干潟が環境庁によって国際的重要度の目安になる「シギ・チドリ類重要渡来地域」に認定されているにもかかわらず、保護対策がとられているのはラムサール条約登録地の千葉県谷津干潟だけです。そして、千葉県利根川河口、愛知県汐川干潟、福岡県博多湾和白干潟、長崎県諫早湾の四つの渡来地を含む11の干潟では、環境を破壊する開発事業が進められています。また、東京湾の三番瀬、徳島県吉野川河口干潟、福岡県曽根干潟、熊本県八代干潟で、埋め立てなど干潟を消滅させる可能性のある計画が持ち上がっています。この４カ所も渡り鳥の渡来地なのです。

渡り鳥は、干潟から干潟へ、次の干潟が前の年と同じように待っていてくれると信じて飛びます。どこか一カ所の干潟が失われるだけで、渡れなくなってしまうのです。

日本湿地ネットワークが中心になって制作した素晴らしいビデオがあります。「母なる干潟・日本の湿地を守ろう '99日本の湿地〜時代は変わる」というビデオです。本当に美しい干潟の様子、群れ飛ぶ渡り鳥に思わずじーんときます。落合恵子さんの落ち着いたナレーションも合っています。湿地ネットワークが、一人でも多くの人々に見てほしい、と作ったこのビデオ、あと100本ほど売れれば、何とか資金が回収できるそうです。本当にお薦めです。英語版もあるそうなので、ご関心のある方はお問い合わせを。環境教育に、情操教育、英語教育までできちゃう、一本３役の優れモノだと思います。

日本湿地ネットワーク　http://www.kt.rim.or.jp/~hira/jawan/index-j.html
ビデオのお問い合わせ・お申し込みは：〒191-0052　東京都日野市東豊田3-18-1-105 JAWAN東京事務所　柏木実
Tel/Fax 042-583-6365　　E-mail TAE04312@nifty.ne.jp

中国の地球温暖化対策

No. 134

　おととい、全国地球温暖化防止活動推進センター設立記念シンポジウム、『京都議定書の発効に向けて──私たちにできること』で通訳を務めてきました。

　ある方のスピーチを訳していましたら、「地球の気温は二度上がりました」と聞こえてきました。今のイントネーションなら「2回」の「二度」だからtwiceかな、でもまてよ…しばらく耐えて次を待っていましたら、やはり「2℃上がりました」だったんですね。アブナイ、アブナイ。別の発表でも、「ハイシャ」と聞こえて、dentist(歯医者)でもloser(敗者)でもなく、end-of-life vehicle(廃車)と訳せたのも、話し手が日産自動車の方だとわかっていたからで、耳から入る音だけに頼って通訳する私たちは、同音異義語や微妙なイントネーションに「？？？」が頭上や頭中を飛び交うスリリングな毎日を送っています。「新分野の開拓」を「新聞屋の開拓」と訳しちゃった、なんていう笑い話は(その時は笑えませんが^^;)通訳ブースにゴロゴロ転がっています。

　ところで、このシンポジウムでの中国大使館の環境・科学技術担当一等書記官の方の発表が興味深かったので、ご紹介します。

　地球サミットで李鵬総理は、国連気候変動枠組条約に署名しました。そして、「中国の国情に合わせた」一連の対応策を講じ、世界に先んじて、中国の持続可能な国家戦略を打ち出しました。その内容は、

　1．一人子政策を実行し、人口増加を抑制する：一人子政策がなく、1970年の出生率のままだとすると、98年までで中国人口は3.3億人も多い計算になる。今後も国策として人口を抑制し、2010年に14億に抑えようとしており、「これは世界の温室効果ガスの削減には大きな貢献である」。

　2．エネルギーの有効利用を促進し、排出量を削減する：1万元の国内生産に必要なエネルギーは、90年の標準炭5.3トンから、97年の3.55トンに減少している。つまりエネルギー効率が向上している。1999年のエネルギー総生産量は、98年より11.3％減少しており、今年も10％の減少の見込み。石炭の消費量のうち、約35％が火力発電用、65％が家庭や工業生産用で主にボイラー燃焼を通じて熱量を発生。燃焼技術の立ち遅れで、エネルギー利用効率はまだかなり低い(30％前後。先進国では50％以上)。エネルギー利用率が35％に高まれば、毎年3億トン余りの標準石炭を節減することができる。したがって、増産しても汚染は増大しない可能性も大きい。

　3．エネルギーの構造改善：現在、商用エネルギーの72％は石炭から供給され、水力、原子力などは7.5％にすぎない。今後は、国家の投資によって、水力、原子力発電の割合を増やしてエネルギー構造を改善していく。三峡ダムなどの大型水力発電所と、原子力発電の建設を早め、長さ4200kmのガスパイプラインをタリム油田から上海に敷設予定。

　4．全国民の植樹活動で、森林面積を増やす：79年にスタートした全国民の植樹活動で、累計55億人が出動し、300億本の木を植えた。中国の人工植林面積は3700万ヘクタールで、世界一。98年の洪水以来、揚子江と黄河の中上流域の天然林の伐採が禁止され、17省の林業労働者の仕事は、伐採から植林に切り替えられた。さらに99年末に、傾斜度25度以上の傾斜地にある畑を森林に戻す方針が定められた(面積にして460万ヘクタール)。森

林面積比は、88年度の12.98％から、93年の13.92％に増えたが、2010年にはさらに19％に引き上げる目標(98年から2010年まで1700億元を投資)。

　以上が、中国の温暖化対策の紹介でした。前にレスター・ブラウンが「何でも12億倍すれば、すごい量だよ」といっていました。彼は食糧問題でこの話をしたのですが、累計55億人で300億本の木を植える、というのもすごいスケールですね。この書記官の方は、打ち合わせの時に、「中国では森林面積を1％増やしただけでも、とてつもなく広大な面積なのですよ」とおっしゃっていました。確かに。

　次に書記官がお話になったのは「地球温暖化問題には、先進国が主要な責任を果たすべきである」ということです。その根拠は、(1)日本を含む先進国が200年余りの間に工業化する過程で排出された大量の二酸化炭素が現在の地球温暖化問題を形成していること。(2)温室効果ガス排出量のうち、先進国は4分の3を占め、途上国は4分の1である。一人あたりの排出量も日本の2740kg／年に対し、中国は652kg／年であること。(3)また先進国には、技術と経済力があり、この問題を解決する能力があること。

　特に「日本に対する要望」として、以下の3点を挙げられました。(1)京都議定書で約束した6％削減の目標を率先して履行すべきである。(2)もっと積極的に非商業ベースで、途上国に資金と技術を移転すべきである。技術移転の動きはあるが、日本側は商売として行おうとしており、そのようなお金のかかる技術は中国では使うことはできない。(3)国際貿易が環境破壊につながることに配慮すべき。例えば、1997年に日本は中国から割り箸を1億膳も輸入している。また、着色料や製薬原料に使われる甘草(カンゾウ)は、乾燥重量で630kg輸入。

　甘草は1本取るごとに周囲1.5平方メートルの草を消滅させてしまう。しかも、生育しているのが砂漠・半砂漠地帯なので、回復に100年以上かかる、と。通訳しながら、思わず机の上ののど飴をつくづく見てしまいました(のど飴には「甘草入り」が多い)。ちなみに、のど飴は通訳の7つ道具の1つです。

　最後に「国際協力を強化すべき」というお話でした。中国は人口12億を有する世界最大の途上国である。一次エネルギーの75％は石炭に依存せざるを得ない。4000万人の貧困問題を解決しなければならない。ひとりあたりのGDPは約900ドルで、2050年には6000ドルに引き上げる目標である。中国は発展しなければならない。しかし、2つのゼロ成長を目指している。2030年時点での人口のゼロ成長と、2040年時点のエネルギー消費量のゼロ成長である。これらの目標達成には大きな資金と技術が必要である。というスピーチで、具体的な数字が説得力と切迫性を感じさせるお話でした。

　ところで、シンポジウムが終わってから、通訳ブースの中で、「甘草がそんなに環境破壊しているなんて、知らなかった～。甘草入りののど飴なんて、もう買えないねえ！」と騒いでいたら、パートナーの通訳者が、「でもさ、そのイントネーションじゃまずいよ。liver(肝臓)って訳されちゃうよ」。

　うーん(^^;)。皆さん、同時通訳を使うときには、正しいイントネーションでどうぞ！

全国地球温暖化防止活動推進センター http://www.jccca.org/

世界初の燃料電池タクシー試乗記
No. 155

　ロンドンです。こちらは寒く、ホテルにはまだ暖房が入っています。NHKが、CNNなどと進めている国際共同制作番組『地球白書』の打ち合わせに参加しています。「環境番組」と一言でいっても、何をどのように番組で見せたいか、どのようなメッセージを込めるのか、日米欧の当事者間にスタンスやスタイルの違いがあって、この番組を制作するプロセス自体が、関わっている私たちにとっての「環境教育」だなぁ…と。いくつもの国際バトル(?)を乗りこえつつ、「問題よりも解決への道筋」を示そうと、世界各地の最新の取り組みを盛り込んでハイビジョンの美しい映像で制作進行中です。

　昨日は打ち合わせのあと、英国メンバーが、王立建築家協会のパーティーに連れていってくれました。この協会では半年前に、今後2年間の活動の焦点を、「sustainable city(持続可能な都市)」にすることを決めました。それ以後準備を進めてきた展示会のオープンを祝うパーティーです。会場には「持続可能な都市」の様々な側面の展示、ビデオによるデモ、目玉は"Sustainable Internet Cafe"(持続可能なインターネット・カフェ)で、ソーラーを電源とするパソコンが並んでいて、インターネットで「持続可能な都市」に関する様々なウェブサイトを探索できるようになっていました。

　以前、日本での会議で、英国からの参加者が「我が政府は、代替エネルギーを全然マジメに考えていない。これでは産業が取り残される」と文句を言っていましたが、状況は好転しているのか、ソーラー発電の会社のパンフやソーラー＋燃料電池をどのように都市に取り込んでいくか、という展示がありました。

　パーティーの最中に「世界初の燃料電池タクシー」に試乗させてもらいました。面白かったですよ！ 外見は普通の「ロンドン・タクシー」なのですが、燃料電池で走るZEVCO(Zero Emission Vehicle Company)のデモ車です。試乗感は、「とても静か、発進時の加速が優れている」。運転手さんにいろいろ質問して、教えてもらいました。この燃料電池は、バラード社とは違うアルカリ燃料電池という技術です。リン酸燃料電池に比べると、高価な触媒がいらないので、安くできるといっていました。ただし、大きさはちょっと大きめ。「燃料としての水素の安全性」について質問したところ、「まったく問題ない。ガソリンより安全ですよ」と。

　コストについて聞いたら、このデモ車は、まったく新しい車両を造るのではなく、既存の車体に燃料電池を積んでいるのでそれほどかかっていない(本当に積んでいる、という感じです。助手席に燃料電池がデンと座っているのですから^^;)。ランニングコストは、ディーゼルの3分の1の計算で、メンテナンスも可動部が少ない分、非常にラクでコストもかからないそうです。政府からの補助は？ と聞きましたら、このデモ車は受けていないが、この1年半デモ車で集めたデータをもとに、今年実用車を造るときには、補助金がもらえる、とのこと。すでに何台か、実用車の製造がはじまっているそうです。ロンドンでも今年中に5台、実用タクシーがお目見えするよ、と。

　テレビ番組作成の英国人メンバーによると、バラード社とは違うこのタイプの燃料電池の開発自体は70年代から始まっており、EUが技術開発に資金を出してきた。実用化の目処がついたので、最近、ZETEK POWER というロンドンの民間企業に燃料電池の

実用化事業を移行した。この会社は昨年秋に上場。最初の実用化として、バスやトラック、建物にも力を入れている。ドイツ、米国、英国で、この燃料電池を組み込んだ工場が建つ予定、ということでした。運転手さんに「日本ではどこかと組んでいるの？」と聞きましたら、風力発電のバックアップ用として、この燃料電池のシステムを入れるところがある、といっていました。

ドイツにはガソリンスタンドならぬ「水素スタンド」があると聞いたことがありますが、市内タクシーという、比較的短距離で走行範囲が限定できる用い方は、燃料電池に向いているのかもしれません。「何年後かロンドンを再訪したら、こういう水素タクシーがたくさん走っているのでしょうね。楽しみですね！」という私の言葉に重々しくうなづきながら、運転手さんは丁重にドアを開けて私たちを下ろしてくれました。

ただひとつ不思議だったのですが、このパーティー、建築家や建築家の卵や建築家の先生方が300人ほど集まっていたのに、会場の外に置かれた水素タクシーに乗せてもらって大喜びをしていたのは、私たちだけのようでした。彼らにはもはや珍しくもないのか（そんなことないと思うのだけど）、やっぱり日本人は新しいものが好きなのか…？(^^;)

日本で最初に水素タクシーが走るのはどこかな？いつかな？もう技術は完成していて、実用車が走りつつあるのだから、チャレンジ精神のあるタクシー会社がどこかの地域で取り組まないかな、と期待しています。

ドイツの新エネルギー法と市場創出
No. 158

ロンドンで何やっているの？よっぽどヒマなの？(^^;)という声も届いておりますが、一応仕事もやっています。証拠まで、仕事ネタで一本お届けします(ぁ、やっぱりヒマの証拠になっちゃう？^^;)。

いま制作中のＮＨＫ国際共同制作番組『地球白書』は、6回シリーズです。各番組とも興味深いのですが、中でも「エネルギー」の番組はまさに現在ダイナミックに展開している分野なので、打ち合わせでも新しい展開や取り組みが次から次へと出てきます。燃料電池で動く船舶の話、シェルの代替エネルギーへの大きな投資の話、デンマークの沖合い風力発電の話。「それに、ドイツではすごいんだよ…」。私も負けじと「日本だって、日本ガス協会がこ～んなに小型の家庭用燃料電池発電装置の実用化を進めているんだよ」「市民のイニシアティブで風力発電を、という動きもあるし」などと"宣伝"(^^;)。

新エネルギーの発展を考えるときに、「技術」と「法整備」の両方を合わせて提示しないとね、という話になりました。技術の進歩で、効率が上がり、コストが下がります。と同時に、コストを下げ、新エネルギーが活躍しやすい市場を形成するための法整備も鍵を握っています。そしていったん市場ができれば、新エネルギーをサポートし促進していく大きな力は「グリーンコンシューマー」です。エネルギーでいえば「グリーン電力」を選んで購入する人々です。

日本の"宣伝"を考えながら、「技術」ではたくさん自慢できることがあるし、「グリーンコンシューマー」だって、動きが活発になっている。でも「法整備」の点では、まだまだ遅れているよなぁ、と改めて思いました。たとえば、風力発電。全国のエネルギーの

ZETEK POWER　http://www.Zevco.co.uk

数%を風力から得ているデンマークや、ドイツ、米国、イギリスなどに比べ、日本では総発電量の0.1%以下です。日本にもちゃんと風は吹いているのに(^^;)。

　日本でまだ風力発電が大きな流れになっていない原因の一つは法規制だと思います。「自然公園法」「農地法」「航空法」「電気事業法」「建築基準法」「騒音規制法」「森林法」「自然環境保護法」「景観条例」などの「法規制の山」に対応しなくてはならず、それも窓口や必要書類がそれぞれ違うので、肝心の「どうやって風力発電の効率を上げ、安定供給の仕組みを作り、広めていくか」という本質的作業以前の道のりがあまりに長く険しい、と聞いたことがあります。

　打ち合わせで、「今いちばん進んでいる」として何度も名前が出たのがドイツです。ドイツでは2000年4月から、新しい「自然エネルギー促進法」を施行しています。もともとEUが「2010年までに自然エネルギーを倍増し、電力の10%をまかなう」という政策を打ち出しているのですが、ドイツはその国内的手段として、今回の法律で自然エネルギーの固定買い取り価格を設定しています。ドイツで自然エネルギーの買い取り法が導入されたのは、90年でした。これまでの買い取り価格は、平均電力料金に対する比率で設定されていました。しかし昨年電力の自由化に伴って、電力料金が下落することが予測され、自然エネルギーの買い取り価格が下落しては困ると、今回の法律では電力料金とは関係なく、それぞれの自然エネルギーの普及度などから固定価格を設定しています。

　10年前に買い取り法が導入された後、ドイツの風力発電は10年間で400万ワットと10倍に伸びました。10年前にはドイツは風力後進国だったのですが、現在は電力の2％分を風力で発電し、風力産業は2万5千人の雇用を創出し、売上も2000億円を超えています。「ここまで市場が大きくなってくれば、あとは大丈夫だろう」というドイツ政府の声が聞こえそうですが、新法では、風力発電は今後5年間キロワット／時当たりは約10円、その後、海岸地域は約6.5円、内陸地域は約7.5円、洋上風力発電は当初9年間は約10円という買い取り価格が設定されています。そして「次はソーラー発電だ！」という声が聞こえそうな新法では、太陽光発電の買い取り価格を約55円という高額に定めています。小水力、埋め立てガス、鉱山ガス、下水ガスは約7〜8円、地熱は約7.5〜9.5円、バイオマスは約9.5〜11円です。

　英国人メンバーが、ドイツでは「環境産業」の雇用数が、自動車産業に並んだ、といっていました。「こういう積極的な法律のおかげさ」と彼。「シェルが世界で最初に燃料電池の工場を作るのもドイツだし、(昨日ご紹介した)ZETEKという燃料電池会社の最初の工場も英国ではなくて、ドイツだよ。それだけ有利な法律やインセンティブをドイツは用意しているから。ドイツでの雇用創出につながるから、ドイツ国民や労働組合も支持しているようだ」。

　そして、特にソーラー発電の高い買い取り価格が施行されたこの4月以降、ドイツでは面白い会社が出てきている、という彼のドイツの友達からのニュースを教えてもらいました。雑誌に「お宅の壁や煙突、屋根を貸してください！」という広告を出して、工場やオフィス、学校などのスペースを借り、そこにソーラーパネルを張って、あっちこっちから少しずつ発電した電力を集めて、売電する商売だそうです。工場や学校も、別に使っていないスペースを貸して賃料が入るので結構な話だ、ということで、ソーラーの

普及を加速しているようです。それを商売にできるような「仕組み」をこの法律が作ったからこその市場でしょう。

主に「産学」が進める技術の進歩と二人三脚で、普及とコストダウンを進めるための市場創出や法整備での「官」の役割の大きさを痛感したのでありました。市場ができれば、「民」の出番なのですが！ 日本でも新エネルギー法が審議されていますが、ビジョンを明確に定め、そこに到達する道筋やツールとしての法整備を積極的に進めてもらいたい、と思っています。

ということで、技術の最先端の現場から、社会や経済の仕組み、市民の積極的な関わりまで、『地球白書』エネルギー編では、問題と解決策、いま何が必要なのか、をワクワクドキドキ胸に迫る番組に仕上げてお届けします。どうぞお見逃しなく！

携帯電話とカエル跳び

No. 159

ボストンからロンドンに来ました。ボストンの空港とロンドンの空港の広告ディスプレイなどを見て思ったことですが、ボストンの方は圧倒的にe-businessの広告が多い。1月にワシントンに来たときもそう思いましたが、新聞も雑誌も何もかも「e-businessブーム！」という熱気がムンムンしています。ボストンのホテルの部屋には「申し訳ない！現在、全速力で高速インターネットアクセスを進めているので、少しお待ちを！」と張り紙がしてあり、新しいジャック口をデスクの前に用意しているところでした。デスクの横にはコンセントが5つも入るようになっていて、「さあ、どうぞ！」という感じ。アクセスも十分速く、Enviro-Newsを書くには最高のセッティングでした。

ロンドンの空港では、そのひとつまえの段階(?)のインフラの広告が目につきました。ネットワーク化を進めるためにサーバやルータなどの広告です。ホテルのインターネット環境も「使うならどうぞ。でもアクセスするとホテルのチャージもかかりますからね」という感じ(^^;)。コンセントも1つなので、MDを聴きながらコーヒーを沸かしつつ、パソコンに向かう、という私のお気に入りスタイルは無理。まあ、日本のホテルと同じような感じです。

それから、アメリカでは、携帯電話を使っている人がどんどん増えています。1年まえにはほとんどいなかったのに、最近は道を早足に歩きながら喋っているビジネスマンがたくさんいるし、タクシーの運転手もだいたい持っているようです。聞いてみたら、最近また値段が下がって「2時間かけ放題で30ドル」「5時間で50ドル」などのパッケージで、学生も使うようになっているそうです。

ボストンでタクシーに乗って行き先を告げたら「オッケー」といって車を走らせながら、携帯電話で一生懸命だれかに道を聞いているらしい(^^;)。何語かわからないのですが、通りの名前を告げては、指示を得ながら走っている。なかなかスリルがありました。ロンドンでも空港からのタクシーでは、次から次へと携帯電話が鳴って、運転手さんはずっと片手運転ですっ飛ばしている。早く「運転中は携帯禁止」を世界標準にしてもらいたい！ と思いました。

ワールドウォッチ研究所の『地球白書』に並ぶ年次刊行物『Vital Signs(地球データブック)』

を見ていましたら、関連データが載っていました。1997～98年に携帯電話の加入者は世界全体で48％もふえて、今や3億1900万人が「ケータイ」を持っています。1990年代を通してみると、何と20ヶ月ごとに携帯電話の加入者数が倍増しているそうです。通信分野の技術革新と競争原理導入のため、1990年代に通信に関する法律を施行、または改正した国は150ヶ国以上。

　特にヨーロッパでは競争が激しく、携帯電話の利用者数も世界でもっとも著しく伸びています。この調子でいくと、2001年～2007年の間に、携帯電話の台数は、電話線のついた普通の電話の台数を超えます。世界中ですでに3つの国で、携帯電話の台数が通常の電話より多くなっています。どこだと思いますか？

　ひとつは、通信技術のリーダー国、フィンランドです。そして先週発表があった日本と、カンボジアなのです。カンボジアというのは意外でしょう？電話線や電柱、その他のインフラが要らないことが途上国での利用を促進している理由です。インフラを作っても銅線などを換金しようと盗まれちゃうとか。それにいつ戦争や紛争でインフラが破壊されるかわからない。そういう場所こそ、携帯電話が便利で有効なのでしょう(公衆電話の前で、携帯電話で喋っている日本人、というのは、理解しがたいかもしれませんね ^^;)。

　カンボジアのように、途上国が電話線やらインフラを飛び越して、新しい技術でニーズを満たす様子をleapfrog(カエル跳び)といいます。先進国よりあとに開発しようとしているからこそ、先進国には必須だった巨大インフラ(それに伴う投資、技術の陳腐化の問題、そして何よりも環境への悪影響)を、軽々とピョンと飛び越えていけちゃうわけです。電話の世界だけではなく、発電でも同じ「カエル跳び」の可能性があります。先進国のように巨大な中央集中型の発電所をつくって、送電ロスで無駄をしながら送電線で送るのではなく、「電気の必要なところで、その地にあったやり方で、発電する」という分散型発電の技術(風力、ソーラー、燃料電池など)が実用化しています。すでに、インドや中国は「新エネルギー大国」になりつつあります。国策として、そのような技術を取りいれ、市場を作るサポートをしているからです。

　ワールドウォッチの本に戻りますが、ああ、やっぱり書いてありました。「トロント大学の研究によると、運転中に携帯電話を使う人は、使わない人より、事故にあう確率が4倍高い」(^^;)。今日、空港に向かうのですが、タクシーに乗る前に、「ノー・ケータイ！」とお願いしておこうかなぁ。「運転手が携帯を使うタクシーの乗客」も、事故の確率が4倍ってことですからねぇ。くわばら、くわばら。

　ところで、アメリカもロンドンも、まだ着メロは流行っていないようで、携帯が鳴ると全員でポケットを探る、という一昔前の日本のような状況(^^;)。それでも、最近様子が変わりつつあるようです。空港のターミナルバスで隣に座っていた黒人の人の携帯が奏で出した荘厳な「バッハのカンタータ」の着メロには、思わず頭を垂れてしまったのでありました(^^;)。

新ワールドウォッチ研究所と、教科書に載った環境

No. 165

　今朝届いたワールドウォッチ研究所からのプレスリリースで、同研究所の大きな組織

改編が発表されました。1974年に研究所を設立して以来、所長を勤めてきたレスター・ブラウン(66歳)は、同研究所の理事会の理事長となり、副所長のひとり、エネルギー分野が専門のクリス・フレイビンが研究所の所長代行に任命されました。初代所長レスター・ブラウンに続く2代目所長は、今年後半に選任する予定で、「世界的に候補者を探し始めている」ということです。

レスターは、研究所のマネジメントの責任者である所長を退くことで、「これまで以上に、政治家や企業のリーダーに会って話をしたり、国際的な会議でスピーチや講演をすることができるようになる」うえ、「世界中のマスコミ向けに、ブリーフィング・シリーズを開始する予定」とのことです。なお、研究者として引き続き、『地球白書』などの執筆に携わります。

レスターは頑としてキーボードに触らない、という「旧人類」です。(それを補って余りある優秀な秘書さんのおかげで、自分でタイプするより効率的な仕事をしていますが)。このプレスリリースでは、「新しいテクノロジーを駆使した第二世代のワールドウォッチ研究所」を構築していく、と書いてあります。私が前回訪れたときも、「研究所のウェブマスターよ」と新しいスタッフに紹介されましたし、印刷媒体以外にも、電子媒体で グローバルなアウトリーチ(地球規模での意識啓発・展開)を促進していく意気込みが伝わります。

また、今後の活動領域の主眼のひとつに、「ブラジルや中国、インド、ドイツへの普及やそのような国々のNGOなどとの連携の強化」が挙がっています。これにも大きな期待をしたいと思います。余談ですが、数年前にレスターは、世界に中国の人口と経済発展が地球に与える影響に目を向けさせる『だれが中国を養うのか？』(ダイヤモンド社)という衝撃的な本を書きました。「翌週すぐに北京で、そんなことはない、と政府が発表した。その後中国へ行ったら、どこへ行っても、だれもがあの本を持っていて、それを取り出しては『これは間違っている』という話をするんだ。遊覧船に乗った時でもね。もう参っちゃったよ。僕のアパートは中国大使館の近くなんだけど、いつも見張られていたのかもしれないね」とレスター。しかし、この本がひとつの大きなきっかけとなって、中国政府首脳部が自国の抱える問題に気づき、少しずつしかし着実に方向転換をはかってきました。

2年前の揚子江の洪水の時もそうでした。洪水の直後、レスターは中国大使館の書記官とともに、アメリカのテレビ局の番組に出演しました。私はたまたまワールドウォッチに行っていたので、テレビ局まで付いていってガラス越しに見ていたのですが、「この洪水には上流流域の木を85%も伐採してしまったという人為的な原因もある」というレスターに、中国大使館側は「天災にすぎない」の一点張りでした。しかしその後、中国政府はレスターと同じ主張をするようになり、今や揚子江上流域は伐採禁止になり、伐採業者は今では植林をしているのです。

このようにレスターは西側の人間としてはかなり中国に認められているのではないかと思うので(中国にも何度か呼ばれて、よい関係を築いているようです)、レスターのこれまでの努力のうえに築いてくれれば、と期待しています。…ということで、しばらくはワールドウォッチ研究所から目を離せない、「ワールドウォッチ・ウォッチ」という感じです(^^;)。

今度は日本のニュースですが、今年から5年間使われる、高校用の「現代文」の教科書

(三省堂)に、元日経新聞論説委員の三橋さんの書かれた「循環型社会への道」が載りました。井伏鱒二や岡本かの子などと並んで、教科書に、それも政治経済ではなく、「現代文」に取り上げられた、というのは、本当に嬉しいニュースです。高校生が国語の授業で「ゼロエミッション」とか「グリーン税制」とか「産業クラスター」について勉強してくれること、本当にいいなぁ！と思います。環境教育というと、「環境」という科目や関連教科での項目として考えがちですが、国語や英語や数学や理科で、題材として取り上げられることも有効ですよね。そういえば、確かタイで人口激増を抑える解決策のひとつとして、「あらゆる教科で、題材として人口問題を取り上げる」ということをやっていたと思います。算数では、「こちらでは人口が2人増えました。あちらでは3人増えました。全部で何人増えたでしょう？」と足し算を教えるのですね。

　お近くに三省堂の「現代文」を使っている高校生がいたら、是非感想を聞いてくださいな。三省堂に続いて、ビジョンのある教科書会社がどんどん出てくることを期待したいと思います。

ハノイ旅行記

No.172

　ハノイに来ています。ベトナムは初めてです。到着した日にハノイ空港からホテルまで、40分ほどのドライブを楽しみました。いくつも興味深い風景が車窓から見えました。本日は「えだひろ、ハノイを行く」(^^;)の巻。

　空港からハノイ市内に入るまでは、一面の水田です。日本では田植えを終えたばかりだと思いますが、そろそろ穂が育とうか、という青々とした田んぼが見渡す限り広がっていました。田んぼに人がたくさんいることに気がつきました。牛も同じくらいたくさんいます。草原のような緑の中に、茶色の点が牛(畦道の草を食んでいます)、ベージュの点が農家の人のかぶっている麦わら帽子です。農家の人は草取りをしているようです。土手で牛の番をしている老人や子どももあちこちにいました。農期のタイミングのせいかもしれませんが、耕運機やトラクター、トラック等の農耕機械は見えません。日本の田んぼでも、アメリカの農業地帯でも、あまり人を見かけないので、ここハノイの農作機械がなくて人がたくさんいる様子はちょっと不思議な風景に映りました。先進国の基準でいうと、「生産性が低い」農業なのでしょう。たぶんここの農家の人は「持続可能な発展」という言葉も知らないのではないかと思います。

　先進国から来た旅行者と、ベトナムの農民との会話。

旅行者：人手に頼って、生産性の低い農業をやっていますね。農薬や機械を使って、もっと生産性を上げないと。

農　民：生産性を上げてどうするんですか？

旅行者：じゃんじゃん作るんですよ。それを売って、お金を儲けて、もっと効く農薬や肥料を使い、大きな機械や自動車を導入するんです。

農　民：そしてどうするんですか？

旅行者：農薬や肥料が人間にも環境にも悪い影響を与え、機械や自動車は二酸化炭素を排出して気候変動を起こすことを実感するんです。

農　民：それを実感してどうするんですか？
旅行者：もっと自然や環境を大切にしようという意識を啓発するんです。農薬も肥料も機械も減らそう、自然と共存した有機農業をめざそうと決意するんです。
農　民：それなら今やっていますよ。
旅行者：‥‥‥

　ホテルの送迎バスは、絞めた鶏を数羽詰めた籠を運ぶ自転車や、もうじき豚肉になる運命の豚を3匹も荷台にくくりつけたバイクを追い抜いて行きます。東京でそんな光景に出会ったら、キャー、残酷！　とかいいそうですが、ここでは風景に自然に溶け込んでいて、恐さも気味悪さも感じないのが不思議でした。ここの子どもたちは、鶏の絵を描きなさい、といわれて、4本足の鶏を描いたり、ブタの絵を描きなさい、といわれて、トレイの上のスライス肉を描くようなことはしないよなぁ‥‥と。

　ハノイ市内に近づくと、田んぼの中に大きな立て看板がいくつか出てきます。「ＩＳＯ9001」という文字が踊っている大きな看板が異彩を放っていました。市内に入ると、ちょうど夕方のラッシュアワーでした。壮観というか圧倒される光景でした。メインストリートを流れているのは、自転車、自転車、自転車。そして、自転車10台ぐらいにバイク1台、バイク10台ぐらいに自動車1台が混ざっています。1台の自動車1台を100台の自転車で囲んで、川のように流れていきます。もともと道路は自動車のためのものではなかったのですね。自転車の大群を追い散らして進もうと、自動車はクラクションを鳴らしっぱなし。

　自転車の激流に迷い込んだような、でもいちばん威張っている自動車の窓から見た光景は、ひとつのスナップショットのようでした。そしておそらく、10年前のスナップショットには、自動車はほとんど写っていなくて、バイクも少なかったことでしょう。そして、10年後かいつのことかわかりませんが、この大量の自転車が自動車に置き換わった図を想像すると、恐ろしいものがありました。

　バスを1台見かけた他は、電車などの公共交通はあまりないようでした。経済が発展して、自転車からより機動性の高い手段を人々が求め、入手できるようになった時に、自動車というオプションしかないのか、より環境にインパクトの少ないオプションを用意しようとしているのか、ハノイ市に聞いてみたいと思いました。ＮＨＫのＢＳ１の番組『地球白書』の都市編で出てきますが、クリチバ市は、問題を見越して、先手を打って都市づくりをしたお手本です。ハノイも今なら間に合う！　と思いました(外国人のお節介な思いなのでしょうけど)。

　市内に入ると、自転車やバイクの修理屋さんがたくさんありました。ここなら「いやー、お客さん、修理するより新しいのを買った方がトクですよ」なんて話はないことでしょう。何人もが1台の自転車に群がって「寄ってたかって」修理しているのも面白いな、と見ていました。

　労働生産性アップに注力してきたのを方向転換して、雇用と環境の観点から、労働生産性は下げて、資源生産性や環境負荷を考えようじゃないか、大量生産・大量消費・大量廃棄ではなく、モノを大切にして修理し、繰り返し使おうじゃないか、という考え方が日本では最近「新しく」出てきていますが、こちらの人にとっては「はぁ？」って感じでし

ようね。「それなら今やっていますよ」と、余計な回り道をせずに進めるように、新しい経済なり価値観を早く作って示していくことが必要、と強く思いました。

ベトナムのニュースより
No. 173

ハノイ会議の前日、同時通訳の機材の確認に行きました。ベトナム語しか話せない地元技術者と、日本語／英語しかできない私たちの間には、「・・・」という空白地帯が広がっていて焦ったのですが、ホテルのマネージャー氏が鮮やかに通訳の役割を果たしてくれて、無事セッティングができました。通訳ってスゴイなぁ～、なんて(^^;)。我々「英語／日本語」の通訳者は「絶滅危惧種」としてレッドデータブックに載っておりますが(^^;)、その他の言語の通訳者はグローバル化が進むにつれて、活躍の場が広がることでしょうねぇ。

今回は、ベトナムの全国英語紙 Viet Nam News より、ニュースを何本かお届けしましょう。

○インターネットの加入者数は6万人強、他のアジア諸国に比べて少ない。しかし今年に入って、インターネットサービスショップが次々と開店し(ホーチミン市だけで100以上)、250ドン(1ドル＝14,000ドン)でe-mailができるので、人気を呼んでいる。また先週、ISPに加入しなくてもインターネットが使えるサービスが立ちあがっている。「ユーザーを増やすには、魅力的なベトナム語HPが増やすことが肝要」とのこと。
○Quang Nam 省では、電話設置数が増え、今では100人に1.58台の割合。
○Bac Ninh 省のすべての村に電話が開通。
○Lam Dong 省の9つの遠隔地にある村に電気がともった。大きな投資をして、94kmの送電線と60基の送電塔を設置。
○Lai Chau 省では、135の貧困根絶プログラムを実施した結果、貧困率は98年の35％から、99年に30％に減少することができた。
○Tien Giang 省では、大規模な商業用牧畜農業(作物と家畜)を開発する360のプロジェクトを進めている。
○Ninh Binh 省で水路(運河)の竣工式が行われた。2002年の完成後には、同省の3000ヘクタールの水田に灌漑用水を提供することになる。
○ソニーベトナム、「グリーン・ディスカバリー」プログラムを発表。今年5月22日から来年1月9日まで行われるこのプログラムは、生徒がベトナムの最大の公害問題「ベトナムの工場から排出される産業廃棄物をどう処理するか」について解決策を考え、提出するというもので、最優秀賞に8000万ドンを授与する。

ハノイのホテルはインターネット環境を含め快適でしたが、電話料金には弱りました。まず電話会社の規則で、「ダイヤルを回し始めた時から課金される」。もう思わず電光石火の勢いでプッシュしちゃいました(^^;)。そして「相手が出ようと出まいと課金される」、うへぇ～。祈るしかない。最後に日本に国際電話を掛けると1分6.99ドルかかる！アクセスポイントがないのでメール1回毎にこのお値段でした。今朝のニュースは高かった

んですよぉ〜(^^;)。
　これは大丈夫です。成田エクスプレスから送っていますから。ただいま！

身土不二
No. 177

　これまで通訳として、数百のシンポジウムに参加しています。ワールドウォッチ研究所のレスター・ブラウン氏を招いてのシンポジウムだけでも、数十回を数えます。基調講演はともかくとして、本当によいパネルディスカションに出会う機会は、実はそれほど多くありません。パネルに参加することで、レスターが新しい知見や見方が得られたか？ レスターから新しい知見や見方を引き出せたか？ これらがイエスだと私は「良いパネルだったなぁ」と思います。

　5月25日の「エコ・フェスタ2000 in 盛岡：環境フォーラム」は、私の「レスター史」に残る、とてもよい会でした。うかがうところによると、岩手県と盛岡市がお金は出しているが、口は一切出さずに、まったく実行委員会に任せてくれているとか。行政がお金を出しているときにありがちな「県や市の代表者の挨拶」も一切ナシ。司会者が「本日は増田知事も聴いていらっしゃいます」と告げただけ。実行委員長の飾り気のないご挨拶だけで、開会して5分後には本論に入ったので、通訳ブースでも「やるねぇ」との声。

　事前の打ち合わせも、形式的な打ち合わせではなく、実行委員の方々がどういう思いで、何を目的にこの会を開催されているかがレスターによく伝わったので、レスターは用意してきた講演内容を半分ほど入れ替えて、要望に応えようとしました。これも良かったと思います。

　私が通訳を担当させていただいたパネラーは、「小さな野菜畑の大きな百姓」こと小島さんでした。小島さんはユニークなご経歴の持ち主で、拡大経済社会の先兵として20年近く営業マンとして勤めたあと、農業に入られた方です。農業でも「効率生産、付加価値販売」で利益が上がると思っていたのに、悪戦苦闘の連続でした、と。その中で、農家直売所を立ち上げ、身土不二という会を作られました。

　「身土不二」は、仏教では「しんどふに」、東洋の食哲学では「しんどふじ」と読むそうです。その心は文字通り、「身と土、二つにあらず」。仏教では「地域の風土と共に人間の存在はあるのだ」ということ、食哲学では「地域のものを食べることが体にいいのだよ」と説いている言葉だそうです。私は小島さんのお話に大変感動したので、かいつまんでご紹介したいと思います（あの大きなお体から醸し出される、何ともいえない優しい温かい雰囲気はお伝えできないのが残念ですが）。

　小島さんは「環境問題は、拡大経済社会の産物である」とおっしゃっています。多くの人が「大量生産、大量消費、大量廃棄の社会が環境問題を起こしたから、これからは循環型社会を」といっているが、循環型社会がどういう社会なのか、理解していない人が多いのではないか。小島さんは、内山節という哲学者に価値観を変えられた、とおっしゃっていますが、この哲学者は「循環型社会とは、生産力が増大しない社会」とおっしゃっているそうです。でも、生産が増大しない社会を皆さんは想像できるでしょうか？ と小島さんは問いかけられました。売上も利益も給与も、税収も増えていかない社会ですから、

今の企業や行政のシステムの全否定につながる、と。企業は銀行から借金をして投資をして利益の増大を図るという手法、行政は公共事業という投資で民間の活性化を行い、税収を増やすという手法はすべて否定されるのだ、と。これまで拡大経済社会に生まれ育ってきた私たちが、そこから抜け出るには大きな価値観の変換が必要となる、と。

ところが、循環型の産業がひとつあります。それが農業です、と小島さん。単位面積当たりの収量は年を経ても増大しないし、20歳の人間が作っても40年農業をやってきた人がつくっても、大した差はない、と。コメは理論的には10aあたり最高24俵取れるというそうですが、そうすると、翌年には地力の収奪のため収穫が皆無になるそうです。つまり農業にとっては、安定して一定した量を収穫できることが最高の技術であって、まさに循環型社会を象徴する産業ではないでしょうか、と結ばれたのでした。

小島さんのグループ「身土不二いわて」は、食の安全や農業の将来を思い、地域自給や環境を考えて、市民と農家が交流する会だそうで、これまでのプロジェクトの名前を聞くだけでも面白そうです。「賢治の米を作ろうという陸羽132号の稲作体験」「手前味噌のダイズを作ろうというダイズ栽培から味噌造りまで」「林檎の花見」などなど。その他講演会など、農家と市民がいっしょに学び遊ぶ場を作ろうと一生懸命やっています、とのこと。

パネルディスカションの中で、小島さんに「が〜ん」と目を開かされた言葉がありました。「有機農業は、消費者に安全な食物を届けるためではなくて、土地をどう持続可能にするか、ということなのです。ですから、輸入有機農産物は、日本のためにはなりません」。「循環型社会」といったときに、資源やエネルギーの循環のみならず、「栄養素」の循環も非常に重要な側面であることは認識していましたが、さらに教えていただいた思いです。岩手県には、町内あげて栄養素の循環に取り組んでいる(人や家畜の廃棄物を堆肥にして、土に戻し、その肥やしで育てた作物を、その町で食べるようにする)取り組みがいくつかあるそうです。栄養の循環を考えると、各地で小さな循環を数多く作った方が、輸送などのエネルギーを考えても、望ましいのです。レスターもこのパネルで「顔の見える農業」という言葉を使いました(英語でなんて言ったのか覚えていませんが^^;)。

身土不二。良い言葉を教えていただきました。

富山の売薬資料館で学んだこと

No. 212

先週富山に出張していたのですが、少し時間があったので、五百羅漢を見に行き、すぐそばにある富山市民俗民芸村の「売薬資料館」を見学してきました。「富山の置き薬」というフレーズはよく聞きましたし、最近でも仲間の通訳者が富山に出張というとたいてい製薬関係の仕事なので、今でも「薬の富山」なのだなぁ、と思って寄ってみました。

「売薬」というのは、原料薬の購入から、製薬、行商販売や行商人の組織化まで「川上から川下まで」を包含した業態なのですね。昭和6年まで、富山で薬は鉱工業生産第一位を誇り、昭和30年代まで、富山の3軒に1軒は売薬関係で、ピークには行商人が1万人もいたそうです。「現在は後継者難や薬局の拡大によって、売薬行商人の数は減少し、1000人ぐらいしかいません」と、入館券販売窓口の方に教えてもらって、「今でも1000人

もいるのですか？」とびっくりしました。私の周りには見かけないなぁ。ともあれ、野生生物が絶滅の危機にあるかどうかのひとつの指標が「個体数1000」だそうですから、レッドデータブック(絶滅の危機の可能性がある)に登録すべき存在？かもしれません。

　300年の歴史を誇る富山の「配置売薬」の仕組みは、年に1～2回、客先を回り、薬を預け、次回、使ったものは代金をもらい、使っていない古い薬は取り換えて、補充していく、というものです。「富山の薬は、使った分だけ払う」お客さんに優しい仕組みであることは聞いていましたが、これを「先用後利」と呼ぶ、というのはここで勉強しました。「先用後利」って噛みしめるほどにいい言葉で、「先利不知用」(客の役に立とうが立つまいが、売れればいい)みたいな製品や売り方の蔓延している社会が、みんなで「先用後利」に転換したら、どんなに地球に優しい経済になるだろうなぁ、と思ったのでした。本当に使ってもらえるものしか作らなくなりますものね。似た売り方に、アメリカの通信販売などでよく見かける「使ってみて、謳ってある効果がなかったら、代金をお返しします」というのがありますが、あれは顧客満足にはプラスかも知れませんが、環境負荷低減にはあまり役立たないと思いますが、どうでしょうねぇ。

　この資料館でとても面白かったのが、行商人の心構え「示談」というものです。売薬行商人は、行商先(圏)ごとに「組」を作って、行商を行っていましたが、その「組」の中で、お互いに守るべき取り決めを「示談」と定めていました。資料館に掲示してあった「示談」には、次のように書いてありました。

　一．御公儀の法度を守ること
　一．旅先地の慣習を尊重すること
　一．決まった場所以外でみだりに行商しないこと
　一．薬種は吟味して仕入れること
　一．仲間の取り決めた値段より安売りしないこと
　一．仲間同士の重置(かさねおき)はしないこと
　一．仲間宿(定宿)以外に身勝手に宿を取らないこと
　一．旅先で仲間が病気になったときは助け合うこと
　一．旅宿で酒宴や女遊びはしないこと

　う～ん、「持続可能な商売のやり方」だなぁ、こういうのを定めて、皆で守りながら300年も続けてきたんだなぁ、と感心しました。とても大切な、学ぶべきものがあるように思います。

　私がこの「示談」を読んで最初に連想したのは、ＦＳＣ(森林管理協議会)の「森林管理に関する原則」です。ＦＳＣとは、約40ヶ国が参加している国際ＮＧＯで、持続可能な森林管理を行っている森林に認証を出しています。その「森林管理に関する原則」の要約を見ると、

　１．各国の法律や国際条約、そしてＦＳＣの定める規準を守ること
　２．土地を使用したり所有したりする権利は、明確にしておくこと
　３．もともとその土地に住んでいる先住民の権利を尊重すること
　４．森林管理は、地域社会や地元の人たちにとっても有益なものであること
　５．森林のさまざまな恵みを、有効に使えるようにすること

6．森林に住む生き物の環境や景観を大切にすること
7．事業を行う際は、長期的な計画と手段を明確にして取り組むこと
8．森林の状態、産出される木材の量、作業の状態を調査・評価すること
9．貴重な自然林は守り、植林などに置き換えたりしないこと
10．植林については以上の原則を守ること。植林の活用を社会にとって有益なものにし、自然林への負担を小さくすること

いかがでしょう？共通するものがたくさんあるように思いませんか？

　売薬行商人は、売懸帳という帳面に、得意先の情報や、それぞれの訪問時に、どの薬が使われていて、いくら払ってもらい、どの薬をどのくらい補充したか、を克明に記録しています。これはまさに、ＦＳＣの「8」と同じですよね。「この行商人の心構えを見ると、全国的に発展した理由が垣間見える」と資料館にも書いてありましたが、時空を超えて発展し持続できる要素が入っていると思います。300年も昔に、このような「持続可能性の原則」が現場の人々の間から自然発生的にできあがり、法律などなくても皆で守りながら、持続可能な商売をしてきた日本の富山の薬売りのことを、世界の人々にも教えてあげたいなぁ、と思いました。

　ＦＳＣの原則も、各国の専門家が集って大変な作業の末にできたのでしょうけど、「富山の売薬行商人の示談」を参考にすれば、かなりラクになったかもしれない。ＦＳＣはこういう原則を作って「進んだ」取り組みをしていますが、まだまだ「進んでいない」業界や分野にとって、この売薬行商人が作り上げてきた「持続可能性の原則」はとても役立つように思います。

　入口で全館内が見渡せる小さな資料館ですが、「丸薬の作り方」というビデオを見れば、効率化や利便性を求める人間の生来の性質と、それに伴う機械化・大量生産への道筋が実感できます。また、「富山の寺子屋では、読み、書き、そろばんに加えて、薬名帳や調合薬付といった売薬の知識を教えていた」という説明文には、日本は「教育の大切さ」を昔から理解・重視していたのだなぁ、環境教育もそうなんだけど、と思ったり、行商人と富山藩との関係には「官民のコラボレーション」の原型が感じられるなぁなど、とても興味深く、楽しいひとときでした。

　最後に、ＦＳＣに関する余談ですが、ＦＳＣとは Forest Stewardship Council の略です。日本語訳は「森林管理協議会」として、stewardship を抜かして(それなりに意訳して)いますが、この stewardship という英語もたいへんに通訳しづらい単語です。steward というのは、領主館などの執事のことで、辞書を見ると「stewardshipとは steward の役目を務めること」と書いてあってよくわかりません(^^;)。よくわからないのですが、この単語は、環境関係の国際会議(欧米人の発言で)ではよく出てきます。訳しようがないので、そういうときの便利な原則に頼って(^^;)、カタカナで「スチュワードシップ」と訳をつけることが多いです。日本人もそれで何となくわかるのでしょうか、最近では日本人でも「スチュワードシップ」とおっしゃる人が増えています。

　この言葉はキリスト教を背景にした言葉です。「人間は神の代理人として世界の世話をすることを委託されている」という概念です。領主館の領主が「神様」で、領主館のお世話をするのが「人間」なのですね。ＦＳＣも、森林や自然は神様のものだが、人間が代

WWFの森林認証の情報　http://wwfjapan.aaapc.co.jp/Katudo/KTop.HTM

わりにその面倒を見なくてはなりません、という概念が基底にあるのかもしれません。
　富山の行商人の例も示しているように、日本には特段「神」や「代理人」などという位置づけをしなくても、仲間や地域の中から自然発生的に、大上段に構えない「ちゃんとお世話し、手入れをする」という発想がある(あった?)ように思います。それは神様のためではなく、自分たち(自分、地域、自分たちを生かしてくれているものすべて)のためなのだと思います。どうでしょうか？ 富山の行商人に知り合いがいるわけではなく、資料館見学だけで膨らんだ思いを書きましたので、「ここは違うよ」「こういう面もあるよ」など、また教えてください。
　余談の余談。先日、環境関係の会議で、英／日／中のリレー通訳がありました。中国人の中国語通訳者は、日本語から中国語に通訳するのですが、彼女が休憩時間にこぼしていました。「中国語には、カタカナみたいな便利なものがないのよー。あなたたちは英語の単語でわからないのは、そのままカタカナでいえばいいけど、中国語ではカタカナみたいにそのまま音でいえばいいって便利なワザが使えないのよー。コミットメントとか、アカウンタビリティとか、パートナーシップとか、カタカナでいわれても、意味がわからないから通訳できないのよ。ちゃんと日本語に通訳してくれる？ まあ、日本人の発表者もカタカナでいっているけどねぇ」。
　日本語の通訳者一同シュンとして、たとえばアカウンタビリティは「説明責任」という訳語があるけど、「それではニュアンスが伝わらないから、カタカナでいってくれたまえ」といわれることも多いし〜、とモゴモゴ。英語通訳者のひとりがいうに、「日本語にカタカナが氾濫しすぎているのを正そうと、文部省の委員会が答申を出したそうよ。でもそのタイトルが『日本語のコミュニケーションについて』とカタカナなのよね〜」(^^;)。

富山の薬売り
No.232
　[No.212]で富山の売薬資料館で学んだ「先用後利」やその持続可能な商売のやり方について書きました。フィードバックをいただいていますので、ご紹介します。

　　富山の薬売りの話を聞いては黙っていられず、メールをお送りします。義父がしばらく前まで、専業農家の傍ら、冬には中京方面に売薬にでかけておりました。一年ほど前に、その売薬の権利(かけば帳 だったと思いますが、今で言う「顧客名簿」です)を仲間に売りました。そうやってどんどんと売薬人口が減っていっているようです。義父のように年に一回しか訪問しない売薬ですが、お客さんとは永年の間に、商売上の利害関係を超えた人間関係が築かれているようです。
　　また、この富山では最近新たに売薬の会社を興された人もいます。最近の流行り言葉の「One to One マーケティング」の発想を持ち込み、薬以外の日用品なども「先用後利」にて提供する会社です。一人暮らしの高齢者の方などに喜ばれるのではないでしょうか？

ありがとうございます。
　売薬資料館で、「富山の置き薬」と、インターネットなどのITの活用を結びつけると、どんな商売の形態ができそうかな、とも考えていました。「商品を持って一軒一軒得意先

を訪ねて歩く」やり方のメリットは、ご指摘のように高齢者にも大きく感じてもらえることでしょうね。かつての富山の売薬行商人が、紙風船や版画を手みやげに、得意先に「よその風」と会話のタネを届けていたように、単なる商品の宅配ではなくて、毎回馴染みの行商人が届けるからこそ添えられる「何か」があるのでしょうね。

　もうお一方は、環境情報満載のエコロジー・シンフォニーを運営なさっている方で、環境商品のネット通信販売、マザーアース・ネットもなさっています。

　　「富山の置き薬」の発想で、マザーアース・ネットでは「置きエコ」っていうのをやっています。シャンプーやせっけん、オーガニックのチョコやクッキーなどのエコグッズをバスケットに入れて、オフィスに置いていただくというもの。薬同様、使ってもらったぶんだけ、お金をいただく仕組みです。現在、グリーン購入で実施してもらっている企業が数社あります。メンテナンスがたいへんですが、なかなか好評ですし、「先用後利」でがんばります。

　面白いと思ったのは、このマザーアース・ネットでは「置きエコ」の傍ら、まとめ買いのネット通販とも提携しています。「高いといわれる環境商品・グリーン商品をまとめて購入いただくことによって、仕入れコスト・在庫コスト・運送コストを削減、その結果、低価格で商品を提供させていただき、コストの削減が環境負荷の低減にもつながる」ということです。対象者や商品の種類によって、「置き薬」形式が合っている場合と、「まとめ買い」が合っている場合があるのでしょうね。

　ちょっとライフサイクル・アセスメント(LCA)的な見方をすれば、「商品そのもの」の他に、「輸送」「在庫」(店にしろ客先にしろ)「集金」「廃棄される商品」(置き薬で古くなった場合など)などのプロセス毎に、コストと環境負荷がかかってくるのだと思います。それを比較すれば、「どの商売のやり方が環境にやさしいか」が出てくることでしょう。でも、私たちは「環境」だけで生きているワケではないですからねぇ。著しい環境負荷は減らさないといけないですが、「人とのふれあい」や、逆に「孤独を守りたい」など各人の人生のテイストがありますものね。LCAは参考にすべきだけど、それだけで「買い方」を決められても味気ないだろうな、と思いますが。

フューチャー500と、日本人のチームワーク
No. 250

「フューチャー500」ってご存知ですか?「フォーチュン500じゃないの?」って? いえいえ、未来の歴史書に残るのは「フューチャー500」の方かもしれませんよ。その「フューチャー500」のご紹介とシンポジウムのご案内です。

　　アメリカの『フォーチュン』誌が1955年から毎年発行している企業ランキング「フォーチュン500」は、ご存じの方も多いと思います。企業を売上や利益の順にランキングする大手企業の成績表のようなものです。しかし、これからは、「大きさ」だけではなく、「未来志向」と「環境への取り組み」こそ企業の決定的な要因になるであろう。1995年12月、米国コロラドのアスペンに集まった63社・団体の代表は、そう考え、環境NGOのフューチャー500を設立しました。それ以来、フューチャー500は、さ

エコロジーシンフォニー　　http://www.ecology.or.jp/index.html
マザーアース・ネット　　http://www.mother-earth.ne.jp/

まざまな企業や環境団体の橋渡し役も務めながら、特に「産業エコロジー」をテーマに、アメリカでワークショップや国際シンポジウムを開催してきました。

アメリカで設立されたこの団体の会長は、日本人の木内孝さんです。以前、三菱電機アメリカの会長を務め、現在フューチャー500の日本におけるネットワークづくりに力を入れています。

このフューチャー500では、9月1日に日本における第二回の国際シンポジウムを開催いたします。テーマは、『自然に学ぶ』、それは企業にとって何を意味するのか？　今回のシンポウムでは、米国で話題を呼んだ「バイオミミクリー」(=自然を真似る)の著者として有名なJanine Benyus女史が日本で初めての講演します。午後の分科会では、ナイキ、パタゴニア、インターフェイスといった世界的な規模で大成長を遂げている企業から専門家をお招きし、環境対策がいかに企業経営にプラスになっているのかを、具体的な事例に基づいてうかがいます。

私は昨年、第1回の国際シンポジウムにも通訳として参加させていただきましたが、とても面白かったです。分科会では「ただ聴く」講義ではなく、参加型のワークショップあり、活発な質疑応答あり。「企業として、何をどのように進めるのが効果的で、しかも効率的、利益にもつながるのか？」を模索したり、ぶつけあったりする企業人の熱気で本当に熱く感じられました。今回も通訳者として参加させていただくので、とても楽しみです。

このフォーチュン500の会長をなさっている木内孝氏との出会いは、8年か9年前のことでした。当時わたしは2年間アメリカに住んでいて、それまで勤めていた教育教材・出版のサンマークに「アメリカ支局長」なんて名刺を作ってもらって(もちろん支局長しかいない^^;)、時々アメリカの出版界やアメリカ生活のレポートを送ったりしながら、気ままに過ごしていました。ところがある日、「雑誌に寄稿された木内氏の記事を読んで感動したので、是非本を書いていただきたい。ついては、アメリカ支局長に依頼と交渉を命ずる」という指令が来て、アメリカで2度ほど木内氏にお目にかかりました。そして、『アメリカで働くということ』(サンマーク出版)という本を書いていただくことができました。

クリスマスにロサンジェルスの木内氏を訪問したときには、「いい機会だからいらっしゃい」と、木内氏がずっと活動されていた教会ボランティアに参加させていただきました。立派な美しい教会の中には、ホームレスの人々が列を作って、「クリスマスのご馳走」を待っています。多数のボランティアが、七面鳥を切り分け、皿に盛り、次々と渡していきます。こざっぱりとした身なりで、堂々とした風格のホームレスの人が多いことに、持っていたイメージとちょっと違うんだな、と思いました。それでも、3歳ぐらいの女の子が、母親に手を引かれて、よくわからないまま2度、3度と列に並んでいる様子には、胸を突かれる思いをしました。

ボランティアはいろいろな国の人がたくさん集まっていました。日本人も7〜8人いました。何となく同国人が集まって、作業を分担することになりました。日本人チームは、デザートのパイを切り分けて、お皿に盛り、テーブルまで運ぶ作業。他のテーブルでは、七面鳥チーム、サラダチームなどが作業をしています。

ワイワイと作業を進めながら、面白いことに気づきました。日本人チームには、特に誰かが指示を出したわけでもないのに、自然とチームワークが成立しているのです。「パイを運んでくる人」「切る人」「お皿に移す人」「テーブルまで運ぶ人」と、数名ずつで作業を分担し、手薄なところには誰かがさりげなく回って、流れるように作業が進んでいます。そして、この分担や調整には、いっさい「ことば」が用いられなかったのです。つまりそれぞれが雑談しながら、それとなくまわりの様子と他のメンバーの動きを見て、自分の動きを調整していたのですね。

　目を上げて他のテーブルを見ると、たとえば、七面鳥チーム（どの国の人だったか忘れましたが）では、チームの全員がそれぞれひとりで「運んで、切って、盛って、運ぶ」ということをしています。人の行き来が多く、包丁が足りなくなったり、何もせずに待っている人がいたりしている様子を見て、日本人の「無言のチームワーク」を本当に面白く感じました。

　先日、「日本の環境への取り組みは遅れていてしようがない。アメリカを見習え、ドイツに倣え」という方に、「そういう面もありますが、日本人には他国にない、これから大きな力となる特性があると思いますよ。そうそう卑下する必要もないし、それぞれの強みを活かしてそれぞれが努力し、かつ、学び合えればいいのではないですか？」と申し上げました。

　このロサンジェルスの異文化の中で認識した日本人の「全体のフォーメーションを感知して、それに合わせて＜全体の最適化＞のために動ける特性」は、今の時代のように、全体の趨勢が「環境を保全しよう、行政も企業も市民も取り組もう」と動く時代には、相乗的な加速を与えてくれるのではないか、と思っています。

フューチャー500日本事務局　　Tel：03-5220-2030　Fax：03-5220-2296
E-mail：jjyp@aol.com　URL：http://www.future500japan.org

第2章
日本の現形(すがた)、地球の今

棚田
No.54

　昨日、町を歩いていたら、素敵な写真展を見つけました。「21世紀に残そう　にっぽん原風景　写真展」。産経新聞紙上に3年間にわたって掲載中の作品を中心とした50点です。どれも自分の心の中のどこかを素手でそっと触られるような、心に沁みる風景でした。今の子どもたちが大きくなってこういう写真を見たとき、自分の心の琴線の在処を感じるような体験をすることができるのでしょうか？　ところで、50点のうち、3点が「棚田」の写真でした。

　「棚田」をご存じでしょうか。

　山あいの傾斜地を切り開き、石を積み重ね、あるいは土を盛り、近くの川の水を引いて作られた「棚田」。小さなものまで数えれば千枚にも達するところから「千枚田」ともいわれ、一枚一枚の田んぼの水に映る美しい月は「田毎の月」とも呼ばれて、その風景はふるさとの原風景として、日本人の心の中に刻まれてきました。

　棚田の面積は、全国約900市町村・約20万ヘクタールにも及びます。何もない、山の中の小さな貧しい村だけれど、それでも何とかして自分たちも白い米が食べたい、と願った私たちの祖先。"瑞穂の国"と称えられる日本の土台を支え続けてきた"百の姓"たち。「耕して天に至る」と形容される棚田の一段一段には、彼らの汗と涙が篭められているようです。

　その棚田が、今、危機に瀕しています。山村の過疎化、農業の担い手の高齢化、後継者難などの中で、効率の悪い棚田は、真っ先に減反の対象となりました。全国の水田面積の1割を占めるといわれる棚田のうちの12～15％は既に耕作放棄されているのではないか、という見方もあります(注：この数字は95年ごろのもので、現在は20～30％を超えているかも知れません)。

　棚田は、米を作ってきただけではありません。石垣は崩れやすい山を支え、田んぼは洪水を防ぎ、虫や小さな生き物の住みかとなりました。5年以上耕作放棄された棚田と、放棄されていない棚田との水量を比較すると、ピーク時には2.6倍もの差がある、というデータもあります。山村に住む人びとは、山を守りながら棚田を耕し、そこに暮らし続けることで、日本の国土を守ってきたのです。

　93年の凶作、世界的な気候不順と環境の悪化。5年後には食糧危機が始まるともいわれる国際社会の変化。私たちは棚田の持つ役割をもう一度見直す必要があるのではないでしょうか。

　今、日本の各地で、少しずつ、棚田を守る活動が始まっています。都市の住民に棚田を耕してもらいながら、山村の人びととの交流を目指す、棚田のオーナー制度。子供たちの学習に棚田を取り入れる試み。棚田の風景を観光の面から再評価する動き。95年秋には、棚田をもつ市町村を中心として「全国棚田連絡協議会」が結成されました。「棚田支援市民ネットワーク」は、これらの動きに都市の側から呼応し、棚田を守り、山と水と緑を守り、そして日本の農山村を守ろうとするものです。

　「棚田」は山村にあります。村の時間はゆっくりと流れます。自然の光と音に囲まれ、季節の中で人と生き物が共に暮らしています。この50年の間に、私たちが置き去りに

してきたもの、失ってしまったかけがえのないもの、忘れてしまった大切なもの。山や森や川、野原と田んぼと畑、虫や鳥や動物、そして人の心の優しさや温かさやゆとり。そんなものが、そこにはあります。

　あなたも、棚田の応援団に加わりませんか。農山村の人と交流し、山や田んぼと交流し、同じ思いを持つ都会の人と交流しませんか。その中で、自分たちの暮らしについても、もう一度見つめ、考えてみませんか。

（「棚田支援市民ネットワーク」の資料より）

　昨年秋の「環境を考える経済人の会21」の合宿で、たくさんのNGOの方に出会い、棚田支援市民ネットワークの事務局の高野さんともそこで知り合いました。高野さん、自己紹介で「小さなNPOです。'99年に事務局を借りて、専従となりました。余裕があるはずがありません。だから私は、人と霞を食って生きています」とおっしゃったのですね。いっぺんにファンになってしまいました(^^;)。

　棚田ネットワークのHP、とっても素敵ですよ。特に、棚田リンクの「写真紀行★風に吹かれて」では、手を合わせたくなるような美しい棚田にたくさん出会えます。秋の合宿では、私も含め、棚田の美しさに感動する人がたくさんいました。そして高野さんのお話にショックを受けたのでした。「ある村の棚田が『棚田100選』に選ばれてしまったんです。困ったことだ。どうしてかわかりますか？　その村で棚田の世話をするのは70歳、80歳のおじいちゃん、おばあちゃんしかいないのです。選ばれちゃったら守らざるをえない、手入れをしなくてはならないではないですか。今でさえ、大変な重労働なのに」。

　私も存じ上げているベテラン通訳者がこぼしていた話が『不実な美女か貞淑な醜女か』(米原万里著　徳間書店)に載っています。同時通訳ブースで、隣の通訳者が訳しているときに外人が「段々の田圃に月がいくつも映って‥‥」というスピーチをしたから、すぐに「田毎の月」とメモに書いて出してあげたら、そのメモを「タマイの月」と読んでしまった、というお話。風景や自然が失われるとき、言葉も失われていくのでしょうか。

　‥‥と、おセンチにばかりなっていられないのです。レスター・ブラウン氏は昔から「食糧不足の時代が来る」と警鐘を鳴らしています。ここ数年は「淡水の不足から多くの人が飢餓に直面する危険がある」といっています。彼はよく私に「日本には田畑にできる土地があり、水がある。この両方が揃っている地域はそれほど多くないんだよ。この恵まれた肥沃な土地を守り活かして、自国の国民のための食糧を確保しなくては。他のどこの政府も、日本国民のために食糧を確保してくれないんだよ」といいます。

　天に向かって段々の田圃に水が湛えられている棚田の写真は、多くのことを語りかけているようです。一度水を抜いて耕作をしなくなったら棚田は元には戻らないといいます。その棚田の維持を過疎の村のお年寄りに頼っている状態なのです。

　美しい棚田に会いに、棚田のHPに一度お越しあそばせ！

棚田のつづきと、大江戸事情
No.55
　昨日の棚田のニュースに何人かの方がコメントを寄せてくださって嬉しく思いました。

棚田支援市民ネットワークTel&Fax: 03-5261-4334
http://www.avis.ne.jp/~ogit22/tanada.htm
棚田メーリングリスト参加の申し込み　vyl01365@nifty.ne.jp

NHKの『地球白書』番組を制作中のプロデューサーからのフィードバックです。

　棚田について書いて下さってありがとうございます。日本が捨ててきたものがいかに持続可能なものなのか、考えさせられます。田んぼを守ることが、日本の食糧安全保障と環境保全につながるとは最近よく言われていますが、棚田を守るネットワークが広がりつつあることを知り、勇気づけられる思いです。それにしても、日本の田んぼの中で、かくも棚田の割合が多いとは知りませんでした。「田毎の月」の美意識を失いたくありませんね。

　先日も、米国のカーペット会社、インターフェイス社のＶＴＲを作っていて思いました。インターフェイスは、耐久力があり、大量に入手でき、再生可能で、しかも最後は土にかえる素材を求めて研究をしているそうですが、そう考えると畳の良さを見なおしてしまいます。傷んだ側だけ張り替え続けて、最後は田んぼの肥やしにしてしまえるんですから。先日雑誌で読みましたが、かつては畳は箒で毎日掃くものでした。そうすると、畳に箒草のあくがつき、耐久性があがるとともに、美しい飴色になったものだそうです(箒職人さんの談)。掃除機では、毛羽だつだけで畳の寿命は減るそうです。

　ところで私は今月、インドへ、ヴァンダナ・シヴァさん率いる有機農業と、普及めざましいソーラーパワーのロケに出かけるのですが、インドの山岳地帯にある有機農業を熱心にやっている村も美しい棚田を守っている村なのです。天に届くかのような棚田はインドの人にとっても懐かしい風景のようですよ。

　東南アジアの国々でも美しい棚田を守って農業をしている地域があるということは聞いたことがありましたが、インドもそうなのですね。取材が楽しみですね！

　ところで、上のコメントを読んでいて、思い出したことがありました。循環型社会やリサイクルの話になると、よく「江戸時代はそうだった」という話が出ます。「江戸時代に戻れ！」という主張をする人もいます。ところが「江戸時代の人々は別に省エネをしていたわけではなく、エネルギーも精いっぱい使って、できるだけ豊かな暮らしをしようとしていたのですよ」といわれる方がいらっしゃいます。

　作家の石川英輔氏です。小説を書くために江戸時代のいろいろなことを研究しているうちに、江戸時代が非常に完成された自給自足型の循環型社会で、環境にも非常にやさしい経済社会を作り出していたということを知り、そのような面についてもいろいろな本に書かれています。

　なぜ江戸時代の社会は循環型だったのか？ 当時の人々が「ゼロエミッション！」「循環型社会！」と意識してやっていたわけではないのです。精一杯豊かな暮らしをしようとしていたけど、社会構造として循環型になっていた、ということです。石川氏は、「社会がリサイクル構造になっていたこと」「非常に豊富な生活知識があり、こまごまと手間を掛けること」をその理由として挙げられています。「国民の意識」に頼るのではなく「仕組みとしてそうなっていた」というのはスゴイなぁ、と思います。もちろん江戸時代に戻るわけにはいかないのですが、仕組みやものの考え方の中には、現代に取り入れられるものがあるのではないかと思います。

　氏は「江戸時代礼賛主義者」ではなくて、「循環型という意味では江戸時代は理想的で

すが、生活するには今の方が楽で便利です。便利さを犠牲にするのか、循環性を犠牲にするかのどちらを取るかで、これは趣味の問題だと思っています」とのこと。

「環境を考える経済人の会21」では、2000年の第2回朝食会に石川氏を迎えています。氏のスピーチも会のＨＰに掲載されていますので、是非詳しい説明やユニークな観点を読んでみて下さい。このＨＰでは、この環境派経済人ＮＧＯが行っている寄付講座の講義録(学生との質疑応答がいちばん面白い)も読めますし、過去の朝食会の内容も知ることができます。どちらも読み応えのある各方面の専門家が続々登場しています。

棚田のつづき　その2
No.59

[No.54]で取り上げた棚田は、いろいろな方の"琴線"に触れたのか、いくつもフィードバックをいただきました。

　　私は昨年8月まで1年間、中国をふらふらしていたのですが、広西チワン族自治区、桂林近くの「龍脊梯田」に行ったことを思い出しました。山の上から見下ろすと、山肌に段々の田がつくられ、まるで地図に等高線が描かれているように見えます。その数は千枚田というより、億枚田というほうが合っています。目の前に広がる景色はすべて人工物なのに、自然という感じがするのがとても不思議でした。私が訪れたのは春だったので、農民(しかも女性が多い)が天秤棒に土をどっさり詰んで、山の上の田まで運んでいました。安定の悪いおもりを肩に掛けて登山するようなもので、その大変そうな様子が目に焼きついて忘れられません。

　　「有名な龍脊(ロンジー)の棚田は、壮大さと美しさが一体となった景色で、天下一だと言われています。棚田の姿は鎖や帯のようで、山すそから山頂へと、山に巻き付くように見えます。一段一段折り重なるように高低を築く様子は、小さな山はタニシのよう、大きな山は塔のようだとも言われます。棚田が四季折々に見せる姿は、冬は銀の龍、夏は緑の波、春は龍の水遊び、そして秋は金の帯と呼ばれます。貴方は、その美しさに立ちすくし、感嘆の声を上げることでしょう」(パンフレット「桂林龍勝旅遊指南」より)。

それから別の方からのコメントです。

　　棚田の話、私ももっともだな、と思う一方、ちょっと待て、とも感じています。それは「環境」とは何だろう、という定義なのです。我々は、得てして環境を「人間が住むにふさわしい状況」として捉えらえていないでしょうか。本来の自然から見れば、棚田も立派な環境破壊なのです。保水力が増す云々というのは、人間に都合の良い環境という観点から好ましいのですが、それは「環境保全」なのでしょうか。

皆さんはどのように思われますか？ 最近、いろいろなフィードバックをいただけて嬉しく思っています。私は別に「これが正しい！」と断言できるものを持っているわけではないので、いろいろな見方や考え方に刺激を受けるのが楽しいです。そして、私と同じような方もいらっしゃるのでは、と思うので、ご本人に転載の許可をいただいて引用させていただいています。

環境を考える経済人の会21　http://www.zeroemission.co.jp/B-LIFE/index2.html

昔読んだ『暮らしの手帖』という雑誌の裏表紙に、「この手帖の中の2つか3つのことは、すぐ今日から使えるでしょう。そして意識の奥に沈んで、いつかあなたの生き方や考え方を変えるようなことも2つか3つあるでしょう」というようなことが書いてありました。私のニュースも、皆さんのフィードバックも、そのようなものだと思っています。どうぞお気軽に。

棚田のつづき　その3
No. 143

　おとといは、立山連邦を望む地にうかがっていました。桜にはあと1週間とか、春めいていてもきりっとした空気の中、白い山々がきれいでした。地元の方々が、「もう少しすると山の雪が解けてきます。黒い山肌と残った雪が編み笠模様を作るのですよ。その雪形が見えると、農作業が始まります」と教えてくださいました。雪絵とも呼ぶそうです。なんて雄大なカレンダーなのだろう、クォーツなんてお呼びじゃないね、と改めて山を見ました。

　日本各地の棚田でも、そろそろ農作業が始まっているようです。棚田ネットワークのご紹介をしました。棚田は、私たち日本人、アジア人の心の原景のひとつなのでしょうか、たくさんのフィードバックをいただきました。

　農地としてはじめて「世界遺産」に登録された地をご存知ですか？　フィリピン・バナウェの棚田です。2000年前につくられたという標高1300mまで続く棚田で、世界8大不思議の一つといわれているそうです。この棚田の情報を調べていたら、「東北で培われた品種改良の経験がこの棚田の村の増産にも生かされつつある」という記事がありました。優れた灌漑で集約的農業を行っていても十分な収穫が得られないこの村に、日本から技術者が行って、品種改良などの支援を行っている、という記事でした。

　前にも書きましたが、私などの外部者にとっては、棚田は「心の原風景」と懐かしく大切にしたい「景色」なのですが、棚田を守って農業をしている人々にとっては、「生存のための場」なのですよね。まえに『棚田100選』なんかに選ばれてしまったら、それこそタイヘン！という声を紹介しましたが、「世界遺産」に登録されることがマイナスになるのではなく、本当に持続可能な形で棚田を使い続ける支援になるといいなあ、と思います。

　バナウェの情報を寄せてくださったメールニュースの読者の方は、ご自分でも「棚田を見るため」バナウェに行かれたことがあるそうです。「ホテルを囲む山々の光景は、見渡す限り棚田だけです。当地の山岳民族が何代にもわたって、育ててきたのでしょう。息をのむような見事な棚田の光景に、言葉も出ない思いでした」というお話でした。

間伐材と林業
No. 84

　今日は森林についてのクイズです。
(1)日本の面積のうち、森林に覆われているのは何％でしょうか？
(2)日本で使われている木材のうち、国内で生産しているのは何％でしょうか？

(こたえ：(1)67％ (2)20％)

　日本で使っている木材の80％は、外国からの輸入です。日本は世界でも屈指の「森の国」なのに？ 理由はご存じのように、外国産木材の方が安いからです。日本の山は急斜面が多いので、機械も使いにくく、手入れや切り出し、運搬に手間がかかります。それに比べて、日本が輸入しているアメリカやカナダ、インドネシアなどでは、平地に森林が広がっているので作業がしやすく、人件費も安いので、木材を安く供給できます。
　この結果、1950年には98％だった木材自給率が1970年には45％に、そして現在は20％にまで下がっています。このため、日本の林業は大ピンチです。国産の木材を買ってもらわないと、森林の手入れをするお金も出ません。林業で働く人も食べていけなくなります。現在国土の７割近くの森林の世話をする林業従事者は、全国で９万人しかおらず、しかも高齢化が進んでいます。悪循環がぐるぐる回っているような状態ではないかと思います。
　戦後、大規模に植林をした森林は現在、間伐などの手入れが必要な時期にありますが、その半分は手入れができずに放ってある状態です。必要なときに必要な手入れを行わないと、モヤシのような弱い森になってしまい、簡単に倒れたり病害虫にやられたりしてしまいます。そして、いったんダメになった森林をよみがえらせるには、たいへんな時間とお金がかかります。
　今ならまだ間に合います。日本は砂漠ではありません。森林が豊かに育つ、恵まれた国なのです。森を大事に育て、しっかりした林業を守るのは、世界に対する日本の責任でもあります。日本が輸入するために、海外の森林がどんどん減っているのですから。
　日本政府もこの問題の重要性に気づき、公共工事に国産の間伐材を積極的に使うよう都道府県に通達を出しています。木材加工の研究開発も進み、日本の木を使った強い合板やステキな家具や文房具も作られています。間伐材で作られたテーブルやイス、鉛筆や割り箸もあります。消費者である私たちが国産材や間伐材を使った製品を積極的に使うようになれば、日本の森林も林業も、そして世界の森林もどんどん元気になることでしょう！
　上記の文章は、『信濃毎日新聞』に連載している子ども向けの『元気かな？ 地球』で16週にわたって森林について書いたうちの１回分を大人用に書き直しました。ところで、公共工事に国産の間伐材を使うように、という政府の思いとも呼応する動きであると思いますが、京都府で間伐材のダムが完成した、というニュースをいただきました。

間伐材ダム完成　丹後町に府内第１号　環境守り林業振興

　京都府が府内で初めて、竹野郡丹後町三山地区の治山ダム建設で手がけている「木製ダム」の本体がこのほど完成した。これまで、コンクリート製が一般的だった堰(えん)堤部分に間伐材を利用しており、自然環境にやさしく、木材需要にこたえるといった長所があることから、資源リサイクルと治山効果の両面で注目されている。
　約1200本のスギ丸太(直径約17センチ、長さ0.9－4.4メートル)を利用、縦横交互に敷き詰めて組み上げている。堰堤部分の全長は21.5メートル、高低差は2.4メートル。昨年10月に着工し、このほど植栽などを残すのみとなった。昭和20年代に青森県内で築造された木製ダムが今なお機能していることに府が着目し、昨年５月、研究を委託した

石川芳治・府立大学農学部助教授らが「木製治山施設検討会」(7人)で協議。林野庁などの助言を受けながら、施工法などを検討してきた。現在府は、北桑田郡京北町や舞鶴市でも今年度中の完成をメドに同様の木製ダムを建設している。

木製ダムは、従来のコンクリート製と比べ約2倍の工費がかかるが、値がつかない間伐材が流通に乗ることで、林業活性化にもつながるメリットがあるとされる。愛甲政利・府峰山地方振興局治山係長は「耐久性などに問題はなく、数十年は利用できる。データ結果を踏まえ各地で築造していきたい」と話している。

(『京都新聞』2000年1月26日付)

　信濃毎日の連載では、現在「海」について書いているのですが、ここでも「漁業をどうやって新しい形で守り振興するか」が鍵を握っているように思います。国土を守る森林、食の基盤である海、田圃、畑など、現在の「市場経済システム」では値段が付かないので「価値がない」とないがしろにされてきたのですが、何より大切な「国や生命の基盤」を値段が付かないからと放っておいてよいはずがなく、ようやくいろいろな試みが出てきています。

　ひとつは、「生態系の提供するサービス」を貨幣価値に換算しよう、という試み。「値札を付ける」ことで市場経済システムの中で勝負させよう、というものです。もうひとつは、市場経済では扱えないものがある、という認識を広める動き。レスター・ブラウンは「食糧安全保障」という言葉を使って、「外国が何といおうと、日本は食糧自給率を保ち、上げていかなくては」といいます。「食糧事情が悪化してきたときに、どの国があえて日本人の食糧を確保するというのか。日本政府しかないはずだ。だったら、それなりの体制を自分たちで作っておかなくてはならない」と。林業も同じですよね、きっと。

シベリアのタイガの破壊を止められるか

No. 104

　「タイガ」ってご存じですか？

　ロシア極東・シベリアに広がる寒帯原生林です。世界的にも豊かな生物多様性をもち、大量の二酸化炭素を蓄積するなど、地球環境に重要な役割を果たしている地域です。また、日本海の水産資源保全や日本の気候にも影響を与えています。冬になると日本に姿を見せるカモ、ガン、ツル、ワシ、タカの多くはこの地域で繁殖しているのです。

　ところが近年、粗放な伐採や開発、森林火災の影響で、豊かなこの地の自然が大きな打撃を受けています。タイガは世界的にも特異な生態系ですが、その保全に日本が深い関わりがあることは意外と知られていません。

　熱帯の国々で森林破壊が進んだ結果、いま日本は世界の別の場所に木材の供給源を探しています。そして、ロシアのこの地方のタイガから切り出される木材の最大の輸入国となっています。タイガ破壊の最大の原因は、伐採と頻発する火災です。タイガは日本のすぐ北に広がっています。そこで起こっていることは、日本人の暮らしとも無関係ではなくないのです。

　ある国際会議でも、シベリアの環境保全に関する通訳をしたことがあります。ロシア

の森林は、地球の森林面積の約2割(日本の30倍以上)を占め、針葉樹林であるタイガは世界の針葉樹資源の約6割を占めています。地球上に残された数少ない針葉樹資源として、また二酸化炭素の吸収源として重要な役割を果たしています。そして、それだけではありません。タイガの地面は、永久凍土といって、永久に溶けることのない凍土です。この凍土にはメタンガスが大量に閉じこめられています。タイガの森林を伐採して、永久凍土が溶けると大量のメタンが放出され、温暖化を加速する恐れがあります(メタンは二酸化炭素に次ぐ温室効果ガスです)。まさに地球の環境保全の鍵を握っている地のひとつなのです。

インドネシアの森林火災は大きなニュースになりましたが、シベリアの森林火災はあまり知られていません。しかし火災が頻発した1998年夏の焼失面積は約220万ヘクタール(富山、石川、福井、岐阜4県の面積に相当)もあり、その原因の8割が人為的なものです。

熱帯雨林を復活させるための植林ももちろん大切ですが、手つかずで残っているタイガを手つかずのまま残し、守ることも同じように大切だと思います。「日本は熱帯林破壊の批判をかわすために、規制もチェックも厳しくない(広すぎて人手も足りない)シベリアに伐採の対象を移した」というのではいけないと思うのです。

シベリアの森林問題セミナー参加記

No. 106

昨日は「シベリアの森林問題セミナー」に通訳で参加しました。前号では、問題の全般的状況と、ロシアからの最大の木材輸出先である日本が大きな役割と責任を担っていることをご説明しました。ここでは、それ以外にセミナーで聞いた話を書きます。

ロシアの森林危機の原因は、大きく2つあります。ひとつは、近年の経済危機および政治の状況から、ロシア政府や地方政府にとっては「森林保全は優先課題ではない」という残念な状況です。このため保全のための予算が削られ、パトロールもままなりません。そして不法伐採がはびこっています。当局が管理不能なのです。管理不能ばかりか、最近のある調査では、森林保全の当局である森林局が最大の商用伐採業者になってしまっている、という報告もあります。森林局の予算がないため、自分たちで伐採してお金に換えているというのです。

もうひとつの原因は、中国の木材需要が激増していることです。それに伴って、ロシアから中国へ輸出される量も激増しています。中国のロシアからの輸入木材量は、98年には170万立方メートルでしたが、99年には430万立方メートルと2倍以上に増えています。99年の日本のロシアからの輸入量は650万立方メートルでした。2000年の数字は、中国が日本を上回っています。

ワシントン大学などでの研究では、愕然とする報告が出ています。2025年には中国で不足する木材量は年に2億立方メートルになる、というのです。中国の木材輸入の42%がロシアからのものですから、今後ますますロシアからの輸入が増えるでしょう。また合法的な輸入ばかりか、ロシアからの密輸も激増しています。ロシアと中国は陸続きなので、密輸がやりやすいのです。

WTO(世界貿易機関)の問題も考えるべきでしょう。現在、中国は加盟していないので、木材輸入関税が80%と高率です。これが密輸横行の背景でもあります。しかし加盟すれ

ば、関税を引き下げることになります。そうすると、合法的輸入の激増は火を見るより明らかです。木材製品の貿易自由化はだれのためか？地球のためになるのか？をしっかり考える必要があります。

では、中国でこれほど木材輸入量が増えているのはなぜでしょう？ひとつは、経済発展によって、木材需要が伸びていることです。そしてもうひとつの理由は、1998年、99年に揚子江の洪水で大きな被害が出た後、その原因が上流の森林を85%も伐採したためであると理解した中国政府は、伐採を厳しく制限するようになりました。そして、国内でまかなえない分が増大しているのです。

日本の木材業者や合板業者は、「ロシア産の木材は、南洋材ではないので、グリーンである」と主張していますが、これは誤解をあたえるものです。熱帯雨林の伐採が問題視され、日本の木材・合板業者は、輸入先を南洋から北洋に移しました。問題は南から北へ移し変えられただけで、解決されたわけではないのです。

しかし、「北洋材を買わないようにしよう」と叫んでも解決にはなりません。たとえ日本が買わなくても中国が買うでしょうから。大切なことは、「持続可能な管理をされた森林からの木材を買いましょう」という動きを主流にすることです。認証制度を利用するということです。シベリアの森林地域でも、ＦＳＣ(森林管理協議会)の認証を受けようという動きが出ています。

ここで大切なのは、日本のような大口消費国の姿勢です。日本がＦＳＣ認証の木材を優先的に買いますよ、という姿勢を明らかにすれば、ロシアの多くの森林が持続可能な管理を行うようになるでしょう。今はまだ消費国の需要が強くないので、「様子見」の地域が多いのです。

通訳をしていて、また休憩時間に森林問題に取り組んでいるＮＧＯの方々と情報交換をしていて、やはり思ったのは、「熱帯雨林にしろ、シベリアのタイガにしろ、日本の国内の森林保全や国産材の活用とリンクしないことには解決できない！」ということでした。そして、少しずつそのような動きも出てきていることは嬉しく思いました。

ところで、今「特急あずさ」の車中です。信濃毎日の連載を読んで下さっている長野県上伊那地方事務所が講演会に呼んで下さったのです。森林組合や山林協会、営林協議会の方々など、森林のプロの方々に、昨日聞いた話も反映させた私の考えや世界の状況をお話しし、ご意見や取り組み、実情などをうかがいたい、と楽しみです。岡谷まであと15分です！

山の感謝祭での講演会
No. 108

上伊那地方事務所の「もりもり上伊那山の感謝祭」の記念講演にお招きいただきました。導入として通訳の苦労話を紹介して(苦労話や失敗談は売るほどあります ^^;)、訳しにくい言葉のひとつが「もったいない」なのです、と環境問題に入りました。

最初に「環境問題に対処しようとする条約や法律は、皆さんの味方だと思います」と地球温暖化対策推進大綱では森林の役割が何度も強調されていることを例に挙げ、そうい

う枠組みをどう活用するかを是非考えてください、とお話ししました。

それから、世界の森林の状況を、北米、東南アジア、アマゾン、シベリア(前日仕入れた情報を活用する「瞬間リサイクル」ですね ^^;)と、説明しました。日本の森林については、専門家に問題の状況を説明しても仕方ないので、専門外から思いつきも含めて、「森林カムバック作戦、7つのアイディア」(^^;)のエールを送りました。

(1) **資源としての森林 その1：FSC**(持続可能な森林の認証を行う国際的な非政府機関)**を活用しましょう！**

日本ではWWFジャパンなどが促進運動を展開していますが、まだ大きな動きにはなっていません。しかし、英国を初めとする欧米では、伐採会社をも動かす大きな勢力となりつつあります。たとえば、BBC放送は年間15兆ページの印刷をしている巨大な出版社でもありますが、供給量がそろえば、FSC認証を受けた紙に切り替えることを宣言していますし、イギリスの購買グループ75社(木材製品市場の25％を占める)は、FSCの基準に当てはまらない木材製品の取り扱いを段階的に廃止する方針です。長野の森林もFSC認証を受けて、大切さをわかってくれない日本の木材業者や製紙会社はほっといて、どんどん「話のワカル」海外企業と取引をしましょう！と申し上げました。

(2) **資源としての森林 その2：未来型技術であるリグニン技術**

これまで製紙過程で「邪魔者」として抽出・除去され、廃棄物扱いされていたリグニン(セルロースをくっつけて木の形を保つ接着剤みたいなもの)を取り出してノリとして利用する技術です。何がスゴイか？ 木屑や古紙の繊維をリグニンでくっつけて、「木材」に戻しちゃうことができる！ 木は木、紙は紙という従来の枠を超えて、ある素材が適さなくなった時点で、その特性を活かした別の用途へと、資源として循環していくことができるのです。三重大学生物資源学部の舩岡教授が進めている技術です。先生曰く「廃材を砕いてパーティクルボードやファイバーボードにしても、本当のリサイクルではありません。目先のゴミを加工して別の製品にしても、やがてまたゴミになる日が来る。しかも接着剤などを添加していたら、もう分離は不可能でしょう。これではゴミを未来に先送りしているだけですよ」。

先生の開発した再生木材の原料は紙。紙の繊維の集合体にリグニンを少量浸透させて木質化したものです。衝撃にも強く、本物の木に近い手触りがあるそうです。しかも、再びパルプとリグニンに分解することもできる「究極のリサイクル材」。実用化に向けて進んでいます。

間伐材がコスト的に引き合わないので、伐ってもその場に捨ててあったり、間伐ができないという森林もあります。間伐材をリグニン技術で資源化して、保存しておけるようになるかも？ という未来型提案(^^;)。廃材や木くずを、セルロースとリグニンに分けておいて、保存しておく。そうしたら、使いたいときにリグニンの着脱で紙にでも、繊維にでも、木材やボードにもなる！ 夢のカンバン方式、究極の顧客ニーズ対応システムとして、お客が「紙を下さい」といっても「こんなボードが欲しいんです」といっても、その場で対応できちゃう日がくるかも。

(3) **紙の原料としての森林**

「マイクロ(小規模)製紙」を提案しました。「マイクロ発電」は、欧米では実現し、効果と効

率が実証されつつありますが、その「製紙版」です。1998年に暴風雨がニューヨーク州を襲い、300万人近くが停電の被害を受けたことがあります。電力会社が電力を復旧するには25日もかかりましたが、その間、風力発電システムはしっかり運転を続けていました。送電線につながっていないから、停電の被害が及ばなかったのです。ある住民は、電力が復旧するまで、風力タービンと電池を用いて地元の人々に熱いシャワーと洗濯サービスを提供したそうです。

　木材の80％を輸入に頼っている日本には、かつての石油ショックのような「木材ショック」の可能性もあるのではないか、と話しました。オゾン層破壊が目に見えたとき、一気にフロンの撤廃が進んだように、森林破壊の脅威が目に見える形で(気候変動、種の絶滅など)明らかになれば、国際社会が森林保護(伐採禁止)に走る可能性もあると思うのです。そうしたときに「でも伊那は、地元の木で木材も紙も作っているから大丈夫ですよ」というのはどうでしょう？と。

　最近アメリカでは、都市の近郊に古紙原料の製紙工場、農地の近くに農業廃棄物原料(サトウキビのしぼりかすや稲のワラ)の製紙工場と、"地元の原料"の近くに製紙工場を建てるようになっています。同じように、伊那の森のそばにマイクロ製紙工場を建てて「森の紙」を生産するのはどうでしょう？ 文字どおり「グリーン」なコンシューマーの拡大も追い風になるでしょう。

(4)エネルギー源としての森林　その1：バイオマス・エネルギー

　スウェーデンでは、バイオマス・エネルギーが一次エネルギーの20％近くをまかなうまでに成長しています。バイオマス・エネルギーとは、木材として使えない木屑などをチップにして、蒸気ボイラーで燃やし、地域暖房や発電を行うもので、間伐材の有効利用として森林や里山の保全にも役立ち、スウェーデンだけで約3万人の雇用を生み出している「一石三鳥」のエネルギー源です。長野の分散発電の大きなエネルギー源になるのではないでしょうか？

(5)エネルギー源としての森林　その2：水素エネルギー

　自動車などで、燃料電池の開発が進んでいますが、天然ガスから水素を取り出す他、様々な方法で水素を取り出す研究が進んでいます。実際に、ドイツの森林地帯にある村では、木材のガス化で水素を取り出すプロジェクトが行われています。この可能性もぜひチェックなさったらどうでしょう？

(6)炭素吸収源としての森林

　排出権取引を利用して、森林管理に資金を回そうという提案です。植林(1990年以降)は、シンク(二酸化炭素吸収源)として、排出権取引の対象になりえるからです。トロント市では、市の省エネ対策などで削減したＣＯ２を排出権取引の対象として考えており、750万～2000万円(100～300万カナダドル)の収入源とする計画です。同じことを、植林と森林管理で行うことを考えてみては？ という話です。実際に、三菱マテリアルなどの企業では、植林活動を活発化しており、その二酸化炭素吸収分をもって排出権取引市場に参加する計画である、と公言しています。

(7)貴重なサービスを提供する生態系としての森林

　環境会計や環境報告書などのブームは、これまで目に見えない、計算できないと無視

されてきた環境面の負荷や効果を数値化しようという動きだといえます。同じ流れで、生態系サービス(国土保全、涵養、浄水、気候調整、生物多様性の保持)などに金銭的価値をつけようという研究が進められています。メリーランド大学の研究では、世界の生態系が提供している17のサービスの経済価値は年間33兆ドルで、地球全体のＧＮＰ25兆ドルをしのいでいるという報告が出されています。「森林の経済価値」は膨大なはずです。その森林を守っている人々に正当な報酬や保障を行う、または森林の提供するサービスの受益者が森林を保全する役割を果たす仕組みにしていかないとおかしいのではないか？

　気仙沼では「森は海の恋人」というキャッチフレーズで、毎年漁師さんが植林をしているそうです。漁師さんだけじゃなくて、森林から流れる川の水を使っている住宅や工場も、川の釣人も、工場や混雑する道路で吐き出される二酸化炭素を森林に浄化してもらっている都会の人々にとっても、森林は「恋人」(というより「命のサポーター」)なのですよね。

　最後に、「林業関係者は、他の業界に比べておとなしい感じがします。もっと社会や国民を啓発して下さい」とエールを送ってお願いしてきました。「国破れて山河あり」ではなく「山河滅びて国滅び」ですよ、とか、森林の大切さと人間にとっての意味を伝えるのは、やはり森林関係者の大きな役割のひとつだと思うのです。

　最後に、このメールニュースのご紹介をしましたら、私の帰宅より早く登録して下さった方が何人かいらして、とても嬉しく思いました。今後は林業の専門家のお知恵やインプットをいただくことができます。

　ところで伊那谷の特産物をおみやげにいただいて帰ってきました。とてもユニークな食文化をお持ちの地域で、「蜂の子」「ざざむし(ウスバカゲロウの幼虫)」「蚕の繭の中身」「イナゴ」「ローメン」(ラーメンに似ているけど違う)などなど。ざざむしは今年は不漁だったそうで、ほっとしていますが、それにしても箱から取り出す勇気がなかなか出ず、机の上の箱とにらめっこをしております(^^;)。

森林問題のつづき

No.111

　シベリアの森林問題についてお寄せいただいた追加の情報です。

　　中国の木材需要が伸びている話ですが、ある新聞(『中国科学報』1998/11/11)で中国政府の林業政策担当者の話を読んだことがあります。当時のメモがあるので、添付しておきます。この(2)も需要が伸びている一つの原因かもしれませんね。確か、「木材産業発展のためには輸入もする」と宣言していたと思うのですが、記憶が定かでありません。

＜今後の林業・木材産業政策＞

　　今年の水害をうけ、政府は天然林保護の姿勢を強めた。このままでは、2000年の木材最低需要量1.8億立方メートルに対して、6000万立方メートルしか供給できない。また、林業労働者の失業対策も必要。中国は、技術の力で植林と木材産業の一体化した発展をめざす。

(1)植林による自給を目指す：世界市場に出される木材は有限であり、更に2000年以降国際社会は林産品貿易制限の制度を強化し、価格も上がるだろう。そのため、促成でかつ量産の可能な種を植林し、15-25年で伐採する。これにより、年２億立方メートル

の木材供給が可能になる。

(2)木材利用を進め、木材産業を発展させる：70〜80年代、中国は木材の代わりに鉄鋼やプラスチックを用いるという代用政策をとってきた。この政策は、経済の持続的発展の面から見て資源の無駄遣いである。また、人為的に市場の需要を制限してきたため、木材産業にダメージをあたえた。今後は木材利用を進める。木材産業の発展が植林地の発展をもたらし、林業に活力が復活するだろう。

(3)科学技術で木材の高度利用を進める：遺伝子改良で、加工利用しやすい種をつくる。また、その木の本質が十分生かせるような利用法に気をつけ、1本の木の利用効率を高める(先進国より利用効率は低い。今より10％利用率を上げると、毎年1500万立方メートルが節約可能)。その他、多品種、複合材など付加価値の高い製品作りにも努力する。

もうひとつ役に立つ情報源は、今回のシベリア森林問題に大きく関わって活動している「地球の友ジャパン」です。地球の友ジャパンは1971年に設立された国際的な環境保護ネットワーク、Friends of the Earth(地球の友)の日本メンバーとして1980年に設立されました。主に取り組んでいるテーマは、エネルギー問題、開発援助、シベリアの森林などです。推進中の「国産材で100年もつ住宅を建てるプロジェクト」も、とても興味深く示唆に富むプロジェクトですので、是非一度ＨＰをごらん下さい。少しご紹介しますと、「あなたは、家を建て、壊し、また建て換えるためだけに生き、働くことになる」。

　　地球の友ジャパンは、「体にも心にも優しく、かつお金が節約できる家」を紹介します。もう、これまでの20年程度で寿命のくる使い捨て住宅を選ぶ必要はありません。高耐久だから一生のうち何回も家を建て替える必要がなく、お金の節約になる、国産のムク材や、薬品を極力使っていない材を使った家だから、あなたやあなたの家族の体にも優しい。あなたにとってこんなメリットの大きい家を建てることが、実は世界の環境保全にとってもためになるのです。

このプロジェクトを一緒にやりませんか、と呼びかけています。建築、林業、住宅産業に従事されている方、その他関心ある方、知恵とアイディアを出し合ってはいかがでしょう。

　　「地元産の木材を活用するには、昔の大工さんように、一本一本の木材の個性を見抜いて、それに合わせて家を建てることが必要。しかし、最近の大工さんは、2×4などの既製品をつかった家作りしかできない。既製品に慣れた大工さんは、乾燥度の高い同質の木材を求めて、輸入材を使ってしまう」という話をきいたことがあります。真偽のほどはわかりませんが、木材輸入が大工さんの腕まで変えてしまったという話に、問題の奥深さを感じました。

というコメントもいただいています。私も同じことを聞いたことがあります。それから、「大工や木工職人さんは絶滅種だ」という話も聞いたことがあります。なかなか食べていけない、見習い／下積みをしてまで技を身につけたいという若者がいないので後継者が育たない、などが理由だそうです。「インテリア・デザイナーは流行職業だそうで大

地球の友ジャパン　http://www.foejapan.org

量に産み出されているが、彼らが引いた線に沿って、実際に木を裁断し、きちんとモノに作り上げていく職人がこれからいなくなるのでは…」というお話でした。

　このメールニュースを読んで下さっている方々の中には、建設、建築、住宅、林業関係者がかなりたくさんいらっしゃいます。関心のある方、是非お声をかけて下さい。またご自分のところでの取り組みなども教えてください。日本という国のかたちを支えている、そして世界の森林にも影響を与える、まさに屋台骨にあたる重要なポジションにいらっしゃるのではないかと思うのです。

やった！　国内初「森林認証」取得
No. 119

　長野の伊那での講演で、「国産材は外材にコストで負けるといいますが、国内の森林も国際的な森林認証（FSC）を取って、環境配慮型の材木や森林産物を求める海外の企業にどんどん買ってもらったらどうでしょう」とお話ししたことを書きました。セミナー開催などの動きはあったものの、国内の森林でFSCの認証を取ったところはなかったからです。

　つい先日、その講演会で話を聞いてくださった方が「三重の林業家が国内初の認証を取りましたよ」と知らせて下さいました。また講演会の設営をして下さった方も、講演会後に山のように質問する様子に(いつでもすぐに取材態勢に入っちゃう私 ^^;)「お知りになりたい情報でしょうから」と新聞のコピー等を送ってくださいました。皆さまのおかげで、こうして情報をお届けできます。ありがとうございます。

　日本で初めてFSCの認証を取得したのは、三重県海山町の林業家速水亨氏の所有するヒノキを中心とする約1070ヘクタールの森林。日本にはまだ認証機関がないので、米国の認証機関の審査を受けて認証を得た、ということです。「林政ニュース」が手に入る方は今年1月12日から4回連載の「速水亨のFSC森林認証取得日記」を読んでみて下さい。速水氏が何をきっかけに認証取得を決意したのか、経営者として何をどのように読んだからなのか、そのために必要な投資(認証に必要な経費は400万円ほどだったようです)をどう考えるのか。「経営者って、こういうものなのね！」と、読んでいてとってもワクワクしました。

　次は、国内でFSC認証の木材や木材製品を優先的に買おう！　という消費者と流通側の動きですね。その辺りもこれから注目し、連携していけるところは一緒にお手伝いしていきたいと思っています。それから、海外にも売り込まなくちゃ！　ワールドウォッチ研究所の森林問題の研究者にさっそく伝えようっと。

　伊那の講演会のあと、控え室で長野の林業についてもいろいろとお話をうかがいました。長野にも認証に値する見事な林業を親子2代にわたって行っている林業家がいらっしゃるそうです。「県内より県外からの見学者が多いそうですよ」と担当の方はちょっと苦笑い。「どうしてでしょう？」とお聞きすると、その方がおっしゃるには、これまで(そして今もほとんどの)林業関係者には、「持続可能な森林経営」という概念そのものがなかった。一斉林でいっぺんに同じ樹種を植えて、いっぺんに大きくして、いっぺんに切って売る、というのが普通で、それ以外のやり方などあまり考えることもなかったからでしょう、

と。

　今回の国内初の認証取得のニュースが、全国の林業関係者の方々に「こんな方法もあるのか。これからはこういう方向に進むことが差別化になり、サバイバルの道かも知れないな」とちょっとでも気づいてもらえる大きなきっかけになることを期待しています。そして、この林業家の意気に消費者も応えなくてはね。

　それから、伊那の担当の方にお聞きした「何かヘンだぞ」というお話。その1。間伐をしても、ある太さの間伐材でないと木材や杭に使えないので、チップにするしか使い道がない。しかし、よほど分量がまとまらない限り、せっかくチップ工場に運び込んでも交通費にもならない。逆に持ち込み料を取られる場合もある。だから、間伐してもそのまま捨てておいたり、間伐すらしない、という山が増えているのですよ、と。「民間でも市営でも、地元でチップ工場を造らないんですか？」と外部素人発言をしてしまいましたが、何かおかしいですよね。

　その2。この担当の方は「本当に山が好きで好きで」大学でも林業関係の学部で学び、その知識と経験を活かして生き生きとお仕事をされている方でした。その方がいうには、「最近は大学が、林業というイメージでは流行らないと、学部や学科の名前を変えてしまっています。当然、集まる学生も変わるし、教える内容も変わってしまう。自分の出た大学でも、林業っぽい名前ではなく、「ナントカ科学」みたいな名前になってしまった。だから、山に入って何かすることもあまりなくなり、山で働きたい学生も入りにくくなっているようです」。

　森林や山を育成し、保全するためにはその専門家が大切なのに、その専門家の育成や保全は、だれが、どのように考えてくれているのでしょうか？

森林認証と技術移転
No. 124

　先日の「日本初のＦＳＣ認証取得」に関連して、「どの程度進捗しているかはわかりませんが、高知県でも四万十川流域を視野に、取得に向けた作業展開を図っていると思います」という情報をいただきました。認証取得した森林の林業家にはさっそく、国内の２×４メーカーや材木会社がコンタクトをしているそうです。また、海外のＦＳＣ認証の材木や木材製品の日本への売り込みも活発になりつつあります。日本は木材自給率20％の「材木輸入大国」ですから、日本の動向がＦＳＣや世界の森林保全にとってとても大きな影響を及ぼすのです。

　話は変わりますが、先日、技術移転の枠組みづくりに尽力している友人に会いました。いま日本の大学関係では、雨後の筍のような勢いで、ＴＬＯ(Technology Licensing Office)やＴＭＯ(Technology Management Office)と呼ばれる技術移転やライセンス活動を担当する組織ができているようです。その中でも、活発に活動してすでに収入をあげつつあるところ、ハコや組織の「形」優先型など、いろいろなバラエティがある様子に、改めて「仕組みづくり」の重要性を感じました。

　友人は、もともと環境問題に関心があって技術移転を進める活動を始めたせいもあるのか、環境関連の技術もたくさん扱っています。ひとつ教えてもらった面白い技術は、

ソーラー発電関連のものです。従来、ソーラー発電効率向上のための技術開発は、「シリコンをいかに薄く加工できるか」に集中してきたそうです。ところが、シリコンを保護するためのガラス処理で、ある化学物質をレーザー照射することで、これまで反射していた不可視光も利用できるようになった、という技術です。これによって発電効率は1.5〜2倍もアップするとか。どなたか、「その技術、買った！」という方がいらしたら、おつなぎします。

「扱っている特許や技術の半分ぐらいが環境技術だ」といっていました。スイスには、環境技術を専門に扱っている技術移転組織もあるそうですが、米国との温度差はやはりある、といっていました。ダイオキシン関連の技術を米国の同僚に話しても、「へぇ？ダイオキシン？」という反応だったそうで、環境技術に対する関心の度合が日本とはちょっと違うかもしれないね、といっていました。日本で彼と一緒にやっている方々は、先日ご紹介したリグニンの技術や燃料電池の技術なども扱っています。その他にも面白そうな技術がたくさんありそう(職業倫理上、特許情報を開示できる時期までは教えてもらえませんけど)。

そして、これまでの技術移転の仕組みづくりの進め方も素晴らしい、と感心しています。私は、2年まえに彼がひとりで、これから組織をつくってやっていきたいのだと立ち上げ始めた時期に、通訳としてたまたま出会って以来の「歴史の証人」(^^;)なのです。

森林認証のつづき

No. 125

昨日のニュースにまたまた情報をいただきました。いろいろな活動があるんだなー、そういう情報をいただけてうれしいなー、どこかでご一緒できたらいいなー、と思っています。京都で森林認証制度研究会を組織しその事務局をなさっている方が、(1)ＦＳＣの説明、(2)日本初の認証を取得した速水林業のお話、(3)フィンランドの様子を教えてくださいました。

(1)森林問題解決への一手段として、ＮＧＯや民間企業等が協調し、「森林認証制度」(木材認証制度／ラベリング制度と呼ばれる場合もある)を展開してきております。これは、独立した第三者機関が、一連の基準を満たした形で森林管理が行われているかを審査・認証する制度です。

現在、世界中の森林を対象とし、そのパフォーマンス(伐採、搬出、育林等の実際)を審査・認証するとともにラベリングを伴う形で実際に実施されているものは、ＦＳＣ (Forest Stewardship Council、森林管理協議会)のみです。実際の認証審査はＦＳＣに認定された認証機関が行いますが、現在世界中に7つの認証機関があり、認証された森林は、2000年1月末現在、30カ国、210カ所を超え、総面積は約1,800万ヘクタールです。

(2)速水林業がこの認証を受けようとしたのは、今までにない森林へのアプローチがあることに気がつき、新しい林業経営の一面を見つけた気がしたためである。またＦＳＣの認証は、森林の現状を審査するのでISOより厳しいが、200年以上にわたって持続的に林地を循環利用してきた速水林業にとっては、そう困難な基準には感じられなかった。日本での認証実例の必要性を感じ、また日本においては自らの経営が最もＦＳＣの精神に近い経営であるとの思いから、あえて日本で最初の認証を受けることにした。

森林認証制度研究会　http://www.fc.kais.kyoto-u.ac.jp/~fcnet/home-menu/home.html

審査の準備として、以前からあった森林法に基づく森林施業計画を英訳し、それまで実行していた環境的配慮を明文化したほか、ＦＳＣの原則と基準をしっかりと読み込んで、他の必要な書類の準備を行った。速水林業は、既に昭和30年代から、林内植生の維持を図り、森林土壌を豊にする努力を行い、また「美しい山づくり」を目指し、広葉樹の繁茂するヒノキ林の森林を育ててきた。したがって、認証審査のための施業の変更は全くというほど不要だった。

　本年の２月に日本で初めての認証を取得した。一点だけ保護地区指定に関して１年以内の改善を要求されたが、取得してみて、考えていた以上に反響が大きいことを感じている。閉塞している日本林業に明るい話題を提供したと思う。この反響を認証木材の消費の拡大に繋げていきたい。審査は現在の日本の林業関係者が考えるより細部にわたっているが、基本的には経営が持続していくことが前提なので、経営しにくくなる基準はなく、極めて現実的な評価である。

(3)フィンランドではＦＳＣの原則に従いながらも、フィンランド独自の認証基準システムを1997年に作成しています。これは、ＦＳＣがもともと熱帯地域等にある大面積な森林を対象としていたことから世界統一基準的な要素が強いのに対して、フィンランドは日本に似て小規模所有者が多く、自国の自然条件や社会経済的条件に合わせた独自基準を加味することが必要という判断があったためです。

　詳しく具体的な情報をありがとうございます。さて、『太陽と風』というお話をご存知だと思います。旅人のコートをどちらが脱がせることができるか、太陽と風が競争した話です。ＦＳＣを推進・応援していくのは「太陽」的アプローチですね。
　「風」のアプローチも補完しあって、相乗効果が得られるのだと思います。太陽も風も、目指しているところは同じですから。そんな「風」の取り組みのひとつとして、グリーンピースは「はがきキャンペーン」を行いました。個人の消費者の声を伐採企業に届けるとともに、「そのような伐採企業からの木材製品は買わないでほしい」と、購入側の日本企業にもプレッシャーをかけるキャンペーンです。このはがきキャンペーンの結果、(株)フジサンケイリビングサービス、(株)カタログハウス、東日本ハウス(株)が、皆伐などで森林破壊をしているとしてキャンペーン対象となっているインターフォー社などとの取引を控えると宣言をしたそうです。
　持続可能な世界に向かう動きは温かく応援し、逆行する企業や活動は支持しない、という姿勢を明らかに示す。皆伐企業との取引をやめると決断した企業を応援する。消費者も企業も政府も、すべて「どこから、何を買うか」という購買者としての「投票権」を活かして、持続可能な世界への移行を加速できるはず、と願っています。

グリーンピースの抗議活動──北洋材のゆくえ

No. 216

　昨日の朝、金沢の方が地元の新聞記事をＦＡＸしてくださいました。「７月５日付　グリーンピース　ロシア船上で抗議活動　富山新港　木材荷揚げ阻止」。いただいたＦＡＸを眺めながら、私の思いも広がりました。

ひとつは、メディア・ミックスとアピールの効果です。「グリーンピースって、ちょっと気の荒い人々が野蛮な行動をする団体」だと思っている人も多いようですが、決してそうではないと思います。グリーンピースに入ると、非常に厳しい訓練を受けるそうです。特に対外的にどのような発信活動をするのか、相当訓練を積まないと人前で喋ることは許されないと聞きました。今回の活動も、当然Ｇ８へのアピールのタイミングを測ったのでしょうし、ニュースとしてテレビや新聞に取り上げられる一方、インターネットで全世界に情報を発信していることでしょう。日本の富山(新湊)の港で「グリーンピースのメンバーが海中に投げ出され」「かぎのついた棒や高圧放水で、活動家を海に落とし続ける」様子は、新湊の港での「表の活劇」以上に、大きな強いシグナルを全世界に送っていることは事実だと思います。

　私がＦＡＸをもらってまず思ったのは、「その荷揚げ阻止されている木材を受け取るはずの日本の木材業者は、どういう思いでこの阻止活動を見ているのだろう？」ということでした。

　このグリーンピースの『虹の戦士号』はロシアから違法伐採の可能性のある木材を積載した貨物船を追跡して新湊までやってきたのですが、本当に違法伐採の木材だったとしても、その貨物船だけが悪いわけではありませんよね。その木材を受け取るはずの木材業者だけが悪いわけではありませんよね。「買う人がいるから」輸入するのですよね。そして「買う人」は「違法伐採の木材とは知らなかった」というのでしょう(ウソや言い訳ではなく、事実でしょう)。

　私の空想は膨らんで、「それじゃ、スーパーファンド法と最先端の科学技術の組み合わせでどうだろう？」。スーパーファンド法とは、1980年に制定された米国の法律ですが、ある土地を購入した人が「知らなくて買っても」その土地が汚染されていることがわかったら、自分で費用を負担して浄化しなくてはならない、というもので、事実上期限を定めず法律制定以前にさかのぼって適用されます。責任者に浄化費用の負担能力がない場合には、責任者が契約していた保険会社や投融資を行った金融機関などの責任が追及されます。テネシー大学の試算によると、今後30年間に全米で必要な環境浄化費用は総額1500億ドルにのぼるということで、企業の買収などの前にはしっかりした「環境監査」を行わないと、「気づいたときには命取り」になりかねないため、米国では土壌汚染の有無を調べる「環境監査」が大流行り、と聞いています。

　地球の環境を危機に陥らせるような「違法伐採」にも、このような考え方が適用できると思います。「だれが悪いのか」という議論より、「それぞれの責任を明確にする」方が、建設的に破壊の進行をストップできるように思うからです。「違法伐採木材」の伐採者も、運搬者も、購入業者も、加工業者も、最終消費者も、同じように責任を負う(没収・罰金など)としたら？ そして「伐採現場を押さえないと、違法かどうか木材や製品を見てもわからない」という問題は、最先端の科学技術で解決できないだろうか？ と思います。たとえば、人の身元鑑定と同じように、ＤＮＡなどで木(木材、製品の形になっていても)の身元鑑定ができるのではないか？ たとえば、ＦＳＣマークがついているような「持続可能な森林管理」で産み出された木材に何らかのＤＮＡマーキングができれば、市場でイスや紙に姿を変えても、追跡できるのではないか？ 空想物語でしょうか？

グリーンピース　　http://www.nets.ne.jp/GREENPEACE/

消費者だって、自分の首を自分で絞める(自分がその木材や製品を購入したために、地球の温暖化が進むなど)ことは望んでいないはずです。今の大きな問題のひとつは、「自分の首を自分で絞めているのかどうか、わからない」ということではないかな、と。その意味で、「首を絞めていない」証明となる森林認証などの取り組みは、これからますます支持され、広がっていくと思います。

もうひとつ、北洋材を扱っている知り合いにもよくいうのですが、ロシア材は時限爆弾のようなものだと思います。[No.104](58P)に書きましたが、タイガと呼ばれるシベリアの森林は、永久凍土の中に大量のメタンガスを抱えています。メタンガスは二酸化炭素に次ぐ量が出ている温室効果ガスですが、温室効果は二酸化炭素より強いので、放出量の割に影響が大きいと考えられています。森林の伐採で土地が開けると、この永久凍土が溶け、メタンガスを放出します。衛星データと最先端のコンピュータ・シミュレーションで、それが全世界にとってどのような影響をもたらしうるか、が明らかになる日が来ると思います。明らかになったらどうなるか？ フロン撤廃を決めたモントリオール議定書のように、あっという間に「北洋材の伐採禁止」となるのではないか？ 伐採禁止で困る国は限られているからです。そして、ロシアにとっても「伐採禁止の見返りとしての補償」の方が魅力的かもしれません。

業界の方は「ありえない」と一笑にふされるかもしれませんが、そのような「ひとつのシナリオ」の可能性を考えに入れてほしい、と願っています。石油業界で唯一「石油ショック」というシナリオも考慮に入れてビジネス戦略を立てていたシェルが、石油危機が起こってから大きく成長した、という実例もあるのです。

新湊にも友人がいるし、北洋材を扱っている仲間もいるので、つい他人事とは思えず、勝手な思いが膨らんだ、一枚のFAXでした。

北洋材を扱う製材屋さんとのやりとり
No. 225

[No.216]で、「私がまず思ったのは、『その荷揚げ阻止されている木材を受け取るはずの日本の木材業者は、どういう思いでこの阻止活動を見ているのだろう？』ということでした」と書きましたが、その木材業者(製材所)の方とメールのやりとりができました。「ニュースに書いてもいいですよ」と言っていただいたので、私たちのやりとりをお伝えしたいと思います。

> ご心配をおかけして本当に申し訳ありませんでした。ただ私としては限りある資源(地球規模の資源として)を守るために木材資源があると思っております。違法伐採を非難するグリーンピースの論法は理解できます。今回はたまたま、一番適法性を証明できる木を選んでしまった喜劇がありましたが、私の理念に「動機善なりや、私心なかりしか？」というのがあります。信念を持ってこれからも木を扱っていきます。

枝廣：「いちばん適法性を証明できる木を選んでしまった喜劇」って、どういうことですか？

> 通常のロシア材は、生産者(伐採業者)→輸出業者(シッパー)→輸入元(普通は商社)→荷受

会社の流れで流通していますが、適法伐採かどうかは生産者の倫理観にかかっております。今回は、生産者＝輸出業者という例外的なケースであり、輸出業者としても伐採の適法性を明確に証明できる取引でした。

枝廣：海外では、一部切ったら植える、という持続可能な森林管理をしている場所もありますが、南洋材や北洋材の多くはそうではなく、切りっぱなしで資源の循環になっていないと私は理解していますが、違いますか？

　　北洋材に関しては、自然更新可能な材ではあります。ロシアの伐採規則も、皆伐ではなく間伐を勧めていて、自然更新に配慮するなど、かなり詳細に定められていると聞きます。ただそれを遵守しているかどうか、あるいは監視しているかどうか、という話になると思います。やはり最後は人間の意識の問題になりそうですが・・・。

　　こんな情報もあるロシア材専門商社から入りました。インターネット上で見たシベリア地方紙らしいのですが、「シベリアのあちこちの伐採禁止地区で、アカマツが伐採されて問題になっている。しかし、いまだにつかまる人間はいない。シベリアでの山火事は、必ずしも自然のものではない。わざと山火事を起こして人の目をそらし、その間に伐採している(必ずといっていいほど、山火事の間に伐採禁止地区が伐採されているとのこと)」。伐採業者のモラルの無さと監視すべき政府の体質にも問題があることが窺えます。

枝廣：今の日本の林業や森林産物の商業は、国内林を打ち捨て、海外の森林を食いつぶして、国内外に持続可能ではないものだ、と私には思えるのですが、どう思われますか？

　　今の日本市場で木材の不足感は全くありません。これでもか、という具合に流入しているのが事実です。そんな中で扱い業者の意識レベルを上げるのも必要でしょうし、政策あるいは国家間で大きなサイクルについて話し合うことも急務だと思います。

枝廣：持続可能な世界のためには、「持続可能な日本」になることが、日本の世界に対してできる最大の貢献であり、また義務であると思います。森林資源もそうではないかなぁ、と思うのですが。日本の中に森林があるのだから、それをどうやって回していくのか。

　　「まず日本から」という発想は、心にしみました。まず自分から、という行動が取れない今の日本人が悲しくなってしまいますね。

枝廣：日本の戦後の植林はすばらしいものがありますよね。知らない人も多いのですが、人工林はずっと手を入れ続けなくてはダメなのですよね。でも、特に高度成長時代の経済論理につぶされて、国産材は瀕死状態ですよね。二酸化炭素の吸収源としての森林を考えても、成長途上の木は吸収するが、成長しきってしまうと排出源になってしまうので、その木は切って新しく木を植えた方がよいのですよね。

　費用も出ない有様で間伐材の手入れもできずに、荒れるままの国内の森林は、資源だけではなく、国土そのものでもあるわけでしょう？　それを守るためには、やっぱりちゃ

んと手を入れて、50年たったら切って、商品として売って、そのお金で山の手入れをして、また木を植えて、というサイクルを回していかないといけないのでしょう？

　お話に異論はありません。まず、補助金の出し方を見直すべきだと思います。「川上」ばかり補助金をばら撒き、その後、流通に乗せられた国産材の製品は、目を覆うばかりの価格競争にさらされます。「川下」、つまり消費段階で国産材をチョイスできる環境を整えるべきだと考えます。今の補助金制度は、作るだけ作らせておいて、サイクルできない状態にしているのが実態ではないでしょうか。

枝廣：もう少し具体的に教えてください。「川上」って、どこのことですか？

　「川上」とは製材品を作って出すまでの段階です。南九州地区で顕著なのですが、伐採にも補助金が出ていますし、「何とか事業」と称して、製材所もほとんど補助金で建っている状況です。われわれ一般の製材所とは違って、設備投資にはほとんど自己資金は出ていません。

枝廣：どうやったら、消費段階で国産材をチョイスできるようになるのでしょう？

　国産材を使う意義を国民全体に浸透させていくことがまず必要ですし、補助金を出すのであれば、例えば家を建てようとした時の国産材使用率に応じて減税策を講じる等が考えられると思います。それを何のためにやるのかの大々的なＰＲは、やはり必要。

　私の会社にしても、国産材を製材しようと思えばいつでも切り替えることは可能です。それができないのは、国産材マーケットが小さいからです。土地に合った材を使用することが一番いいのです。それこそ、国産材というくくりでも大きすぎるくらいですよね。

　でも、消費者の判断基準が「安い、きれい、早い」となっているうちはどうしようもないのです。国産材、特にスギは人工乾燥がひときわ難しい材料です。昔は、木を切ってから実際に使うまで長い時間をかけていたので、最後に大工の手にかかるときには立派な自然乾燥材になっていました。家を建てる人も2〜3年を目処に計画し、ちゃんとした家を受け取ることができました。そんな時代には、国産材を大いに使える環境があったんですね。

　微力ながらわれわれ有志の活動に「木の語り部」というものがあります。木の効用を訴え、まずは木材を使ってもらう。その中で「地元の木が一番いいんです」「日本の山は、木を切れないことによってますます環境破壊につながっています」等と話をします。各県に1〜2人の「木の語り部」を養成し、それぞれの場所で不特定多数の人を対象に講演を展開し、草の根で意識を浸透させようという民間の試みです。先ほども書きましたが、国産材製材は私の頭の中に常にあります。それだけは信じていただきたく存じます。

枝廣：消費者は「店にないから」、店は「問屋にないから」、問屋は「製材屋が製材しないから」、製材屋さんは「需要がないから」…。みんな思いは同じだと思いませんか？　誰が

好んで地球や国土の破壊に加担するでしょう？ 何が足りないのだと思いますか？ 何があれば、悪循環をよい循環に変えられると思いますか？

「森林関係者が環境ジャーナリストを教育することも大切なお仕事だと思ってください」というお願い(気迫？ ^^;)に真摯に応えて下さっているこの方に心から感謝しつつ、ここからの議論にはぜひ皆さんにも加わっていただきたいと願っています。

血を流す島
No. 136

ワールドウォッチ研究所のレスター・ブラウンがこんな話をしてくれたことがあります。「リオでの地球サミットのときに、マダガスカルの大統領が宇宙飛行士に会って、自己紹介した。そうしたら、『ええ、地球の周りを飛んでいるとき、あなたの国を見ましたよ。海に血を流している国でしょう？』といわれたそうだ。土壌浸食が進んで、表土が川から海に流れ出している様子が、宇宙からは血を流しているように見えたんだね」。

最近、環境問題の子供向け連載を書くために、いろいろと調べていたら、わが国日本にも、「真っ赤な血を流している島」があることを知りました。沖縄です。「赤土汚染」は、本土復帰後に沖縄で生じた環境問題の中でも、最大の問題のひとつです。

沖縄の土が赤い色をしているのは、岩石が風化や高温湿潤の気候などにより酸化し、酸化鉄が多く含まれているからです。この赤土のことを沖縄では"マージ"と呼んでいます。赤土に関する最近の研究では、北部に多い国頭マージと呼ばれる強酸性の赤土が海水に入ると、海水のpHが低下して海が酸性に傾き、アルミニウムイオンの溶出が起こり、サンゴをはじめとする海の生物に持続的な被害を与えるそうです。このため沖縄のサンゴ礁は、復帰前に比べて90％以上が死滅してしまったといわれています。「これはサンゴだけでなく海に住むあらゆる生物にとっても脅威ですし、とてもつらいことです」とため息が聞こえそうな沖縄の方のことばです。まとまった雨が降るたびに赤土汚染が起こって、養殖モズクに壊滅的な打撃を与えるなど、漁業にも大きな被害を出しています。

この赤土汚染の原因は何でしょうか？ 本土復帰後、急速に進められた農地開発と公共事業だと考えられています。土地開発によって風をさえぎるものがなくなり、風害が広がりました。また、降雨のたびに大量の赤土が流出します。降雨を速やかに川へ流すための排水路で、川から海へ流れているのです。沖縄の体から流れ出す赤い血のように。

1994年には、沖縄県赤土等流出防止条例が制定されました。しかし、状況はあまり好転していないようです。条例は、工事中のみに適用されるにすぎないので、条例施行前の農地や、施行後農地造成工事終了後の農地からの赤土流出の解決にはなりません。しかし問題は、公共事業として展開された、そのような農地造成のやり方に問題(側溝をとおして、海に流れさせるという基本的設計構造に基本的問題)があったので、農地を管理している耕作者(農民)に、赤土流出問題の責任を負わせるのはおかしく、そのような設計構造に基づいて工事をした公共工事関係者(国、県など)に責任があると考えられます。赤土等の濁水濃度の200ppm以下という基準(条例)も緩すぎるので、問題です。また、米軍の軍事活動(工作物建造、演習など)に伴う赤土流出問題には、米軍側も対策をとってはいますが、条例が軍

用地には適用されないという問題があります。

　国の天然記念物で絶滅危惧種にも指定されているジュゴンの生息地に近い辺野古の海が、見渡す限りが赤い土砂の色に染まっている様子など、本当に赤い海の写真がたくさんＨＰにも載っています。赤土汚染は、雨がやんで数十時間程度で海に沈んでしまい、海の色はもとのコバルトブルーに戻るので、行政もあまり問題の重要性に注目していない、という指摘もありました。その海の中で、サンゴ礁や魚やその他の貴重な生態系が声なきまま、死に絶えようとしているのでしょうか。

　赤土汚染は、もちろん血が流れる先の海にとっても大きな問題ですが、血を流している体にとっても大きな問題のはずです。人間だって大量出血すれば死んでしまいます。沖縄の表土がどんどん流れ出しているということは、沖縄が消えているということです。あとに残るのは、植物も生えない岩だらけのゴツゴツの島だけ、などという悲しいことにならないよう、早く止血処置と根本的な体質改善を行って、沖縄が健全な体に戻りますように。

オロロン鳥
No.64

　この環境メールニュースは、本当にたくさんの方々が応援してくださり、支えてくださり、助けてくださるおかげで続けることができています。感謝しています。

　ところで、最年少"サポーター"は９歳です。彼女が「これもカンキョーに関係あるみたいよ」と、学校の図書室から本を借りてきてくれました。

　さっそく読ませてもらって、「これはいい本だ(ニュースに書かせてもらおう ^^;)」とメモを取っていたのですが、読み終わって、とてもじゃないけど、引用などで伝えられる本ではないことがわかったので、本自体をご紹介することにしました。

　『はばたけ！オロロン鳥　"小さな地球"天売島のオロロン鳥保護作戦』
　　寺沢孝毅(てらさわ・たかき)文 写真　岩本久則(いわもと・ひさのり)絵　偕成社(1165円)

　５万羽いたオロロン鳥がいまやたった20羽に。絶滅の危機にあるオロロン鳥。その原因を明らかにし、海鳥などの自然とともに生きる道をさぐる。自然保護とは何か。自然と人間との共存について考える、という本です。とても考えさせられる本です。とても良い本を紹介してもらった、と思いました。

気候変動と保険業界
No.4

　昨日の新聞に「台風18号　損保支払い、史上２位の2303億円に」という日本損害保険協会の発表が載っていました。'99年９月下旬の台風18号に関わる保険金の支払い見込み金額が、'91年の19号に次ぐ史上２番目の規模になるそうです。

　世界全体で見ても、この30年間で「気象関連の災害数は３倍に」「気象関連の災害による経済的損失は９倍に」「気象関連災害による経済的損失に対して支払われた保険金額は15倍に」なっています。特に近年は、中南米を襲って大きな被害をもたらしたハリケーンミッチや、4000人もの死者を出した揚子江の洪水、インドネシアの森林火災など、大

いつまで続く沖縄の赤い海　http://www.rik.ne.jp/kangyo/Welcome.html
沖縄・サンゴの海　http://www.rik.ne.jp/th816/index.htm
赤土問題掲示板(八重山・白保の海を守る会)　http://www8.cds.ne.jp/~nature/shirahonokai/akatuchi/indexj.html

きな気象関連の災害が立て続けに起こったことは、ご記憶に新しいのではないでしょうか。昨年は、中南米など保険をかけられない貧しい人々の被害が多かったのですが、「もしこの人々が保険に入っていたら保険会社(再保険会社)には破綻するところもあったのではないか」といわれています。

二酸化炭素の排出と、地球温暖化、気候変動、気象関連災害の増加の間に、誰もが認めるつながりが科学的に立証されているわけではありませんが、気象関連災害の増加傾向は、世界中で地表の平均気温が上昇していることと軌を一にして起こっていることは事実です。気温が上昇すると、海洋から蒸発する水分がふえます。蒸発した水分は必ずどこかに降雨として降ってきますから、多くの科学者は「嵐やハリケーンがますます強烈になっているのは、気温上昇と関連がある」と考えています。また最近の研究では、激しい嵐によって海洋がかき乱されると、熱を閉じこめる二酸化炭素が放出されるという悪循環の可能性も指摘されています。

業界としてははじめて、保険業界は、「二酸化炭素排出を減らして、温暖化をストップすべきだ」という姿勢を公に訴えています。気候変動は、保険会社(再保険会社)の存続がかかっている大問題なのです。ある保険会社の地球科学者は、「気候変動が続くと、ますます大被害が生じることは避けられない。災害の起こりやすい地域では保険をかけられなくなるかもしれない」といっており、国連環境プログラムの担当者は、「保護できず、消滅するかもしれない地域があることは確実」と述べています。より詳しい情報は、ワールドウォッチ研究所『地球データブック1999-2000』(ダイヤモンド社) の 91ページ〜をご参照下さい。

里地と地球温暖化対策

No. 89

「あっという間に次の話題になってしまっているので、なかなかレスできなくて」という声をいただくことがあります(本当ですよねぇ ^^;)。でも大丈夫。次の話題から次の話題へと移り変わっても、ぐるぐると回ってまた戻ってきます。これぞ「循環型」メールニュース！(ちがうか…^_^;) 気の向いたときに、大昔(3日前とか?) のニュースに対してでも結構ですから、どうぞフィードバックを下さいね。

さて先日、『水と緑の惑星保全機構』から来ました、という方とお会いしました(何だか「地球防衛隊」みたいでカッコいいなぁ、と思ったのでした)。いま、(財)水と緑の惑星保全機構の里地ネットワークでは、環境庁の委託で「里地地域の地球温暖化対策」を調査していらっしゃる、ということでした。

「里地」と聞いて、思わず「きたかっ！」と身構えてしまったのは職業病かな(^^;)。「里地」「里山」「里山林」など、何となく懐かしくイメージは浮かんでくるものの、通訳するとき困ってしまう単語なのです。国語辞典にも「里芋」は載っていても、「里地」って載っていないのですよ。まして和英や英和には載っていないし、『国際環境科学用語集』という強力な助っ人にも見当たらないのです。「里山」は広辞苑に載っていました。「人里近くにあって人々の生活と結びついた山・森林」。この言葉も昭和30年代に生まれたものです。昔から人々はまきをとるなど、近くの山に寄り添って生きてきました。そのような人間生

海の環境「赤土問題」(沖縄環境ネットワーク)
http://homepage1.nifty.com/okikan/akatuti/akatuti.htm
赤土流出問題研究ネットワーク(ML)　http://www.okinawa-u.ac.jp/~tsuchida/akatsuchi/mlguide.html

活のかかわりの中でできあがった二次林を里山と呼んでいます。同様に、「里地」は農村の人々が保持してきた二次的自然を指すようです。雑木林、田んぼ、小川といった「ふるさと」のような地域だそうです。

その日本人の原風景ともいえる里地を守るべく、環境庁も本格的な調査に乗り出し、里地ネットワークという団体も各地の環境保全型地域づくりの事例を収集したり、里地に関わるイベントを開催するなどの活動をしています。政府が出した「地球温暖化対策推進大綱」には、里山林の整備が温暖化対策の一つに位置づけられています。循環型の木材資源の利用の促進と、二酸化炭素の吸収源としての役割が期待されているのだと思います。

でも「里地」の地球温暖化対策って、どういうことだろう？『水と緑の惑星保全機構』の方が教えてくださいました。

> 地球温暖化対策というと、都市での大規模なコ・ジェネーション、自動車対策といったものが思い浮かびますが、実は、バイオマスエネルギーや自然エネルギーなど、里地地域でこそできる対策もいろいろあるのです。ユニークなものとしては、鶏糞ボイラー、薪ストーブ、氷室(雪を倉庫にためて野菜、米を保冷)、水車(精米、和紙づくりに活用)などなど。どれもローテクですが、里地の生活文化から生まれ、伝えられてきたものです。最近、復活させている地域も結構あります。

春の報告書完成に向けて、全国の事例を調査している、ということです。「自分の地域ではこんな例があるよ」という情報を、是非お寄せ下さいませ。

ところで、「里地」の英訳ですが、里地ネットワークのHPには、rural communitiesと書いてありました。「里山」「里山林」は、「森林・林業・木材辞典」では village forests と書いてあります。でも以前、通訳の場面で、「これでは通じないのではないか」という話になったこともあります。何かよい情報やアイディアがありましたら、教えてくださいな。

世界の氷が消える日

No. 127

ワールドウォッチ研究所からの最新レポートをお届けします。

地表の氷が、これまでにないスピードで溶けています。地球全体の氷が融解する速度は1990年に入って加速しており、「これは人間の経済活動による温室効果ガスの増加がもたらす地球の温暖化の最初の目に見える兆候ではないか」と科学者は考えています。
地表の氷は、地球にとっては「鏡」の役割を果たしています。太陽熱の大部分を反射して、地球の温度上昇を防いでいます。その氷が温暖化によって縮小しつつある、ということは、ますます温暖化を加速する悪循環に陥る危険があります。また、海抜の上昇、洪水や暴風雨の増加などを引き起こすのではないかと、恐れられています。
北極海では、1978年から96年の間に、推定6％も氷が溶けてなくなったと考えられています。毎年、オランダの面積に等しい氷の面積がなくなっています。氷の面積だけではなく、厚みが薄くなってきます。1960年半ば頃から1990年半ばの間に、北極海の氷の厚みは、3.1メートルから1.8メートルに減っています。グリーンランドの氷も、1993年

里地ネットワーク　http://member.nifty.ne.jp/satochi/

以来、南と東の端では、年に1メートル以上薄くなっています。南極の氷はどうでしょうか？厚さ平均2.3km、地球の氷の約91％を占めていますが、やはり溶けつつあり、巨大な氷棚がいくつも南極から流れ出し始めています。南極の氷の溶けるスピードが異常か、問題なのか、専門家の意見は一致していませんが、氷床が突然崩壊する危険もある、という指摘もあります。

　また山岳などの氷河も至るところで「後退中」です。世界の山岳氷河の4分の1が2050年までに、2分の1が2100年までに、消えてしまうだろうという報告もあります。

　以前にある環境会議でネパールからの出席者が、「高山の氷河の融解で、河川の氾濫や湖の決壊などの災害が起きている」といっていました。ワールドウォッチ研究所のレスター・ブラウン所長も、「氷河がもしすべて溶けてしまえば、氷河からの水を水源とする川は干上がってしまう。そうしたら、流域地域の農業も厳しくなってしまうだろう」といっていました。

　ワールドウォッチ研究所からは、月に1～2本、このような新しい情報が届きます(英語です)。HPで受信の登録ができますし、詳しい情報も得られますので、ご興味のある方は是非どうぞ。

すでに始まっている社内排出権取引
No.130

　昨日は、地球環境戦略研究機関（LGES）とドイツのブッパタール研究所の「地球温暖化国内対策の協力に向けた日独政策対話会合」という長い名前の会議でした。とっても面白い事例などが聞けて、ワクワクしながら通訳をしておりました。京都会議以降、どうも入り組んだ技術的な泥沼に陥って動けなくなってしまった京都議定書を蘇らせて、早く温暖化ストップの動きを進めようじゃないか、というのが会議の主旨です。

　ドイツ側からの提案は、「もうアメリカは置いておいて、日独で進めようじゃないか」というものでした。昨年秋までは、だれも「アメリカ抜き」で話をしたがらなかった。なぜなら、米国は最大の排出国であり、決まれば、すぐにやることに長けているから。しかし問題は「いつ動く？」ということだ。米国人は2005年より前には批准しないよ、という。実際には、2008－2012年という目標年を考えると、2002年には発効させないと、すべて交渉し直しになり、時間がかかってしまう。もう待てない！ COP5でも日独の環境大臣などから、2002年(リオ会議＋10年)を目標にしよう、という話が出された。政治状況から動けない米国は置いて進もう！ というドイツ側からの呼びかけでした。

　京都議定書が発効するためには、2つの必要条件があります。
(1)締約国のうち55ヶ国が批准すること。
(2)付属書I締約国(先進国)の中で批准した国の1990年の温室効果ガス排出量合計が全体の55％を超えること。

　(1)は問題ないとされています。温暖化による海抜上昇で国家滅亡の危機にさらされている小島嶼国連合だけでも36ヶ国ぐらいになるそうですから。

　(2)が大きなハードルになっています。何せ米国だけでも36％です。しかし、昨日のドイツからの提案は、「EUとロシア、日本、経済移行国を合わせると57.5％になる！ やろ

ワールドウォッチ研究所　http://www.worldwatch.org
地球環境戦略研究機関（IGES）　http://www.iges.or.jp/

うと思えばアメリカなしでもできる。対人地雷条約やバイオ・セーフティ協定が好例ではないか？」。受けて立つ日本の反応は、「日本でもいろいろな取り組みをして、国内での排出量削減に尽くしている。しかし、アメリカ抜きというのは、いかがなものか」というものでした。

昨日の会議には、日独の企業の代表も参加しており、各社の取り組みの発表がありました。とっても興味深かったのは、BP Amocoの「社内排出権取引システム」の事例でした。ブリティッシュ・ペトロリアム(BP)では、ジョン・ブラウンという先見性とリーダーシップのあるリーダーに率いられ、また、南米での石油採掘を環境団体に手痛く批判され、従業員からも何とかしなくては、という声があがったこともあり、事業上も環境への取り組みを優先課題としています。BP Amoco社は、その流れを受け、温室効果ガスを2010年に1990年比で10％削減すると公約しました。事業の成長を勘案すると 実質上30％以上の削減になるそうです。

「削減コストを安くするために」98年より社内排出権取引のパイロットプロジェクトを開始しました。約120ある事業単位のうち、12を対象に、約1年間に35の取引が成立し、36万トンの二酸化炭素を取引したそうです。平均価格はトンあたり20ドルでした。会社の代表は、「自分たちは、地球に良かれ、と思ってやっているわけではない。商売上プラスになると思うからやっているのだ」と明言していました。この社内排出権取引システムは、パイロット段階を終えて、全社展開中のようです。平均価格が20ドル(この数値自体はどうでもよいのだが、とおっしゃっていましたが)とすると、例えばある部門のエンジニアが15ドルで二酸化炭素を1トン減らす技術を開発できるというなら、その部門の管理者は、その投資をする、という意思決定ができる。排出権取引は、環境に「値札」をつける役割なのです、とのことでした。

この取り組みから学んだ教訓としては、
・できるだけシンプルなシステムにする
・まず始めてみて、実際の運用から学んで手直ししていけばよい
だそうです。

会議後の懇親会にも通訳で出ていましたが、主催者のご厚意で、ちょっと"変身"(^^;)して、このBPの方にいろいろとお話を聞くことができました。「そのようなシステムをどうやって作られたのですか？ 何かお手本があったのですか？」と聞きました。「2つあります。1つは、京都議定書はもちろん、その関連文書をつぶさに研究して、どのようなことが可能か調べたこと。それから、米国の環境ディフェンスファンド(EDF)に協力してもらって、客観性・透明性のある仕組みを一緒に作ったことです。それからこのようなシステムではデータの信憑性が鍵ですから、米国と北欧の専門機関に入ってもらっています。大きなコストがかかっていますから、正しいやり方でやらなくてはならないのです」。

「このシステムを作ってみて、どうでした？」「いろいろと効果がありますよ。従業員の意識が高まったこと。マネージャーの意思決定の判断基準のひとつがはっきりしたこと。それから、ドイツで赤と緑の連合政権となった時に、我が社はどのように政府と関係を築いて良いのかわかりませんでした。でもこのシステムのおかげで、政府側から興味を

持ってくれ、話に呼んでくれたり、取り組みも前向きに評価してくれているし、よい関係を築く大きな要因になっています」。因みに、BPのマネージャーのボーナス査定には、収益、生産量、安全性などだけではなく、二酸化炭素排出(削減)量も基準に入っているそうです。「もちろん、これは非常に有効です、おわかりでしょう？」。

会議では、似た取り組みとして、英国の企業30〜40社からなる「排出権取引グループ」の話もありました。英国政府の支援を得て、企業間での排出権取引を2001年4月から開始する予定だそうです。また米国でもフロン(CFCs)撤廃の際に用いたポリシー・ミックスに排出権取引も入っており、有効に機能した、という紹介もありました。

日本の企業とお話ししていると、「排出権取引」については皆さんご存じですが、まだまだ遠いこと、国際的に仕組みができれば考えましょうか、という姿勢が多いようです。実際に仕組みができて始めようか、というときには、BPにコンサルティングしてもらうのかなぁ？ そういえば、BPの方が「シェルも同じようなことを考えているか、やっているはずですよ。我が社だけ先行させるわけにいきませんからね」とおっしゃっていました。

シェルは2050年までに化石燃料とそれ以外の収益を50:50にするビジョンを持っています。昨日BPの方は「自分たちの収益構造も、かつては化石燃料とそれ以外が70:30でした。これを変えたいと戦略的にAmocoと合併したのです。今では 60:40です。もう一つの合併は現在米国で揉めていますが、これが成立すれば 50:50になります」と。自動車業界もそうだと思いますが、ここにも競争原理が環境によい方向に働いている例を見ることができます。

世界の氷が消えていく——体験談
No. 133

[No.127]でワールドウォッチ研究所からの最新レポートとして、氷が消えつつある、と書きましたが、身近な体験として情報をお寄せいただきました。

> 先週末、北海道網走の流氷を見に行ってきました。母が「地球温暖化で流氷が日本で見られなくなる前にこの目で見たい！」と強くいうので、私はまさかねえ、と思いつつ参加したのですが、母の言うことは間違っていないことをこの目で見て驚いてきました。私が行った時は比較的暖かい日が続いており(それでも気温は-10℃程度なのですが)、すでに沿岸に流氷は残っていなかったので、小1時間くらいかけて船で沖合いに残っている流氷野まで行かないことには流氷が見られませんでした。ガイドさんや長くこの地に住む方々の話を伺うと、みなさん口をそろえて、最近は流氷の期間が短くなったし、量が減ったとおっしゃっていました。またあわせて積雪量も昔に比べれば減っているとのことで、**温暖化現象が目に見えるくらい進んでいるのだなあと感じさせられました**。
>
> 環境問題について様々な研究が進んでいますが、専門外の人間だと読んでも分からないことが多く、重要なメッセージが伝わらないことが多いように感じていましたが、このように誰の目にも明らかな現象なら、どんな数字よりもインパクトがあり確実に伝わるのではないかなあと感じました。そんなことを考えながら帰宅して、いつもなら家に着くなり無意識のうちにエアコンとホットカーペットのスイッチに手を伸ばす

自分が、つけようとすら思わなかったことに気づきました。なんのことはありません、北海道での寒さに身体が慣れてしまい、東京の寒さを寒さと感じなかったのでした。普段寒い寒いとばかりにがんがん暖房をかけていたのにつけなくても十分生活できるわけで、気が付かないうちにエネルギーを無駄遣いし、温暖化に手を貸していたことを反省したのでした。

「データ」は単なる数字の羅列である。ある枠組みで捉えて、意味を持たせると「情報」になる。それが本人にとって何を意味しているのかがわかって始めて「知識」になる。というようなことをよく言いますよね。環境教育や環境情報を考えるとき、「情報」から「知識」へどうやってジャンプすればよいのか、そして、「理解」を「行動」に結びつけるにはどうしたらよいのか、私もいつも言っています。

気候変動に関する政府間パネル(IPCC)の第二次評価報告書
No.199

昨日からワシントンにきています。NHKのBS1番組『地球白書』の第5回の「新エネルギー」のインタビュー収録のためです。今日の午前中は、IPCC(気候変動に関する政府間パネル)の議長に取材をしに行きます。IPCCという言葉はよく聞きますが、その実際とIPCCが出したレポートの内容については、実はあまりちゃんと勉強したことがなかったので、よい機会だと思い、少しまとめてみます。

IPCCは、気候変動に関する最新の科学的知見をとりまとめて評価し、各国政府にアドバイスを提供するための政府間機構で、WMO(世界気象機関)とUNEP(国連環境計画)が1988年に設立したものです。IPCCは1990年に「来世紀末までに、地球の平均気温は3℃程度、海面は約65cm上昇する」とする『第一次評価報告書』を発表し、世界に衝撃を与えました。1995年には、シナリオを用いて影響を予測し、中位の排出シナリオでは「2100年には平均気温は2℃、海面は50cm上昇する」と予測した『第二次評価報告書』を出しています。この報告書は、リオサミットで採択された気候変動枠組条約の礎になるとともに、この条約の方向性を決定する基礎資料として、また気候変動に関する知見を集大成・評価するものとして、政策立案の基本文献として使われています。

現在は、2001年完成をめざして『第三次評価報告書』の作成中です。最新の知見と現状を踏まえて、今度はどのような報告になるのでしょうか？ この方向性や見通しについても取材できれば、と思っています。成果のほどは、どうぞ番組をお楽しみに！

さて、1995年に出された「IPCC地球温暖化第二次報告書」の内容を簡単にご紹介します(報告書の日本語版は中央法規から出版されています)。この第二次報告書の中で、特に注目すべき点は、以下の点だとされています。
(1)人間活動の影響による地球温暖化が既に起こりつつあることが確認されたこと
(2)大気中の温室効果ガスを安定化し、地球温暖化の進行を止めるためには、温室効果ガスの排出量を将来的に1990年の排出量を下回るまで削減する必要があること
(3)省エネルギーなどの経済的な利得を得ながら、かなりの温室効果ガス排出削減が可能となる技術があること

数年前には化石燃料業界の会議で「地球温暖化そのものは本当に生じているのか？」という議論が聞かれたこともありますし、米国でも石油産業界を中心に巨費を投じてdisinformation campaign(情報撹乱キャンペーン)を行ってきましたが、この報告書が「人間活動による地球温暖化は事実」と「お墨付き」？を与えたことは、その後の議論を建設的な方向に向ける意義があったのだと思います。

　報告書には「気候への人間活動の影響」として、このように明記されています。「気候への人間活動の影響はすでに現れており、その主因は化石燃料の使用と農業による温室効果ガスの増加である。二酸化炭素は、産業革命以前は280ppmvだったのが、1992年には360ppmvに増加し、メタンは700ppbvから1720ppvbに、亜酸化窒素は275ppvbから310ppvbに増加。19世紀末以降、地球の平均気温は0.3～0.6℃上昇し、海面も10～25cm上昇。これらの変化とエアロゾルの影響を考慮した全球的な温度分布は、人為的活動による地球気候への影響がすでに現れていることを示唆している」。そして報告書では、大気中の二酸化炭素濃度がおおむね2倍になったときの影響を、以下の項目で、推定しています。(1)植生　(2)水資源　(3)食糧生産　(4)洪水・高潮　(5)健康影響。詳細は省きますが、ご想像の通り、多くの「悪影響」が予測されています。

「温室効果ガス濃度の安定化のための排出シナリオの分析」では、「大気中の長い残留期間のため、二酸化炭素の排出を現状(炭素換算で約70億トン／年)のまま維持しても、大気中濃度は少なくとも2世紀の間上昇しつづけ、21世紀末までには約500ppmvに達する。550ppmvで安定化させるシナリオでは、21世紀における総排出量は現状より大幅に増加できず、21世紀末以降は大幅に削減することが必要となる。750ppmvや1000ppmv安定化シナリオにおいても、世界の1人あたりの年間排出量は現状(炭素換算で1.1億トン)の1.5倍以下でなければならず、GNP当たりでは半分以下でなければならない」。

「技術的、政策的な対策オプション」としては、

・ほとんど対策コストなしに、消費部門でのエネルギー効率を10～30％向上させることが可能

・現在ある技術を用いることで50～60％のエネルギー効率の向上が技術的に可能

・エネルギー供給部門では、通常の設備更新のタイミングにあわせて、大幅な温室効果ガス排出低減を実現することが技術的に可能。有望な手段としては「天然ガス等低炭素化石燃料への燃料転換」「太陽電池、バイオマス等の再生可能エネルギー源への転換」など。

・需要側および供給側での対策を適切に組み合わせると、世界の排出量を1990年の60億トンから、2050年に約40億トン、2100年に約20億トンまで削減することが技術的に可能であり、大気中濃度を500ppmv以下に保つことも可能。

　レスターはよく「私たちは何をすべきかはわかっている。そのための技術もすでにある」と語りますが、新技術の開発を待たなくても、現在すでに解決するための技術はあるのですね。その技術をどのように効果的に実用化し、利用していけるのかは、「融資や技術移転、その他種々の非技術的な障害を克服するための措置に依存」している、と報告書には書いてあります。

　第3章にあたる「影響と対策の総合評価」の内容は、

・今後20～30年間に、正味の対策コスト負担なしに、場合によっては経済的に利得を生

む形で、エネルギー効率の10〜30％の向上は可能。
・総排出量ベースで、OECD諸国が今後数十年間1990年レベルで安定化させる費用は、GDPの-0.5〜＋2.0％と推定。
・エネルギーシステムに要する総コストを増加させず、場合によってはむしろ減少させつつ、長時間をかけて徐々に温室効果ガスの排出量を50％以上削減できる可能性を示す試算例。
・途上国については、資金や技術面の援助を通じてエネルギー効率の向上や森林破壊の防止が可能だが、総体として経済成長等により排出増を打ち消すことは困難と予測。
・エネルギーの効率的利用を妨げる補助金や、市場制度の改善の必要性を指摘。

　以上ごくかいつまんだ私的まとめですが、どのようにお感じになったでしょうか？
　IPCCのシミュレーションは、最新の科学的知見に基づいたものですが、もうひとつ、こちらは小説ですが「衝撃のシミュレーション」をご紹介します。前にもご紹介した石川英輔さんの『2050年は江戸時代』(講談社文庫)です。石川さんは循環型社会だった江戸時代のご研究をなさっている方です。通常は小説を読むときにアンダーラインなど入れないのですが、この本ばかりは、アンダーラインだらけになってしまいました。

鳥取の湖山池

No.137
　日本でいちばん大きな池をご存知でしょうか？
　鳥取空港のすぐそばに広がる、湖山池です。周囲16kmの「湖」のような池です。おととい、このメールニュースがご縁となって、鳥取で講演する機会をいただきました。紹介者も主催者も、メールでのおつきあいだけの人間をお呼びになるとは勇気ある方々です(^^;)。
　昨日の朝は、鳥取で大きな問題になっている浄水場施設や湖山池を案内していただきました。案内して下さった方は、湖山池の漁業組合のメンバーで、池の環境保全のために活動していらっしゃいます。湖山池は、シラウオやワカサギ、エビ、コイ、フナなどが水揚げされていますが、専業漁師さんの収入は昔の10分の1になってしまった、最近はワカサギやフナさえも獲れなくなってきた、というお話でした。
　湖山池は、かつては日本海の湾入部でしたが、千代川による砂の堆積作用や湖山砂丘の発達によってせき止められた潟湖です。池の付近の農家が池の水を使ってタバコ栽培をしていますが、汽水池である湖山池の水の塩分が栽培には邪魔である、として、海と池の間に水門を作りました。このため、塩分濃度が下がっただけでなく、魚の遡上も妨げられてしまいました。また、付近の住宅や温泉街からの排水も二次処理しかされない状態で、水質環境基準の10倍も汚れた水が直接池に流れ込んでいます。このような排水からの富栄養化が水質悪化をもたらしています。
　案内してくださった漁業組合の方のお話。「大学の先生や行政は、水質を測定して、淡水にしておくのは問題ないといっているが、我々は毎日漁をしている中で、明らかに魚が変わってきていることを感じている。ウナギも海から上ってきた青い色をしたウナ

ギは獲れなくなった。放流して、池にずっと住んでいる黄色っぽいウナギしか獲れない。フナにしても、以前はしなかった臭いがしたり、形がヘンなエビが増えてきている。カラス貝などの貝類は絶滅寸前だ。それをデータが大丈夫だと言っているからといわれても」。「漁師は環境とのインターフェイスだといわれた元島根大学の先生がいる。ただ、漁師はいろいろ感じていても、それを言葉にして訴えることは苦手な人も多い。自分は漁業組合で、漁師たちの思いをできるだけ汲み取って、文章にまとめたり、行政と交渉したりしているが、結論を急ぐ漁師さんたちから中途半端だと責められることもある。両者が理解しあって、妥協できるところを探していくような活動をしようとしている」。

　日本語になりにくいことばで、スチュワードシップ(stewardship)という英語があります。キリスト教の背景から出ている言葉かな、と思いますが、「見守り、保護する役割」という感じでしょうか。毎日、海や池に入って、その中で魚や水の状態をそれこそ自分の目で見ていらっしゃる漁師さんたちは、海や池のstewardなのだと思います。科学的データは、このような方々の「実感」を否定するためにあるのではなく、その「実感」された問題の原因や解決策を模索するためにあるべきなのだと思います。

　湖山池には、『湖山長者』という伝説があります。

　　　むかし。因幡一円の富と幸せを一身に集めた長者に、湖山長者がいました。長者の所有する田んぼは、千ヘクタールにも及ぶといいますから、おどろきです。
　　　この年も、近くの老若男女をかき集めて田植えをしました。大動員です。ひるすぎ、親ザルが子ザルを逆さまに背負って、あぜ道でたわむれ始めました。田植えの手を休め、ひとびとは大笑い。このハプニングのため、作業は遅れてしまい、気がつくと、太陽が西に沈もうとしているではありませんか。
　　　例年、長者の田植えは一日で終えるきまりがありました。
　　　長者は金の扇を取り出すと、高殿にあがり、太陽を三度招きました。
　　　「太陽よ、もどれ！」
　　　すると、いまにも沈み切ろうとしていた太陽が、あともどりし始めたのです。ひるのように明るくなりました。田植えは、無事に終わりました。
　　　あくる日。
　　　自慢の田んぼを見ようと高殿にあがった長者は、びっくりしました。きのう植えたはずの早苗は消え失せ、青々とした水がさざ波を打っていたのです。いまの、湖山池です。

　「現代の湖山長者伝説」が現実のものにならないように、湖山池の活動を応援したいと思っています。我も応援するぞよ、という方、同じような活動に関わっていらっしゃる方、ご連絡下さいな。全国で見守っているよ、というメッセージを、鳥取の行政関係者や住民の方々にもお伝えしたいと思います。

湖山池の問題ふたたび
No. 150
[No.137]で鳥取の湖山池についてご紹介しましたら、さっそく湖山池のワカサギ君から

メールをもらいました(最近のワカサギは進んでいますね～)。

「エダヒロさん、こんにちは。湖山池のワカサギです。エダヒロさんは、ワカサギがどうやって産卵するか、知っていました？ 川を遡上して、砂をくぐって産卵するんです。正確には、メスが砂にもぐって卵を出し、後からオスがもぐって精子をかけるのです。知らなかったでしょう？ 先日、我らの湖山池が何だか騒がしいな、と思っていたら、NHKと地元ケーブルTV局が、漁協と鳥取大学、県水産試験場の協力を得て、ボクらの産卵シーンをビデオに撮っていたのですよ。シマッタ！ 日本初か、おそらく世界初かもしれないほどの貴重な撮影だ、と彼らは喜んでいました。でもこの映像を見てもらえば、ボクらが生きていくには、湖山池上流の川の砂場が必要だということをわかってもらえるでしょうか？ そして脅かされつつある産卵場所の環境整備に力を入れてくれるでしょうか？ そうなら「サギだ！」なんていわずに、いサギよく、ワカサギも協力します！」だ、そうです(^^;)。

　ワカサギ君に促される思いで、湖山池問題の資料を読み返し、整理してみました。
(1)鳥取市で日本海に注いでいる千代川の河口は、川の水と海水が入り交じる「汽水域」です。
(2)千代川の近くにある湖山池には、主に農業排水路を含め5河川が流入し、流出河川は湖山川のみです。湖山川はもともと千代川の汽水域に流れていました。
(3)湖山池には、潮の干潮の具合で海水が湖山川を逆流して入ってきます。したがって、湖山池も汽水域です。塩分濃度は季節や干潮で刻々と変化し、水門の開閉で調整しています。
(4)湖山池の水は、漁業と農業の両方が使っています。漁業と農業に必要な塩分濃度は異なります。一定の塩分がないとワカサギなどが住めないし、逆に農業では塩分は少なければ少ないほどよい、ということです。
(5)かつては、「秋の彼岸から春に彼岸までは水門開放、春の彼岸から秋の彼岸までは調整」との不文律がありました。春から秋の農耕期は農業用水に使えるように、それ以外は漁業に使える塩分濃度に調整していたのです。それでお互い納得して、上手に共生していました。昔は「半農半漁」、農業を営みながら村の前の湖山池で漁業を営むのが普通だったからです。農業はお金になるのに時間がかかります。魚は即現金収入となります。ですから、池に面しているほとんどの村で、住民のほとんどが農業と漁業を営んでいたのです。そのような時代には、農業と漁業を共存させることが自分たちの生活を守る条件であると認識されていました。したがって、湖山池の水利権がどうのこうのという争いは、いっさい起こりませんでした。
(6)しかし、戦後の高度成長期に砂丘地に開拓地ができ、畑作が盛んに行われるようになりました。また、池の一部を埋め立てて田んぼが造られました。この二つの土地改良区は、農業用水を確保するには湖山池から水を取るしか方法がありません。特に湖東大浜土地改良区は、砂丘地を利用した葉タバコの栽培が盛んなりましたが、塩害に弱いため品質が悪いことが問題となりました。
(7)その一方で、千代川は河口部で蛇行していて水はけが悪く、たびたび鳥取市内が浸水の被害をうけたため、河口改修工事が行われました。湖山川は鳥取港につなげられ、直

接海に流れるようになりました。
(8)これまでは千代川の汽水域につながっていたのでよかったのですが、直接海につながってしまったので、湖山池に流れ込む海水の塩分濃度が高まりました。
(9)半農半漁も大きく変化してきました。より多くの収入を目指して会社勤めの人が増えてきました。半農半勤め人が増え、半農半漁が減ってきました。そして昔からの不文律もないがしろにされるようになってきました。
(10)河口改修工事をきっかけに生じた塩分濃度の上昇をめぐって、農業者と漁業者の争いが始まりました。
(11)ここで、塩害が起こったなら農業用の代替用水を考えるのが行政の責任ではないかと思いますが、行政側の態度は「農業者と漁業者が話し合うべきだ」というものでした。
(12)このままでは漁業ができないと、専業漁師たちは、裁判に提訴しましたが、判決は「皆で決めたものだから妥当」とのことで敗訴しました。
(13)それから10年たちました。水門閉鎖による汚染の進行、漁獲量の激減に半農半漁の人々も慌て始めました。現在の日本では半端な農業ではお金になりません。魚が獲れなくなって現金収入も激減しました。
(14)半農半漁の側の本音と建前が一致してきたのです。そしてかつては「専業漁業」と「半農半漁」で意見が分かれていた漁協がようやく一体となって、水門開放と塩分濃度の見直しを主張するようになりました。
(15)最近、11年ぶりに「農業側と漁業側との塩分調整会議」が開かれました。漁業関係者は「最低でも1000ppmの塩分がないとシジミやワカサギなどの汽水性の魚介類が生きられない」と主張し、農業関係者は「今までどおり、11年前の同意にある夏期150ppm、冬330ppmだ。できれば0ppmを」と主張し、議論は平行線のままでした。
(16)行政側は「代替の農業用水を引くには費用がかかる」として、「農業と漁業で塩分濃度に合意をすれば、その濃度に調整します」という姿勢で、問題解決に向けて積極的なリーダーシップを取っておらず、「三竦み」の状況です。
(17)塩分濃度の問題に加えて、周辺の住宅や上流にある温泉街からの排水により、湖山池の水質悪化が進んでおり、池の生態系にとってさらなる脅威になりつつあります。

　以上が私なりのまとめです。以前から「環境調停者」という役割を確立する必要があるんじゃないかな、と思っていましたが、湖山池問題に触れて、その思いを強くしました。上記の言い分を聞いてもわかるとおり、農家も漁師も生活がかかっていますから、手遅れにならないうちに妥協点を自分たちだけで見出すのはかなり難しい作業になるのだろうと思います。
　ここで「環境調停者」(問題解決プロセスのコーディネーター)は、
・両者の言い分を聞き、
・実態を客観的に調べ(たとえば湖山池の水を農業用水に使っている農家はどれくらいあるのか、必要な用水量はどのくらいなのか、など)、
・問題の発端である河口改修工事で環境影響アセスメントが適切に行われていなかったことの責任や問題解決に果たす行政の役割を問い、

・「農家と漁師だけではない、市民の湖山池」のすべての利害関係者の関与を得て、問題解決の道筋を当事者たちが探っていく手助けをするファシリテーター役を果たします。

ファシリテーターは最初から自分の解決策が胸にあっては、役目を果たすことができませんから、適切な第三者がこの役に当たってくれるのが最適です。以上は私の個人的な考えです。

ところで、鳥取大学が5月20日に「湖山池の環境と内水面漁業」をテーマに公開セミナーを開くそうです。これは「第一回とっとり地域研究会シンポジウム」として、主に農学部のこれまでの湖山池研究の成果を、県や市のサポートを得て、市民参加型で発表するものです。地域住民を対象に、湖山池の水環境と漁業の現状を見直そう、考えてみよう、というこの公開セミナーが、「客観的事実の共通認識」に向かっての大きな一歩になることを大いに期待しています。また、このメールニュースが橋渡しとなって、鳥取の子どもたちを対象に「湖山池学セミナー」を開こうじゃないか、という話が進んでいると聞きました。とても嬉しいことです。

将来の湖山池の代弁者である子どもたちが関わってくれること、自分たちの問題として考えてくれることは、どんなに大切なことでしょう。「大人たちの利害争いや固定観念、過去の恨みやつらみ」にとらわれない子どもたちが、中立の当事者として、「環境調停者」の役割を果たしてくれるのではないか、とワカサギともども大きな期待を抱いています！

心配な湖山池
No. 263

何度か鳥取県の湖山池について書きました。湖山池は元気かなぁ、と思っていましたら、漁業組合の方からメールが届きました。

　　湖山池ですが、あいかわらず海水が入ってきません。今年は手長エビ漁が全くの不漁で、漁師たちの収入がほとんどありません。そのうえ、9月1日から始まるシラウオ、ワカサギ漁も、8月行われた試験操業では全くとれず、とりあえず15日まで延期が決まりました。8日に再び試験操業がありますが、今年の漁は絶望的だと思います。
　　今年の湖山池は実に変で、例年になく水が透明で、アオコは全く発生していません。セイゴやワカサギなどは痩せていて、食べ物となる動物性プランクトンがいないんじゃあないかと考えています。食物連鎖が狂ってきているような気がします。また、後日詳しくご報告します。

ということです。

どうしちゃったのだろう？　一度連れていっていただいた湖山池を思い出して、不安が広がります。まえは生活排水などによる富栄養化を心配していましたが、このメールの様子では、湖水中の栄養分が不足する事態が起きているのでしょうか？　詳しい様子や原因はわかりませんが、どうしちゃったのでしょう。昔から湖山池と暮らして、湖山池で生計を立てていらっしゃる漁師さんたちにとっては、本当にいたたまれない日々ではな

いかと思います。また様子をお知らせいただいたら、お伝えしたいと思います。

プラスチックの話2つ
No. 99
「ブータンがプラスチックを禁止した」という話を書きましたが、プラスチックに関連して、お二人の方からの情報とコメントをご紹介します。

　　テレビ番組制作のために、昨年11月～12月とインドに行きまして、興味深い話を現地の人から聞きましたので、送らせて頂きます。もっとも、これは「現地の人とのお喋り」で聞いただけで、裏をとった情報ではありませんが。
　　インドではプラスチックバック（スーパーなどでもらう"ビニール袋"）の使用が全面禁止になったそうです。この理由が実にインドであります。インドでは、聖なる牛がうろうろしてまして、野良犬ならぬ野良牛が街を闊歩しているわけです。この牛たちがここ数年ばたばた死んでしまう、という事態となりました。調べたところ、どの牛の胃腸からも消化しきれなかったビニール袋が出てきたそうです。牛たちは街中にゴミとして捨てられたビニール袋を食べてしまうんですね。政府はこのゆゆしき問題を打開すべく、各商店にビニール袋の使用を禁止した、と現地の人々は話してくれました。

もうお一方は、プラスチック関連の会社の方です。

　　ブータンの話。夢のような話でいいですね。でも日本では夢なんでしょうね。まだその文明に浴していない人々がプラスチックを遠ざけるのは可能でしょう。でも、功罪半ばするとは思っていますが、日本の成長に我々プラスチック業界の果たしてきた役割は意外に大きく、想像以上に深く生活に浸透していることも認識して欲しいんです。時代は移り変わるものであり、ヒーローもやがて年老いてしまうことも我々は学ばなければなりません。価値観も同じだと思っています。
　　今日の新聞に我々の業界大手が、植物と混ぜて土に分解されて同化する生分解型プラスチックを開発したというニュースが載っていました。地球環境に貢献するという趣旨で……。
　　僕は間違っていると思います。散らばったら汚く見えるポリ袋を、土と同じふうにして見えなくしてしまう技術を環境への貢献だと思っている同業大手に失望してしまいました。同業として頑張らなくては…。

熱く応援しています！

ペットボトルはペットにあらずの巻
No. 122
　私たち通訳は、ほぼ毎日ペットボトルのお世話になっています。言葉に詰まることはあっても(^^;)、喉に何かが詰まって咳き込んだりするのは困るので、水は「通訳の七つ道具」のひとつなのです。（クイズ：あとの６つは何でしょう？）。
　私が駆け出しの頃（5～6年前）は、お水は担当者がコップに入れて用意をしてくれてい

した。最近は通訳ブースにミニボトルとプラスチックカップが置いてあります。用意も片付けもラクだからでしょう(残ったお水を「もったいない」と持って帰ろうとする私の仕事用鞄は、行きより重くなっている…^^;)。

　ペットボトルは最近、リサイクルがらみで注目されています。ペットボトルから作った衣服やその他の再生製品がゾクゾクと登場しています。リサイクル法もあって、回収率も上がっているようです。私が駆け出しだった頃、1993年のペットボトルの回収率は、0.4％に過ぎませんでした。99年の回収率は18％だそうです。スゴイ！ 45倍も向上している！ではこの間、生産されたけど回収されていないペットボトルの量は、どのくらいだと思いますか？ 回収率が45倍になったのだから・・・？ 93年の未回収ペットボトル量は、123,270トンでした。99年の未回収ペットボトル量は、267,850トンです。2倍以上増えているのですね。「大量生産・大量消費・大量リサイクル」は解決策ではない、という証拠のひとつではないでしょうか？

　「ファッション業界は、次から次へと流行を作りだし、製品を陳腐化することでビジネスをしているので、多くの無駄の上になりたっている。その罪悪感(またはイメージ回復)のために、『ペットボトルで衣類を』と取り組んでいるのだ」という苦言を聞いたことがあります。実際に、ペットボトルの回収、分別、処理をして衣類を作るには、果たしてどのくらいのエネルギーを使っているのだろうか？ と思います。ＬＣＡ的分析をせずに、「ペットボトルで作った衣類は環境に優しい」とはいえないと思うのです。

　ペットボトルリサイクル推進協議会という組織があります。ＰＥＴボトルが再資源化法に基づく第二種指定製品に指定されたことにより、1993年にＰＥＴボトルを製造するメーカーなどからなるＰＥＴボトル協議会と、ＰＥＴボトルを飲み物などに使用する飲料メーカーなどからなる業界団体が一緒に、通産省、農林水産省、厚生省および大蔵省(国税庁)の支援を受けて、設立された組織です。リサイクル率などの統計もまとめています。

　「ペットボトル」はなぜ、ＰＥＴボトルなのでしょうか？ ＰＥＴボトルの原料は、ポリエチレンテレフタレートという樹脂ですが、英語でPOLYETHYLENE TEREPHTHALATEと書くため、その頭文字をとってＰＥＴなのです。ポリエチレンテレフタレートは、石油から作られるテレフタル酸とエチレングリコールを原料にして、高温・高真空下で化学反応させてつくられる樹脂のひとつです。この樹脂を溶かして糸にしたものが繊維、フィルムにしたものがビデオテープ、ふくらませたものがＰＥＴボトルというわけなのです。

　私たちがペットボトルと呼んでいるものは、ＰＥＴボトルと塩ビボトルがあるのですね(知らなかった～)。材質表示マーク以外の見分け方、ご存知ですか？ 底を見る！ んですね。そこに書いてあります(^^;)。ほとんどのＰＥＴボトルには底の中心におへそのような膨らみがあり、通常の塩ビボトルには横一線の筋があるそうです。

　生産されるＰＥＴボトルのうち、約77％が清涼飲料用だそうです。またリサイクルですが、1リットルのＰＥＴボトルを再生するには30円のコストがかかるといわれています。そのほとんどが回収・運搬の費用、つまり、ＰＥＴを回収する自治体の負担です。つまり、メーカーはＰＥＴボトル入りの商品を増やしても、ほとんど負担は増えないの

ＰＥＴボトルリサイクル推進協議会　http://www.petbottle-rec.gr.jp/index2.html

で、「売れる商品＝便利な小型ＰＥＴ入り飲料」をどんどん生産している、という話です。

ドイツでは、ＰＥＴボトルはリサイクルではなく、リターナブル用で、何回もリユース(再利用)されるそうです。日本でも、大量のエネルギーと二酸化炭素を道連れに、ＰＥＴボトルで衣類を作るぐらいなら、最初から使わない(リデュース)、使うとしても再利用を考えて設計する(リユース)ことが先ではないでしょうか。

それにしても、この「ペットボトル」という名前が、またナンですよね。何となく可愛くて。あなたのおそばにいます～って感じで。頭文字を採ったにしても、「サリンボトル」とか「ダイオキボトル」だったら、ここまで市民権を得たかどうか？

ペットボトルのリサイクル工場で知ったこと
No. 279

[No.122]でペットボトルの回収率と量について書きました。では「回収されたペットボトルはどうなっているのか？」と思っていましたが、その思いが通じて(?)、夏休みにペットボトルリサイクル工場の見学に２度お邪魔することができました。

驚くこと、初めて知ったことがいっぱいありました。いちばんびっくりしたこと。工場では、私たちが家庭から出したペットボトルのキャップやラベルをひとつずつ、従業員の方々が手作業ではずしているのです。「洗って出しましょう」「キャップは外しましょう」とはこの辺でも広報していますが、ラベルやキャップを外した後に本体にくっついているリングまで、外さないといけないのですね。知りませんでした。そして、これまでの私の出し方では工場の方々の手間を増やしていたことを初めて知り、大いに反省しました。

このペットボトルのリサイクル工場では、集められたペットボトルを前処理(ゴミやラベルなどを取る。紙パックや缶が混ざっていることも)したあと、クラッシャーで８×８ミリのフレークに破砕し、洗浄・乾燥・袋詰めして、出荷しています。このフレークをそのまま溶融・成形してハンガーやゴミ箱を作ったり、フレークからペレットを作って繊維にし、Ｔシャツや作業服、絨毯などに利用している工場へ持っていくのです。

さて、この工場の製品である「フレーク」は、色(できるだけ透明が好ましい)と大きさ(８×８ミリが好まれるらしい)の質をできるだけ高く保つ必要があります。少しでも透明度が低くなると、引き取り価格がぐっと落ちてしまうそうです。その透明度に影響を与えるのが、「ボトルをちゃんと洗って出すか」と、ボトル自体の色です。

私もそれまで余り意識をしていなかったのですが、透明なボトルのほかに、２種類ほど色つきボトルがあります。これらが混ざっていると透明度が落ちてしまうので、工場では大変な手間をかけて、選別し、別コンベアに流して処理しています。ひとつは、水色のもの。主に特に外国からの輸入物のミネラル・ウォーターのボトルにこの色がついていることが多いです。もうひとつは、日本茶に使われる緑のボトルです。緑茶の発酵度は、紅茶(90%)やウーロン茶(40%)に比べてゼロなので変質しやすいため、品質保持のため色付きのボトルに入れるようです。

ペットボトルのリサイクルが盛んになるにつれ、リサイクル工場から「緑色のボトルは大変なのでやめてほしい」という声が出ています。透明のボトルを緑色のラベルで覆って、

ラベルを取れば透明ボトルとしてリサイクルできるようにしているメーカーもあります。しかし工場にたくさん集まっていた「お〜い、お茶」などのボトルはラベル対応ではなく、ボトル本体が緑色でした。

　緑色ボトルは、それだけ別に集めてフレークにしているそうですが、再生品にしにくい(色がついているため)と引き取り手もあまりなく、工場でも困っていました。「どうしても緑色ボトルじゃなきゃ」というのなら、伊藤園が引き取るべきではないでしょうか？

　伊藤園の「お〜い、お茶」のラベルにはこう書いてあります。「香料無添加、無調味。自然のままのおいしさです」「ＰＥＴ緑茶を初めて開発したのは伊藤園です」「ボトルを捨てる際は、キャップをはずしてください」。キャップを外してもリサイクルできないボトルだっていうことを、伊藤園の人は知っているのかな？ リサイクル工場に行ったことがあるのかな？「自然のままのおいしさを、自然に優しくないボトルで届けている」ってことにならないのかな？

　ここまで書いて、伊藤園のお客様相談室に電話をかけて、聞いてみました。いただいたお返事をまとめると、「透明ボトルより緑色ボトルの方が品質上はよいことが実験結果からわかっている。ラベルを巻く形態は、まだ試していない」。リサイクル現場で緑色ボトルの処理に困っているが、それに対しては？ という質問には、「緑色ボトルからのフレークで作った空き缶入れが商品として出ているので、自社としては自販機の横に置く空き缶入れなどに積極的に購入して、リサイクルの流れを促している」というお話でした。伊藤園の今後の動きや、消費者の反応を今後も見守っていきたいと思います。

　＜ボトルの色＞以前に、"リサイクルしてはいけない"ボトルがあります。塩ビボトルです。これがまざっちゃうと、全部のフレークが真っ黒になってしまうそうです。しかし飲料ボトルにまだ塩ビを使っているところがあるの？ と思って聞きましたら、「さすがに全国的メーカーではないですが、地方の小さなメーカーが地元の名水を詰めているボトルなどにはまだ残っています」とのこと。機会があれば、気をつけてチェックしてみて下さい。「塩ビボトルの見分け方」は、ボトルの底の中心におへそのような膨らみがあるのはＰＥＴボトル、横一線の筋があるのが塩ビボトルです。

　＜塩ビ＞＜色つき＞以外にも、ペットボトルのリサイクルしやすさを決める要因があります。まず＜ラベルのとりやすさ＞。ラベルの大きさ(小さい方が取りやすい)と、ラベルにミシン目が入っているかどうかが鍵です。あるコーラのボトルは、ラベルがノリづけされているので、はがしにくい上、ボトルにノリが残ってしまいフレークの品質を下げてしまうので、アウト！です。ほかのコーラボトルはそうなってないのに、どうしてかなぁ？ それから、輸入物ミネラル・ウォーターに多いのですが、紙のラベルを糊付けしているもの。とてもはがせません。

　そして＜リングのとりやすさ＞。キャップは誰でも取れるけど(でないと飲めない^^;)、そのキャップと本体側でくっついていたリングは、メーカーやボトルの種類によって、カンタンに取れるモノと、死んでも離れない！(^^;)という根性モノがあります。以前、缶がいっせいにプルトップに切り替わったことがありましたね？ 世論か行政か、詳しく知りませんが、声が大きくなってメーカーがすぐに対応したのではないかな、とうっすら覚えています。リングだって、取りやすく作ってあるボトルがあるのだから、他のメー

カーも倣ってほしいと思います。そんなところで差別化しても仕方ないでしょう(^^;)。
　ここにあげたチェック項目(塩ビ、色つき、ラベル、リング)で、自宅にため込んでいた約30種類のペットボトルをチェックしてみました。その中での"最優秀賞"は、アサヒの「十六茶」でした。透明ボトルで、ラベルはミシン目が入って取りやすく、リングもカンタンに取れます。これからは、十六茶を買おうっと！　そして、"最悪賞"は、通訳ブースでもよくお目にかかる海外からの輸入ミネラル・ウォーターでした。水色の色つきボトルに紙ラベルをノリでベタベタ、リングは決して取れない。
　リサイクルを進めるのなら、ボトルの「標準化」も進めてほしいと思います。そうでないと、工場の人手に頼っていては、膨大な量のリサイクルは不可能です。市町村から集める仕組みだけ作って、実際のリサイクルは現場に負担を強いているのではうまく回りません。
　それからもうひとつ、面白かったこと。あちこちの自治体から送られてきた1トンぐらいのまとまりに縛られたペットボトルの立方体が屋外に山のように積まれていました。工場の人に教えてもらうとよくわかるのですが、収集する自治体によって「集められたペットボトルの品質」がまるで違うのです。ラベルもなくきちんと洗った美しい固まりから、中にジュースがこべりついたまま、ラベルやキャップもついたまま、針金でしばってあるので錆び付いている「最悪品」まで、いろいろあります。「ペットボトルによる自治体の格付けができますね！」といいましたが、そのうち発表してみたらどうかと思います。
　ペットボトルのリサイクル委託契約では、品質に等級を付けて入札している、といっていました。つまり、きちんと収集して出せば、自治体がリサイクル工場に払う委託処理費は安くすむのです。住民にきちんと「どうリサイクルに出すべきか(洗う、ラベルやキャップを取るなど)」を伝えて、きめ細かく回収すれば、自治体の経費節減につながるのです。
　ドイツでは、ペットボトルも30回ぐらいリユース(再利用)するので、分厚く作ってあるし、細かいキズなどで日本のように美しくはないと聞いたことがあります。日本のペットボトルのリサイクルのネックは、「ペットボトルにリサイクルできない」ことです。厚生省の基準なのか、一度ゴミとして出されたものを食品が直接触れる容器に使ってはならないという規則があって、ペットボトルをたとえ溶融しても(消毒にならないのかなぁ？)、ペットボトルにはできないのです。だからいくら、再生繊維の軍手や靴下や作業服を作っても、追いつきません。「リ・サイクル(サイクルが閉じる)」になっていませんから。
　最近ペットボトルで作った作業服が流行ですが、作業服の上下でもペットボトル10本くらいしか使えません。片や、現在日本人の消費するペットボトルは、国民ひとりあたり30〜50本ではないかと聞きました。赤ちゃんからお年寄りまで、全員1年に3〜5着のペットボトル作業服を購入して着用するなら、何とかリサイクルになりますが(^^;)、やはり、ペットボトルをペットボトルに再生できないかぎり、ペットボトルのリサイクルは地球を救うことにはならないと思います(だからといって、一部の方々がいうように、リサイクルしてはいけない、とか、全部燃しちゃえ、というのにはわたしは反対ですが)。最近ようやく、「ボトルからボトルへ」という可能性を探る動きが日本政府にも出てきたようです。早く〜！と思ってみています。
　それからもうひとつ。このリサイクル工場では、クラッシャーで8×8ミリより小さ

く破砕されてしまった「ペット樹脂の粉」が結構出て、歩留まりを悪化させています。この粉、フレークより細かいので、それなりの使い道があるのではないかと思うのですが、どなたか、ここで使えるよ！という情報や技術のアイディアなど、ぜひ教えてください。

環境ホルモン

No.33

　先日「環境ホルモンについて知りたい」という質問をいただきました。「環境ホルモン」の火付け役となったのは、1996年にアメリカで出された"Our Stolen Future"という一冊の本でした。シーア・コルボーン、ダイアン・ダマノスキ、ジョン・マイヤースという動物学者や環境ジャーナリストが3人共著で書いたこの本は、科学的知見に基づいた恐ろしい実例と警鐘に満ちています。「最初に気づいたのは、フロリダのワシや、イギリスのカワウソ、ミシガン湖の魚などの異常でした…」と科学ミステリー小説のように、原因を解明しようという試みと、一歩ずつ環境ホルモンが濃縮されながら食物連鎖を登っていく様子を記録した本です。

　昨年ダマノスキさんにお会いしたとき、この本が出されたときは、科学界からも総スカンを食い、多くの誹謗中傷の対象となったと聞きました。欧州委員会からは「よくできたスリラーもの」といわれたとか。30年以上まえに、レイチェル・カーソンが『沈黙の春』を出して合成殺虫剤の大きな危険に警鐘を鳴らした時にも大変な圧力と中傷の対象となったそうですが、その後は「環境問題の先駆者」として天地が逆転するほど扱いが変わっています。歴史の評価、でしょうか？ この本も当初は同じような「扱い」を受けたのでしょう。しかし、アル・ゴア副大統領が前書きを書いていることもあり、米国では大きな話題となりました。「90年代のレイチェル・カーソン」と目され、科学界も産業界もそして国民も動き始めたのです。同書は、日本では翔泳社から『奪われし未来』という書名で出ています。

　ところで昨年レスター・ブラウン氏が来日したとき、日本では「ダイオキシン」「環境ホルモン」"ブーム"で大騒ぎでした。お昼のワイドショーで『奪われし未来』の原著を映したいのだが、手に入らない、何とかしろ！というプロデューサーの厳命にアメリカから急遽英語版を「直輸入」する騒ぎもあった、と聞きました。レスターは、環境ホルモンの専門家でも研究者でもないのですが、来日時のマスコミのインタビューが「環境ホルモン」に集中するのに、目を白黒させていました。丁寧にそのような質問は辞退していましたが（この辺りの「専門領域」の区分けは頑固なほどしっかりしています。自分の専門外は、その分野の専門家に任せるという姿勢で、決して知ったかぶりをしないのが私の好きなところです）。「アメリカでもあの本は評判にはなったが、これほどの大騒ぎはなかったよ。学会とかでは多少あったようだが。どうして日本ではこんなに騒いでいるの？」とあとでいっていました。

　環境ホルモンも、モグラ叩きのモグラのひとつに過ぎない、と私は思っています。地球環境問題は、温暖化から酸性雨、種の減少、有害廃棄物の越境移動等々、数限りなくありますが、「根っこ」は同じだと思うのです。世界経済(＝人間の活動がもたらす影響)が、地球の生態系が支えられる枠を超えてしまった、ということです。そのひずみが、気温の上昇や強力なハリケーンの頻発、黄河の渇水、揚子江の洪水、環境ホルモン、ダイオキ

シンという形をとって、表出しているのだと思います。その根っこ(モグラ叩きの台そのもの)を正さなければ、いくら「対処療法」に走っても無駄です。『ファクター10』を書いたシュミット・ブレーク氏のいうところの「週替わりの環境問題」が、モグラ叩きのモグラのようにあちこちから顔を出し、人々を慌て走らせる、ということが永久に繰り返されるでしょう(その台が壊れるまで)。

このあたりの私の考え方はレスターとも共通しています(というか影響を受け続けています)。ご興味があれば、地球環境問題を大枠で捉え、特に経済・ビジネスとの関わりで分析しているレスター・ブラウン著『エコ経済革命』(たちばな出版)をご一読いただければ、と思います。

環境ホルモンの余談

No.34

前号で書き忘れたのですが、『環境ホルモン』ということばは、日本語です(当たり前か^^;)。つまり英語とは違う、日本特有の呼び方です。英語では、endocrine disruptor(エンドクリン・ディスラプター)といいます。「内分泌攪乱物質」です。それが何か、という定義はシンプルではなく(まだきっちり定まっているわけでもなく)、環境庁の定義では、『生体の恒常性、生殖、発生あるいは行動に関与する種々の生体内ホルモンの合成、貯蔵、分泌、体内輸送、結合、そしてそのホルモン作用そのもの、あるいはクリアランス、などの諸過程を阻害する性質を持つ外来性の物質』となっているようです。平たくいえば、「ホルモンじゃないのに、ホルモンみたいな作用をして、生物に異常をもたらす恐れのある物質」という感じでしょうか。当初は「ホルモン様物質」などと訳していたこともあるようですが、通訳者は音が頼りですので、「ホルモンヨウブッシツ」・・・「ホルモン用物質」？とまたまた混乱(^^;)。

生物に対する脅威の中でも、特に問題になっているのは、生殖や発育への影響です。ワニから貝、人間まで、性成熟の遅れや異常、人間では特に精子減少などが報告されています。爆発的な人口増加を人間が自らが抑制できないのなら、そのうち自然が「待った」をかけるだろう、その破壊的な『見えざる手』を待つのか、人間が自ら対処するのか、と、昔からレスター・ブラウン氏はいっていました。環境ホルモンは『見えざる手』の第一弾なのでしょうか？

ところで、海外から来る専門家は「環境ホルモン(environmental hormone)について聞きたい」と詰め寄られて、「それって何？」とキョトンとしてしまいます(通訳者がわかっている場合には、言い換えますが)。それでも「日本という国では環境ホルモンと呼ぶらしい」というウワサが広まったのか、慣れてきたのか、最近では、日本では「環境ホルモン」ということばをわざわざ使ってくれるスピーカーも増えてきました。「環境に存在する悪いホルモン」みたいなイメージなので、"環境ホルモン"という言葉はあまり正しくはないと思うのですが、ともかく定着したようです。余談の余談ですが、友人によると、

> 今ものすごいブームになっている「ざくろジュース」にしても「女性ホルモンに似た成分」をうたってヒットしたんだもんね。化粧品でも「女性ホルモン入り」っていうと、2万円の化粧水でもバカ売れするし、1万円のヘアトニックでもヒットするのよ。『脳内

環境ホルモン情報
http://www2d.biglobe.ne.jp/~chem_env/env/eh_home.html

革命』が売れたのも、「脳内ホルモン」がキーワードだったし。

という観察から、「どうも日本人は『ホルモン』という言葉に弱い。それゆえ環境ホルモンがこれだけ大騒ぎになっているのではないか」ということです(^^;)。

おかげで一般の人々まで環境ホルモンへの関心を高めたなら「ホルモン様々」ですが、大騒ぎするだけではなく、どうしてそういう問題が起こっているのか、全員が被害者だけど同時に加害者でもある、ということもわかってほしいなぁ。

千枚田と、川の話

No.246

夏休みの能登半島旅行中です。昨日は輪島近くの千枚田に寄りました。本当に千枚ぐらいありそうな棚田の重なる向こうに、真っ青な海が広がる、人工美と自然美のハーモニーを一望できるとても素敵な場所でした。案内板を読むと、実際には2092枚もの棚田があり、それを13戸の農家が手入れしているそうです。1枚の棚田の平均面積は、約5.6平方メートル。寛政15年(1638年)に作られた谷川用水のおかげで、水利の不安はないそうです。

添えられていた『蓑隠れの話』をご紹介しましょう。農家の夫婦が田植えを終えて、田んぼの数を数えた。1000枚の田があるはずなのに、2枚足りない。何度数えても足りないが日も暮れるし、あきらめて帰ろうと、近くに置いてあった二人の蓑を取り上げると、その下に2枚の田があった。「蓑の下　耕し残る田二枚」という句も残っているとか。

ところで能登では、海辺だけではなく山道も走ります。びゅんびゅんと通り過ぎていく道端に、ワラビが生えているのが見えます。「わらびだー、わらびだー」と私ひとり騒ぐのですが、同乗者たちはただの草むらにしか見えないといいます。時速60〜70キロで走っていても、私にはまだ開いていない＜取り頃の＞ワラビが見えるのに(ただの食いしん坊？^^;)。

エスキモーの言葉には「雪」を表す単語が何十とある、と聞いたことがあります。私たちには見分けのつかない雪も、彼らには違う種類の雪なのでしょうね。話が飛びますが、ただの草ではなくてワラビが見え、ただの小鳥の声ではなくて「あ、ヒバリが鳴いている」と聞き分けられること。こういうのを「エコ・リテラシー」って言うんじゃないかなぁ、なんて思います。

ところで、前に長野県坂城町の夏期大学の講演に呼んでいただいたときに、町を案内してもらった様子をこのように書きました。

> この坂城町の中央には、千曲川がたゆたゆと流れています。「私らが子どもだった頃は、毎日川へいって遊んだものです。それがいつからか、子どもだけで行っちゃいかん、ということになり、川で遊ぶ子どもはいなくなりました」。「この春に、千曲川のクリーンアップ活動で、2〜3千人が参加して、川に入り、ゴミ拾いをしました。子どもたちもたくさん参加してくれました」。
>
> お話を伺いながら、「"環境"は、私たちが忘れてきた、断絶してきた『つながり』を

取り戻すきっかけ」という、以前からの思いを強めました。まえに方丈記(143P)を引用したときに「"ゆく川"は命なのだと思います」というコメントをいただきました。ゴミ拾いだって何だって、もう一度「命である川」に触れるきっかけになれば、流れる水の中で足が何を感じるか、川面がどんなにキラキラして眩しいか、「つながりへのきっかけ」になればいいなぁ、と思います。

　この地ではかつて、天然記念物に指定された「ホタルの火玉」(?)というのが見られたそうです。ホタルがたくさん集まって玉状になり、それが空中乱戦よろしく、空中でぶつかりあい、光が砕け散る様は本当に美しいものだった、と。花火大好き人間の私には涎の出そうな光景です。「ホタルもずっといなくなっていましたが、最近小川に帰ってきたところがあります」という嬉しいお話もうかがいました。ＢＯＤやＣＯＤよりずっとわかりやすい「指標」ですね。

これに対して、ご自分の活動を教えてくださった方がいますのでご紹介します。
　昨年七尾市で、地元でまちづくりを進めている事業家が、川を活かしたまちづくりとして「浄化方策の研究」「周辺の賑わい創出(店舗プロデュース)」「コミュニティ再生(人材育成、啓蒙活動)」をすすめる御祓川というまちづくり会社を民間資本だけで設立しました。
　今は、腐敗しきった御祓川ですが、多くの都市河川がそうであるように、この川も七尾のまちの文化を育んできました。子ども達の学習の場であり、まちの人々の生活の場であり、仕事の場、憩いの場でした。それがいつしか川と人との関係が薄れていってしまったようです。
　川で水を汲まなくても水道の蛇口をひねれば水が出てきて、夕食の魚も川にはいません。自分の生活と関わりあいのなくなった川は、黒く汚れて、今の時期にはヘドロからメタンガスが発生して臭くて迷惑な存在になってしまいました。一時期は、川を埋めて駐車場にしてしまえ、という話も持ち上がりました。ですが、今はなんとかこの汚い御祓川との関係を取り戻そうとしています。
　七尾では、まだ中心部に下水道が整備されていません。よく地元の人は「下水道ができれば‥‥」と言いますが、自分が出した汚水が、自分たちの目に見えないところで処理されることが、本当にいいとは思いません。生活と川が密接だった頃は、自分たちの出した汚水が川に流れ、いつか自分の所へ戻ってくることを知っていたと思います。堆積したヘドロが浚渫され、下水道が整備されれば、確かに今よりきれいな御祓川になるでしょう。しかし、川と私たちが関係を取り戻さない限り、きっとまたゴミが捨てられてしまうと思うのです。
　幸いに、建設省の予算がついて護岸を石積みにし、ヘドロを浚渫する事業が進んでいます。市の方で下水道も進めています。私たち市民は、技術の力できれいになるのを待つのではなく、川ともっともっと関わり合っていきたいと思っています。川で遊んだ私たちの親の世代の楽しさをぜひ、私たちの子供たちには味わってもらいたいです。こんなことを話し合える場として、来月七尾市で「全国ドブ川市民サミット2000」を開催しますので、ご案内します。

ありがとうございます。川は「地球とのつながり」を思い出し、取り戻す格好の場だと思います。文字どおり「上流」から問題を考えよう、という思考も生まれてくるでしょう。流域に生活する多くの人々が関わりを持つことができるでしょう。いろいろな「実験」ができますし、その結果も、海や湖沼に比べると早く見えてくるのではないかな、と思います。大人は大人なりの、そして子どもは子どもなりの取り組みができる場だと思います。

　このサミットがどのような出発点になったのか、どうぞまた教えてくださいね。また、各地で川を切り口に環境問題に取り組んでいらっしゃる方、「これはいいよ」みたいな事例やアイディアがありましたら、教えてください。

第3章
問題の「根っこ」と、解決への方向・ヒント・考え方

地球環境問題　まとめ

No.50

　このメールニュースを立ち上げた後、ある方から次のような点を取り上げてほしい、とメールをいただきました。
- 地球環境問題の全体像を 示して頂けますか
- どんな理論 考え方／試み 活動が あるのでしょうか
- 効果のある試み 活動は どれですか
- 大局的な 私達の行動指針 は 何ですか

　私のニュースすべてが、上記の点のどれかに関連していることはもちろんなのですが、体系的にまとめて書いたことはありませんでした。そこで2000年最初のニュースでは、現在の私なりの考えをまとめて書かせていただくことにします。まだ「発展途上」の考え方ですので、インプットやフィードバックをどしどしお寄せいただいて、さらに考えを進めていきたいと思います。不完全ながらも「大枠」の見方を共有していただくことで、今後取り上げていく「個々の技術や考え方」「それぞれの取り組み」をその中に位置づけながら、「本当にこれは役に立つのだろうか？」と評価しながら読んでいただけることを願って、試みたいと思います。

（このメールがまとめになります。このあと３本、それぞれのポイントを詳述したメールを付けますので、ご関心のある方はご覧下さいませ）。

　私の理解している地球環境問題の全体像は、極めてシンプルなものです。つまり、

人口増加(×富裕層の増大)　×　世界経済の拡大　→　地球が「つぶれちゃう」

　ではどうしたらよいのか？ 地球の上に乗っかってどんどん大きくなっているモノを小さくすればよいのです。つまり、

(1)人口増加をできるだけ減速させ、一刻も早く人口安定に近づける。
・発展途上国の人口増加に歯止めをかける国際政策、国際協力を推進する。
・人口の安定に成功した日本は、社会システムを変えることで少子化に対応し、無理に人口を増やそうとしない。
(2)先進国はもちろん、途上国も「できるだけ小さい環境負荷で豊かになる」道を探る。
・これまで「イコール」だと考えられていた「物質的所有」と「幸せ」を切り離す。
・途上国は一足飛びに環境負荷の少ない豊かさを実現できるよう、最大限最新技術を活かす。
(3)現在の経済のあり方を変える。
・「イコール」で連動すると考えられてきた、「経済拡大」と「資源の大量消費／廃棄物の大量排出」を切り離し、「環境負荷を低減する方向」に経済をシフトしていく。

　様々な理論や考え方、活動や取り組みがこの(3)に関して、つまり経済の環境負荷を低減するために提唱され、展開されています。本質的で効果がある取り組みもあれば、枝

葉末節／重箱の隅的アプローチで、本当に役立っているのかわからない考え方もあるように思えます。

「本当に役立っているか」どうかをどのように評価・判断するのか？ 私の答えはやはり簡単で、「物理的な環境負荷を本当に低減しているか？」ということです。つまり「取りすぎ・出しすぎ」の現在の経済に対して、「取る量を減らす・出す量を減らす」ことにつながっているか？ ということです。地球に負荷をかけているのは、イメージや情報ではなく、物理的に「何かを取り出すこと」「何かを排出すること」なのですから。

この点で、もっとも有効な考え方は、「そもそも経済に投入するもの(＝地球から取り出すもの)を減らそう」というアプローチだと思います。「資源生産性」を向上することでこの目標を達成しようとする「ファクター４／10」(120P)、そして、すでに経済に存在する「地上資源」(104P)のリサイクル・循環を通じてこの目標を達成しようとする「ゼロエミッション」(110P)、「循環型社会」(128P)が組み合わさって効果を発揮し始めたら！「湯水のように」資源を消費しなくても、同じレベルの豊かさを実現できることに多くの人がビックリするのではないか、と思います。

最後に「私たちの行動指針は」という点について。
(1)環境負荷の少ない生き方をする。

人間は生きている限り、環境負荷を与え続けています。環境負荷をもたらすことは必然です。ただ、同じ目標でも達成するための方法を選ぶことで、「どのくらいの環境負荷を与えるか」はコントロールすることができます。たとえば、歯を磨く時に「コップを使う」か「水を出しっぱなしにする」か、は選べます。
(2)全体を総合的に考える。

環境負荷を考えるときに、「製造から廃棄までのライフサイクルを通して」「包装などの周辺も含めて」考え、「代替案の及ぼす環境負荷もきちんと評価する」ことが大切です。
(3)想像力を発揮する。

自分たちの使う物や買う物の"来し方行く末"にちょっと思いを馳せるようにすれば、今は見えにくい様々なつながりを回復し、自分の「指先ひとつ」の行動や選択がどのような環境負荷を与えているのか、感じられるようになると思います。
(4)循環の環を何重にも重ねていく。

「循環型」に近い英語に close the loop (環を閉じる) という言葉があります。このループは、個人のレベルから、家庭やオフィス、事業所や企業、業界や社会と、いろいろなレベルで何重にも重ねていくことができると思います。そして実は、ループが小さいほど効果的・効率的に循環ができるのだと思います。「着物を仕立て直して何代も着る」「昔は新聞紙も徹底的に使ってから捨てていた」という家庭内のループ、社内便の封筒を何度も再利用する会社内のループなど、皆さんの回りにもいろいろとあるし、考えられるのではないでしょうか。

自分の近くでループを作り、業界や社会のループに参加することまで、波紋のように何重にもループを拡げていければと思います。そうしてはじめて、たとえば「古紙リサイクル」の環を閉じるには、古新聞を回収所に出すだけではなく、再生品を積極的に購入し

なきゃダメね、ということも実感としてわかってくるのではないかなぁ。

　最後に私の持論ですが(^^;)、地球環境を意識し、環境問題に取り組むことは「癒しのプロセス」ではないかと思っています。これまで分断され、見えていなかった「絆」を取り戻し、「思いやる心」を社会に回復する試みだ、と。トイレで紙を使うときにも、トイレットペーパーの生まれ故郷に思いを馳せ、流された後の行く末をちょっと想像してあげれば、「もったいないことであるぞよ、ありがたや」と、とても無駄遣いなどできないのではないか、と思うのです。

　「情報ネットワーク」をキーワードに幕を開けた新しい1000年紀。「いまここに、この製品があるためにどんなドラマが展開されたのか。これが私の手を離れたら、どんな人生(物生?)を送るのか」と、ひとり一人の心の中にも「思いのネットワーク」が拡がっていけば、地球環境問題も社会問題も教育問題も、ずいぶん解決の糸口が見えてくるのではないかなぁ。ずいぶん風呂敷が拡がりましたが(^^;)、新春ということで私の思いを書かせていただきました。

地球環境問題　原因

No.51

　[No.50]でまとめた内容を、もう少し詳しく書きます。まず、地球環境問題の原因、

　　人口増加(×富裕層の増大)　×　世界経済の拡大　→　地球が「つぶれちゃう」

という状況になったのはなぜか、についてです。

　地球が誕生したのは46億年前といわれています。そして人類の祖先が地球に誕生したのは400万年前。農耕をはじめたのが１万年前。今日のような技術や生産に支えられた人間の生活が始まったのは、18世紀後半に起こった産業革命以後です。そして第２次世界大戦後、大量生産・大量消費の時代が始まりました。

　長い「地球の歴史」のほとんど、そして人類が誕生した後も、「つい最近」までは、地球環境は人為的な破壊にさらされることはなく、「環境問題」など存在していませんでした。地球環境が急速に悪化し、「地球環境問題」が台頭し脅威を増してきたのは1950年以降です。地球の歴史の「１億分の１」に過ぎないこの50年間が、地球を取り返しのつかないほど変えてしまおうとしているのです。

　この20世紀後半の50年間に、何が起こったのでしょう？

　ひとつは、人口が爆発的に増加しました。1950年には25億だった世界の人口は、1999年には60億人に達し、わずか50年間に2.4倍になっています。１万年前に農耕が始まってから、人間の生活は安定し、人口が増え始めました。紀元前後の世界人口は約３億人といわれています。その後も漸増し、18世紀後半に産業革命が始まるころには、約10億人でした。そして1950年以降に「人口爆発」が生じたのです。

　1950年以後に大きく増大したのは、人口だけではありません。世界経済も、1950年の6.4兆ドルから、1998年には39兆ドルへと、６倍も拡大しています。この世界経済の急激な増大と人口の急増があいまって、この50年間に、エネルギー使用量は爆発的に増大し、

紙の使用量は6倍近く、穀物消費量は3倍近く、水の使用量は3倍、漁獲量は5倍近くに増えています。

　このように、この50年間に人口(単純な人口増×富裕層の増大)と世界経済(それに伴って資源を取り出す量や排出する廃棄物などの量)は何倍にもなりました。でも！　地球は大きくなれません。この＜地球上に乗っかっている人の数の増大×経済の規模の拡大＞に、地球が「もうつぶれちゃう…」というのが、現在の状況なのだと思います。温暖化、環境ホルモン、ダイオキシン、砂漠化、オゾン層枯渇、森林消失等々、「地球環境問題」と呼ばれる様々な問題は、この「ひずみ」の様々な兆候だと思います。「もぐら叩き」のように個々の問題の対処に走り回っていても、「地球がつぶれそう」な状況を解決しない限り、次から次へと「週替わりの環境問題」が登場してしまうのだと思います。

　では、どうしてこの50年間、あらゆる分野で「倍々ゲーム」となったでしょうか？　その出発点は、産業革命でした。産業革命以前の人間の環境に及ぼす影響は、「身の丈」程度でした。つまり、どこかへ移動するにも、自分の足で歩くか、せいぜい馬の駆ける速さでしか移動できませんでした。地下資源を掘るにしても、地下水を汲み上げるにしても、さまざまな道具を使うようになりましたが、基本的に人力や家畜の力の及ぶ範囲やスピードでしか採掘・汲み上げはできませんでした。それを一変したのが、「産業革命」だったのです。

　かつては徒歩や馬の速度でしか移動できなかった人間は、鉄道や汽船によって、何倍、何十倍もの速度や範囲に移動ができるようになりました。最初は鉱山で使われた蒸気機関は、人手とは比べものにならない能率で作業を行いました。

「地球環境」に対する産業革命の最大の意味は、エネルギーと機械を使用するようになった人間が「身の丈」の何倍もの影響を環境に与えるようになったことでしょう。そしてこの50年間、科学技術がさらに急進展したために、私たちひとり一人が「身の丈」の数倍どころか、数百、数千倍の影響を地球に与えるようになってきたのです。

　そして、私たちひとり一人が「身の丈の数十倍、数百倍の影響を与えている」ことが自分たちには見えないことが、悪化を加速しているのではないかと思います。たとえば、結婚式で交わされる「金の指輪」が幸せの象徴であることは皆知っていても、そのちっちゃな指輪1つが新郎・新婦の指に到着するためには、掘り返した鉱山、精製や処理に使った水、輸送に必要な燃料その他で3トンもの資源が消費されていることは知られていません。

　コンピュータやインターネットが流行り出した頃、at your fingertips という表現によくお目にかかりました。「あなたの指先で、クリックひとつで、こんなにスバラシイ世界が拡がるのですよ」という感じでしょう。同じように、at our fingertips で「私たちの指先で、ボタンを押しても、スイッチを入れても、こんなに大きな影響を地球環境に与えているのですよ」ということになるはずなのですが、こちらの方は理解されていません。

　かつて人間の数が少なく、経済規模も小さかった頃には、どれだけ木を切り、水を汲み上げても、「無限の自然や資源」はビクともしませんでした。何を燃やしても、何を川や海に流しても、自然の「無限の浄化能力」がまったく問題なく吸収してくれたのです。

　しかし、60億を超える人間が、身の丈の何倍もの勢いで、これほどの経済活動を行う

ようになった今、森林は急速に消失します。植えたり木が育つより早く伐採しているのですから。川や地下水も枯渇します。雨が降って川に流れ、地下の帯水層に貯えられるという水文サイクルを無視して、取水しているからです。経済から排出される二酸化炭素は、自然の炭素固定能力を超えてしまうので、大気中に蓄積されて温室効果をもたらし、地球の温暖化を進めています。

　では、経済発展は悪なのでしょうか？　環境主義者の中には「経済発展が諸悪の根元、自動車を捨てよ、昔に戻れ」と主張する人もいます。私は少し違う考え方です。経済発展は明らかに人類の生活向上に資してきました。世界経済が発展する中で、均等な形ではないにしろ、所得が上昇し、絶対貧困層は大きく減少し、世界の平均寿命は1950年には46歳でしたが、1998年には66歳に達しています。識字率も大きく改善しているのです。しかし世界にはまだ、１日１ドル以下でやっと生きているという絶対貧困に苦しむ人々が13億人もいます。最低限の生活レベルをすべての人に保障するためには、これからも世界の経済を発展しつづける必要があると思います。

　ただ「どのような経済を」「どこに」「どのレベルまで」発展させるか、を考えなくてはなりません。現在の世界経済の仕組みや進路のままでは、地球がつぶれてしまうのは時間の問題ですから。

地球環境問題　人口と豊かさについて

No.52

　人口増加(×富裕層の増大)　×　世界経済の拡大　→　地球が「つぶれちゃう」

を解決するために、
(1)人口増加をできるだけ減速させ、一刻も早く人口安定に近づける。
(2)先進国はもちろん途上国も「できるだけ小さい環境負荷で豊かになる」道を探る。
(3)現在の経済のあり方を変える。
という３点挙げましたが、ここでは最初のふたつについて書きます。
(1)について。
　現在「１秒に2.5人ずつ」増えている計算です。もう生まれちゃった私たちがどんなに努力して「あちこちで切り詰めた」としても、この人口増加を抑えない限り、勝負になりません。

　しかし有り難いことに、「途上国の人口増加を減速させ、安定に持ち込むにはどうしたらよいか」はわかっています。「家族計画の普及」と「女子の教育」です。日本の国際援助もこの分野に大きく注ぐ必要があります。米国議会は人口基金への拠出をやめてしまいました。現在の安全保障を脅かす脅威は何なのか、このような時代錯誤も甚だしい過ちは正してもらわなくてはなりません。家族計画の手段を望んでいるのに手に入れることができない途上国の人々すべてに適切な手段を与えるための援助額は、戦闘機２機分の値段だという試算もあります。

　政府や国際機関を待たなくても、個人でも貢献できます。途上国の子どもの教育や医療の拡充に尽力するＮＧＯを支援したり寄付することもできます。最近、ある人がセネ

ガルに診療所を建てるプロジェクトに冬のボーナスを寄付したといっていましたが、これこそ将来へのいちばん確かな投資だと思います。

　世界中で人口安定化に成功した国は32ヶ国ぐらいしかありません。日本はヨーロッパ以外で唯一、人口増加が止まった"誇るべき"国です。日本では年金や労働力という視点から、少子化が問題視されていますが、「せっかく人口を少し減らせる状態にある国なのに、どうしてまた増やそうと躍起になっているのだろう？」と地球は思うのではないかな？　江戸時代には日本の人口は3000万人程度で安定していたといわれます。少子化で人口減少といっても「日本人がいなくなる」わけではありません。現在の出生率が続くと「現在の半分の人口に減って安定する」と予測されています(それでも高い生活レベルに伴う地球への環境負荷からいえば多すぎるのかもしれません)。現在の年金や労働力などの社会の制度や仕組みが、減少し高齢化する人口に合わないのであれば、「産めよ増やせよ」で人口を合わせるのではなく、社会システムの方を適合させるべきではないでしょうか。

(2)について。

　「米国人のようになること」が「豊かになること」ではない、ということです。世界中がアメリカ人のような生活をしようと思うと、地球があと２つか３つ必要です。先進国でいえば、これまで「イコール」で相関すると考えられていた「幸せ」と「物質的所有」を切り離すということです。「たくさん持てば持つほど、幸せか？」という問いにノーと答える人が増えてきているのは心強いです(その点でこの不況はひとつのチャンスだとも考えられます)。「どれだけ必要か」という量と「何を持つのか」という中身を考え直してみましょう、ということです。「江戸時代に戻れ」「自動車を捨てよ」という一方的な主張は私は有効ではないと思います。「何が、どれだけ必要か」は人によってそれぞれ違うからです。大切なのは、各自が意識して考え、選ぶことです。自動車が絶対に必要、大切、という人もいるでしょう。では車を１台だけ持つのか、２台いるのか？　どの車にするのか？　燃費を選択基準に入れるか？　その車をどこでどのくらい走らせるのか？　どういう走り方をするのか？

　求める豊かさや幸せのレベルを下げる必要はないと思います。その豊かさや幸せを実現する「方法」の見直しや検討が必要なのだと思います。ちょっと寒いなぁ、ぐらいだったら、暖房のスイッチを押さなくてもセーターを着ればすむかもしれない。その方が部屋から出ても急に寒くなくてよいかもしれない。ヒーターを入れるにしても設定温度を１℃低くしても快適かもしれない。カーテンをちゃんと閉めておけば、部屋が暖まるのが早いかもしれない。暖まったらしばらく暖房を消せばいい。こういう「意識」や「小さな工夫」をしても、「暖かく過ごしたい」という豊かさレベルが減るわけではありません(たいていは家計にも優しい結果につながります)。いわば、「スマートに」豊かに幸せになりましょう、ということでしょうか。

　インフラが未発達の途上国は逆に「スマートに豊かになる」可能性が大きい、ともいえます。レスターたちは「技術の一足飛び」といいます。たとえば、カンボジアでは通常の電話が普及する前に携帯電話が普及しました。おかげで、電柱や電線などに伴う環境破壊は「飛び越し」、電話によるコミュニケーションという便利さ・豊かさを実現しています。

　同様に、マイクロ発電技術の進歩により、途上国では私たちの国にあるような大模な発電所や原子力発電所「抜きに」、電力という便利で必要なものを手に入れることが可能

になってきました。最新の技術を最大限活用することで、コストがかかる設備を抱えた先進国を横目に、ひょいひょいと先に進めるチャンスが途上国にはあります。

地球環境問題　経済の変革
No.53

　地球環境問題を解決するための　(3)現在の経済のあり方を変える　についてです。

　従来、「経済の環境負荷を低減する」というテーマに対して、「生産過程で発生する二酸化炭素などの排出物をどのように抑えるか」「廃棄物をどのように処理したら処分場の問題を後送りできるか」に焦点が当てられていたように思います。それに対し、ここ数年「モトを絶たなきゃダメよ」というとても大切な根本的な考え方が出てきました。つまり経済サイクルに入った資源をどう加工・消費・廃棄するかも大切だけど、そのまえに「そもそも経済に投入する資源をどうやって減らすか」を考えよう、という動きです(そして「取る量」を減らせば、「出る量」もだいたいの場合は減ります)。

　「ファクター4」「ファクター10」「資源生産性」などがキーワードです。同じ効用(そのモノのもたらすサービス)を、これまでの4分の1の資源で実現しようというのが「ファクター4」、いや10分の1でやろうというのが「ファクター10」、それぞれ「資源生産性」を4倍、10倍に上げる、ということです。

　産業革命以来、社会は「労働生産性」をいかに上げるか、に注力してきました。資源が無限にあり、労働力が足りなかった時代には当然の要請であり、この150年間に労働生産性は20倍にもなりました。しかし現在は、資源に限りがあり、労働力は逆に余っている状況です。時代の要請が変わってきたのです。どの国の経済も社会も、今なお「労働生産性」上昇を目指していますが、現在は「資源生産性」をいかに引き上げるか、を考えるべき時代です。限られた資源からどれだけ多くを引き出せるか(「エコ効率」)が競争力の源泉となるような仕組みに変えなくてはなりません。

　また「地上資源」というコンセプトも役に立ちます。日本のような成熟経済では、すでに経済の中に存在している資源(紙や鉄、アルミ、プラスチックなど)を循環させるだけで、新しい地下資源を掘り出して投入しなくても経済が成り立つ、という考え方です。この考え方の理想イメージが「ゼロエミッション」であり「循環型社会」だと思います。「ゼロエミッション」とは、ある系(サイクル)から何も排出物がない、という究極の状態です。日本でよくいう「ゼロエミッション工場」というのは、有害廃棄物をすべて回収・循環しています、という状態を指していることもあるようですが、これは「スタンド・アローン型」のゼロエミッションといえるでしょう。ただ、「ゼロエミッション」の真髄は、複数の産業や企業が「ある産業の廃棄物を、別の産業が原材料として利用し」環が閉じた状態で活発に経済活動を起こっている状況だと思います。日本ではセメント業界を核に、ゼロエミッションに近い「産業クラスター」が形成されています。

　富士写真フイルムの足柄工場では、市場から回収された「写ルンです」を自動分解プロセスに流し、出てくる部品を検査の上、隣に流れている自動製造プロセスに投入して、次の製品に用いています。この方向で、市場に出されたすべての製品を回収し、この循環のプロセスに乗せることができれば、工場や企業と市場を「ゼロエミッション」の環で

富士写真フィルム足柄工場「写ルンです」循環生産工場
http://www.fujifilm.co.jp/lffactory/index.html

閉じることができるでしょう。

　「ゼロエミッション」を実現、あるいは志向する社会が「循環型社会」だと私は理解しています。具体的には、社会のあらゆる分野で廃棄物を再利用・リサイクルを進める、ということになります。ドイツでは「循環経済法」によって廃棄物の発生抑制と再利用が進められ、実効を上げています。日本でも同様の法律が検討されているところです。

　他にもいろいろな考え方や概念があります。また数多くの取り組みや活動が行われています。どのような活動や取り組みを見る場合にも「実際に環境負荷低減につながっているか」を見極める必要があります。

　ある自動車部品のエンジニアが、ライフサイクルアセスメントの会議で「分析の結果、走行距離を長くすれば、この製品の環境負荷を低減できることがわかりました」と発表していました。これでは本末転倒です。「全体としてどうなのか、全体として本当に環境負荷が減るのか」を見ることです。「リサイクルが本当に地球のためになるかわからない」場合があるのも、このためです。リサイクルに必要なエネルギーや資源も含めて計算しないとわからないのです。

　先日、ある私鉄の駅に「この私鉄ではリサイクルに取り組んでいます」という大きなポスターが貼ってありました。「昨年は45トンの切符をすべて回収してリサイクルし、72000ロールのトイレットペーパーを作りました」と。磁気が含まれているような切符をリサイクルしてトイレットペーパーにするには、かなりのエネルギーと新たな資源や化学薬品が必要なのではないかな、と思ってみていました。

　いっそ「この私鉄では、紙の切符を使わないことにしました」なんてポスターだった「モトから絶たなきゃ」精神に合っていて嬉しいのだけど。定期のような繰り返し使えるカード式にするとか、指紋や声紋照合システムにするとか（改札を通るとき、ひとりずつマイクに「あー」と声を聴かせるんですね。それで降りる駅でも同じことをして、声紋が照合できたら、その区間の料金を声紋登録してある口座から引き落とす仕組みです。枝廣新案 ^^;)。

　もうひとつ、「全体」を見なくちゃ、という例を挙げます。環境ホルモンの問題がホットだった頃（もう過去形でしょうか？）、カップ麺業界は新聞に「カップ麺の容器から環境ホルモンは溶出しません。安全です」という大広告を出しました。余談ですが、あの広告を詳しく調べた人によると、「96℃の熱湯では溶け出さない」という実験結果に基づいた広告だったらしく、業界団体に「普通、お湯が沸騰した時の100℃ではどうか？」と聞いたところ、「溶け出さないとは言えない」という返事だったそうです。

　ともかく、消費者の反発が思ったより強かったため、カップ麺会社の中には、「カップを使いません。ご自分のマグカップに入れて食べてください」という「カップなしカップ麺」を出したところがあります。これは正しい方向です。でもその麺をビニールセロファンで包装して販売しているんですね。「製品」に気を遣うなら、どうして包装まで含めて全体の環境負荷を考え、石油製品ではなく、たとえば再生紙の包装にしないのだろう、と。

　様々な活動や取り組みを評価する指針として、いくつか挙げてみたいと思います。
●全体を見て総合的に評価／判断すること。
　－製造から廃棄までのライフサイクルを通して。

―包装などの全体を含めて。
　―代替プロセスの及ぼす環境負荷もきちんと評価する。
●個々の取り組みや努力では「改善度合い」(%)で評価するとしても、経済全体ではやはり総量が問われることを忘れないこと。

　たとえば、「大量生産、大量消費、大量リサイクル」は問題の解決にはなりません。そしてプリウスがどんなによい車でも、地球上を走っている車の台数そのものを減らす方向で考えないと解決にはならないのです。途上国が豊かになると必ず車を持つ人が増えます。そして「途上国で1台車が増えるたびに、先進国で1台車を減らす」ルールでも作らない限り、燃費2倍という優れたプリウスを導入したとしても、状況は大して好転しないのです。

　先ほどの「切符全廃」の例のように、自動車会社も「機動性を提供する企業である」と企業使命を定義し直して、まったく新しい考えでサービスを提供するようにならないと、個々の車をどんなに改善しても（時間稼ぎにはなるでしょうが）、根本的な解決にはならないと思います。

●「イメージ」や「情報」に惑わされずに、問題の根幹である「物理的な資源消費」「廃棄物排出」が本当に減る活動や取り組みなのかを見ること。

　地球環境を破壊しているのは、「イメージ」や「情報」「お金の流れ」ではなくて、物理的に「何かを取り出す」「何かを排出する」ことです。先日ソニーの社会環境部の方とお話ししていたときに、「ソニーの環境報告書は2回続けて大賞をいただいていますが、僕は、環境報告書そのものは環境負荷を低減しない。あくまで周辺的なもので、肝心の環境負荷を削減することがまず何より大事だと思っています」とおっしゃっていました。「本当に環境負荷を減らしているか、どうなのか？」という切り口で、あらゆる活動や取り組みを評価し、その有効性を判断することができるのだと思います。

　ある企業が「環境負荷の大きな製造プロセス」をこっそり別会社にして切り離し、自社の「環境報告書」の見映えを大きく改善した、という話を聞いたことがあります。環境報告書やエコファンドは、環境負荷を減らしません（それ自体ではかえって増やしているかもしれません）。ですから、「環境報告書や環境会計、エコファンドなどがあるだけ」では地球のためになっていません。エコファンドの盛り上がりで、企業がポートフォリオに組み込まれようと、自社の経済活動の環境負荷を本当に減らすようになってはじめて、エコファンドも地球のために役立つのだと思います。

　これで私の「冬休みの宿題」はオワリです。長くなりましたが、何人の方がゴールまでたどり着いてくださったでしょうか。最後まで読んで下さった方々に感謝します！ 今年の環境メールニュースにも"サバイバル"できる体力をお持ちであると認定申し上げます(^^;)。

タマネギと電気の関係
No.29
　『地球環境と日本経済』(岩波書店)の東京電力の那須会長の書かれた章を読んでおりまし

たら(正確には英訳しておりましたら)、「太陽光発電はなかなか難しいのですが、消費者の方々は太陽を大事にされ、心の中であこがれをもたれておられますので、市民グループ、消費者生活協同組合などの皆さんとも力を合わせて、資金協力、支援活動を行いながらやっています。そういうこともやりながら、質の高い電気というのは作りにくいということをわかっていただけるし、その中でまた技術も進んでいくと考えています」と書いてありました。

　ここで、同じ本にも1章書いていらっしゃる太平洋セメントの谷口専務に取材させていただいたときのことを思い出しました(『日経エコロジー』1999年12月号)。「日本人は『最高の品質のもの』がいちばんよい、と信じ込んでいて、商社の海外での原材料・資源の買い付け方法から、国内の工場でのTQC活動まで、金科玉条のように『最高の品質のものをつくるために、最高の品質の原料が必要』という流れになってしまっている。それは、日本の高度経済成長を支えたモノ造りの基本だった。しかし、天然資源と地球環境の限界に直面している現在、原材料・資源はできるかぎり無駄なく、廃棄物が出ないように有効に使わなければならない。したがって、モノ造りのパラダイムを変えなければならない。南北問題解決のためにも、子孫のためにも」というお話でした。

　タイでは、日本の商社は現地のタマネギ農家に、穴の空いたボール紙を渡して、「これにぴったり入るタマネギしか買いません」というそうです。シンデレラの靴じゃあるまいし、と思いましたが、その結果、タイでは「規格外」のタマネギが山と積まれて腐っている、というお話でした。国内でもまっすぐのキュウリしか店先には並ばない、というのも同じですよね。QC活動も「エンドユーザーに最高のものを」という発想で、「次工程はお客様」というスローガンで遡っていくと、最終的には「最高の質の原材料しか使わない」ということになってしまいます。谷口さんは「前工程に思いやりを」という新しいスローガンが必要ではないか、というお話をされています。

　東京電力の那須会長も「質の高い電気とは作りにくい」と書かれています。そうすると、消費者の要求する「電気の質」を考え直す必要もあるのではないか。「アメリカでスーパーボウルの試合中に停電しても、そんなものだろう、と皆思っているので、別に何も起こらないが、日本で日本シリーズの試合中に停電したら、それこそ苦情の電話が殺到して大変だ」と聞いたことがあります。

　何の製品でもそうでしょうが、「どんな状況でも停電ゼロ」にしようと思うと、いろいろなバックアップやら余分な設備がたくさん必要になるのだと思います。それはコストを通して価格にも跳ね返ってきますし、それだけではなく、風力や太陽光発電が参入する上での大きな壁になっているのですね。

　電力会社はもちろん消費者の要望に合うように電気を作らないといけませんから、「私たち消費者は、どこまでの質の電力を要求するのか？」を考えないといけないのですね。「松」「梅」「竹」というお寿司方式はいかがでしょう？「仕事で使うパソコンは絶対に落ちては困るから、高いけど『松』の電気を頼む」「たまに停電するくらいなら、『梅』がお買い得だね」「テレビばっかり見ていて困るから、しょっちゅう消えてくれた方が有り難いわ、ウチのテレビ用には『竹』ね」な〜んて。

　水もそうだと思うのです。2025年には世界中で10億の人が絶対的水不足の状況に直面

すると予測されている時代に、飲み水と同じ高品質の水を、洗車や庭の水撒き、工場での製造工程やトイレでも使っている、というのはどうなのでしょう？
　エネルギーの話に戻りますが、
・どこから得るか、というエネルギー源の観点
・どれだけ使うか、というエネルギー使用量の観点
・どの質のものが必要か、というエネルギーの質の観点
が必要なのだなぁ、と思った次第です。
　ところで、『地球環境と日本経済』の英訳をしているのは、この本を海外出版するためです。かつてから、環境に関わる情報も「輸入超過」であり、日本にもいろいろとよい考え方や取り組みがあるのだから広く世界に発信したい、と思っていました。今回、この本が海外で出版される運びとなり、嬉しく思っています(訪日する外国人から質問されるかも知れませんからねー、海外で出版されるまえに是非読んでおいてくださいねー^^;)。

仕組みづくりの話
No.58
　[No.55] (53P)で触れた江戸時代の循環型社会に対して、フィードバックをいただきました。「ナチュラル・ステップ」(164P)の日本での立ち上げに尽くされた方からです。
　　このニュースを見て共感したことは、「『国民の意識』に頼るのではなく「仕組みとしてそうなっていた」という点です。昨年スウェーデンに行ってみて、そしてナチュラル・ステップで活動をしてみて分かったことは、環境先進国といわれるスウェーデンがうまいのは、「社会に仕組み作り」なんだということです。決して、スウェーデンの人の熱心さで支えられているわけではないということです。環境立国になるというビジョンを作り、それに合わせて法律もどんどん改正する。こういうことが柔軟にできる所がスウェーデンという社会の特徴だと思います。そして、細かいことにはこだわらないこと、そして、自然が心の底から好きだ(原体験として自然がしみついていること)という国民性がそうさせているのだと思いました。
　　原則に基づいて考えようという、ナチュラル・ステップの活動が受け入れられたのも、仕組み作りを考えるための背景として必要とされたからだと思います。

　環境先進国といわれるスウェーデンも「国民の熱心さに支えられているわけではない」というコメントに、私はある意味で気が楽になるような気がしました。もちろん、「政府がしっかりとビジョンを作って、仕組みづくりをする」点では、日本はこれから！ ですが。
　まえに世界中でＩＳＯ14001のコンサルティングやトレーニングをしている英国人がいっていました。「日本はＴＱＣとかＴＱＭが得意だ。ＱＣ活動は属人的な要素が多々あるので、安定雇用に支えられ、現場でのコツや工夫を誇りを持って進められる土壌がある日本に向いているのかもしれない。英国もかつてはそうだった。が、雇用の流動性が高まると、属人的な要素では回せなくなり、システム化が必要となった。14001もその延長線上にある」。品質でも環境でも、マネジメントシステムという「仕組み」を組織

に作っておく。そうすれば、人が入れ替わっても、「仕組み」のおかげで大切なことが継続できる、ということなのでしょう。逆に、マネジメントシステムを構築する立場からいえば、人に頼らず、「仕組み」として自立できるシステムを作るべき、ということになります。

1958年に石油会社に入り、エンジニアとして高度成長期からオイルショック、最後はバブル崩壊に至る期間を過ごしてきた、というベテランの方が、[No.10](14P)に対してこのようなコメントを下さいました。

> 高度成長時代、欧米の技術を導入し、プラントを動かすのにマニュアルが必要でした。それまで日本にはマニュアルはなかったといって過言ではないと思います。職人の世界では、技術は見聞きして人のを盗む伝統がありましたが、工場でもそうであったと思います。日本人は工夫して改善することが得意で、マニュアルを正直に守ることを金科玉条とは考えていない。ここにTQC活動で業務改善が進んだ素地があったと思います。そこへ欧米式のマニュアルが入ってきて定着はしましたが、「報告書を作成」までは守られていないのではないかと小生の経験で思います。

またまた話が飛びますが、多国籍企業の会議に通訳で入っていると、アメリカやヨーロッパの親会社から「〇〇システムを世界中で導入するので、日本でもやるように」という話があります。日本の方は「そんなこと、確かにシステム化はしていないけど、昔からやっていますよ」「マニュアルにはなってないけど、我々の方がずっと品質もよいんだから」とブツブツいっていますが、結局従わざるを得ない、という展開を何度か見たことがあります。

「システム」と「マニュアル」も混同しがちですね。仕組みである「システム」を説明する、運用の手順を誰にもわかるようにきちんと書いておくのが「マニュアル」ですが、「システム＝マニュアル」という誤解が「マニュアル至上主義」(マニュアルが絶対だ、マニュアルにさえ従っていればよい)を引き起こしている様子を何度も見たことがあります。

環境マネジメントシステムの国際規格であるＩＳＯ14001の大切なポイントの一つは、「是正処置」と「予防処置」です。ここもけっこう「よくわからん」といわれるところです。例を挙げましょうか？今朝私は、昨夜FAXで送られてきた翻訳原稿が見つからなくて大騒ぎでした。これがないと仕事ができません。今日が〆切なのに！幸い私の部屋は狭いので、大捜索の結果、無事見つけ出し、納期に間に合わせて仕事ができました。これが「是正処置」(^^;)。今起こっている問題自体を何とかすることです。

そして翻訳を納品してから「どうしてこんなことになったか」を考えてみました。届いたFAXを机の上に置きっぱなしにするから、混ざってしまったんだわ。そこでFAXは届くたびにクリアファイルに入れて、引き出しにしまうことにしました。これで同じ大捜索はしなくて済むに違いない。これが「予防処置」(^^;)。そもそも問題を起こす原因となった「システム」を正す(作る)ことです。

ダイオキシン問題でも何でも、「是正処置」はとられても「予防処置」をしっかりしないから、「モグラ叩き」状態なのではないかと思います。首相がテレビカメラのまえでカイワレを食べてもホーレン草を食べてみせても、そもそもの原因となっている「システム」

の不具合を直したことにはならないのです。以下は、ポリエチレン専門家からのコメントです。同じ結論だと思うので。

　我々の業界では、リサイクルすることを前提に素材を単純化することが必要かなと思っています。というのは、たとえば塩ビはポリエチレンに塩素を添加してつくったものなんです。それをリサイクルしようとすると、今度は塩素を抜く工程を作らなくてはならない(脱塩装置)。これが高くつきます。同様に、焼却のダイオキシンを中和するために、消石灰のようなアルカリ性のものをポリエチレンに添加したものもあります。これは燃やすときにはいいのですが、リサイクルするときには、不純物となって邪魔をすることになります。

　要は、考え方の基本を何処におくか、ちゃんとした指針を作成することが急務であるような気がしています。

ゼロエミッション

No. 91

「循環型社会」の基盤となるコンセプトのひとつが「ゼロエミッション」です。ここでの「エミッション」は「廃棄物」のことです。「ゼロエミッション」という考え方は、もともと生態系から来ています。食物連鎖を考えても、自然には何一つ無駄になるものがないのです。

　このような背景もあったためか、国連大学が最初に「ゼロエミッション」構想を打ち出したときには、生物的な「ゼロエミッション」のアイディアが中心で、フィージーで実際にプロジェクトが行われています。ちょっとご紹介しましょう。以前からフィージーにあったビール工場では、ビール粕を海に捨てていたので、サンゴ礁を痛めるなど海の汚染を引き起こしていました。そのビール粕を肥料にキノコの栽培をすることにしました。栄養分に富むキノコの栽培土は、鶏の餌になります。そこで、キノコ栽培の残土を利用して、養鶏が始まりました。それから鶏の糞を集めて分解し、メタンガスを発生させ、学校の発電機に送ることになりました。残りの固形物は魚の餌になるので、養殖池を作って養殖を始めました。養殖池はともすると栄養過多になって汚泥などの問題が発生します。そこで、池の水面で水耕栽培で野菜を作ることにしました。この例が示すように、あるプロセスで出る廃棄物を別のプロセスの原材料(エサや肥料)として利用することで、創り出す価値を増大しつつ、廃棄物を減らす(なくす)取り組みです。

　フィージーのゼロエミッションは生物的な循環形成ですが、同じ考え方を工業でも展開できます。ある産業からの廃棄物を、別の産業の原材料として用いる。そこから出る廃棄物をまた別の産業で利用する‥‥ということです。このような＜産業クラスター＞を形成することも、ゼロエミッションへの取り組みです。工業での「ゼロエミッション」の代表的な事例としてよく取り上げられるのが、デンマークのカルンボー工業地帯です。ここでは、企業間でいろいろな連鎖を形成していて、原料やエネルギーのやりとりをしています。発電所から出る温排水を養殖会社が使う。養殖場の沈殿物を近郊農家が肥料にする。発電所から出る灰はセメントメーカーの原材料になる。製薬工場から出る酵母は、近郊農家の豚の餌になる。‥‥という具合で、この循環型産業ネットワークに参加

している企業はすべて得をしています。

　面白いのは、このカルンボーの人々は、「ゼロエミッション」を志向して、このようなネットワークを形成したわけではない、ということです。国連大学の提唱で、第一回ゼロエミッション世界大会が開催されたのが1995年。カルンボーでは何十年も前から、このような循環型産業ネットワークが築かれてきているのです。現地で話を聞いてきた方によると、「自分たちはただ、原料やエネルギーを互いに融通しあえばコストが下げられると思って、集まってやっているだけ。それが最近、ゼロエミッションとかで、世界中から視察団が来て、こっちがびっくりしている」。

　日本でも様々なゼロエミッションへの取り組みが進んでいます。最近は「ぜろえみ」と呼ぶ人々もいるそうで、日本語化している？ (^^;)。90年代半ばから、「ゼロエミッション」のコンセプトや考え方を日本にも広めようと努力なさっているジャーナリストのおひとりが、日経新聞の三橋論説委員です。三橋さんのお書きになった新書は、コンセプトのわかりやすい説明や豊富な事例が載っていて、「ぜろえみ」の入門書としてもお薦めです。

　『日経エコロジー』の2000年3月号71ページで、私が取材・執筆させていただいた荏原製作所の藤村会長も、ゼロエミッションのリーダーのおひとりです。荏原製作所のＨＰには、藤村会長の熱い思いの伝わるページがあります。ゼロエミッションのコンセプトや背景、アプローチ、テクノロジー、ネットワークなどが詳しく載っています。特に企業として、このコンセプトをどのように自社の製品やビジネスにつなげようと努力されているか、見て下さい。

　いろいろな現場や会議で、「ぜろえみ」活動に触れることが多くなりました。そんな中で、ちょっと思っていることを書いておこうと思います。ひとつは、「ゼロエミッション」の定義です。「循環型社会」と同じように、きっちりした定義があるわけではなく、またきっちりした定義がなくては進めないものでもないと思います。ただ、「ゼロエミ」と言うとき、聞くときには、その範囲や「何を」出さない、といっているのかを確かめるクセをつけたいと思います。「ゼロエミッション工場」「ゼロエミッション工場団地」の完成や竣工などを新聞で見ることがありますが、有害廃棄物を工場外に出さない、ということなのか、いわゆる「廃棄物」だけではなく、廃熱や廃光や排水やすべての「放出物・排出物」を出さないといっているのか、確認しないといけないと思うのです。多大な努力で有害廃棄物を工場内で回収するシステムを作って、それに関しては「ゼロエミッション」になったとしても、そのためにすごい電力やエネルギー、別の物質などを使っているのだとしたら、本当の「ぜろえみ」だろうか？ と。

　もうひとつは、「ゼロエミッション」はあくまでも「目標」であり、そこへ到達しようとする努力こそが重要であること。時々「工場で操業を行っている限り、エネルギーや原料を使っているわけだから、絶対に何かは出ている。だからゼロエミッションなんてありえない」という人がいます。でも、ゼロエミッションも品質活動のＺＤ (zero defect)や「無事故運動」と同じだと思うのです。ゼロという究極目標が達成できるかどうかより、そこまでの距離を少しずつ詰めていく取り組みが大切なのだと思います。

　最後は、本当に循環型社会のため、持続可能な社会のための「ゼロエミッション」を考

えるなら、ハードとソフトの両面の取り組みが必要だ、ということです。「ハード」とは、技術的な面です。ゼロエミッションに関する科学者やエンジニアの会議では、大学・研究所や企業の研究者の方々が、科学的知識や実験、コンピュータを駆使して、どうやって「技術的にゼロエミッション」に近づいていくか、個々の製品や材料を前に努力されています。

それとともに「ソフト」面も忘れてはならないと思うのです。「足るを知る」「もったいない精神」などです。ハードの世界の研究者の数は多いけど、ソフトの面を研究し、作り上げていこうという人の数はずっと少ないように思います。社会学系の環境研究者や、教師、牧師さんやお坊さん、歴史家、比較人類学者、未来学者、コミュニティ活動家などが、頭を絞ってソフト面の枠組みを構築する「ソフト・ぜろえみを研究する会」はないのでしょうか？

ゼロエミッション　つづき
No. 92

前号について、エネルギーの専門家よりフィードバックをいただきました。

　ここの「ゼロエミッション」はあくまで「目に見えるもの」がゼロである、というもので、実際のゼロエミッションではないことに注意が必要です。そのためのいろいろな過程で目に見えないエネルギーが使われていて、その過程でエミッションがあるためです。最近、ライフサイクル・アセスメントという言葉が使われ、実際にその系に投入された全ての物量(もちろんエネルギーも含みます)を見た評価が行われるようになってきました。実際にぜろえみということは不可能かと思いますが、その量の大小はきっとあるはずです。そして、目に見えないエネルギーの大切さにも目を向けて欲しいのです。

　それからもうひとつ、このようなリサイクル型は、すごく合理的に見えるのですが、実はそのうちひとつが立ち行かなくなると全てに影響が波及する、といった点も考えておく必要があります。たとえば、ご紹介の例でいえば、鶏や魚の量や健康状態によって、全ての物質の循環量が制約されることになるわけですから、ビールの生産量がこれらに支配されることになってしまいます。つまり、焼鳥や刺身と一緒にビールを飲めば、全てのつじつまが合うということでしょうか(^^;)。

なるほどー。焼鳥と刺身とビールですか〜(^^;)　「ひとつが立ち行かなくなると全てに影響が波及する」という側面は考えていませんでしたので、新しい視点をいただきました。

話は変わりますが、先日友人の結婚祝いの二次会に出ていたときのこと。最後に新郎新婦が退場するときに、みんなで予め渡されていた布製の花弁を振りまいて、「おめでとう！」とお祝いしました。新郎新婦が退場するやいなや、小さな女の子がぱーっと走り出て、一生懸命に床に散らばった花弁を拾いはじめました。その一生懸命さに打たれた何人かの大人もかがんで拾いながら、「えらいねー。散らかしちゃダメだもんねー。きれいにしなきゃねー」と声をかけたところ、その女の子いわく「違うよ。お掃除しているんじゃないよ。おうちでお花を作るの」。

岩波新書『ゼロエミッションと日本経済』(三橋規宏著)　日経文庫『環境経済入門』(三橋規宏著)
国連大学のゼロエミッション研究構想　http://www.ias.unu.edu/projects/zeri.asp
荏原製作所　http://www.ebara.co.jp/zero_emission/index.html

その様子を見ていて、思い出したことがありました。ある環境関係の会議に通訳で入っていたときのこと。日本の先進的な技術を駆使した「ゼロエミッション」工場の説明を聞いていた東南アジアからの参加者が、「うちの工場ではそんな手間やお金をかけなくても、もともとゼロエミッションですよ。屑鉄でもボロ布でも古紙でも、屑屋さんがそれぞれ喜んで拾い集めて持っていってくれますから」と。

資源生産性と「本当の豊かさ」
No. 94

　[No.91]で書いた「社会学系の環境研究者や、教師、牧師さんやお坊さん、歴史家、比較人類学未来学者、コミュニティ活動家などの『ソフト・ぜろえみを研究する会』は？」に対して、地域で活動なさっている方から、「うーん、とうなりました。これだっ！という感じです」というお返事をいただきました。持続可能な地域づくりを進めていく上で、かつて地域の知恵の源で、尊敬の中心であり、地域の基礎的な地縁社会の要であった神社やお寺にもういちど登場していただくことは非常に重要だ、というお考えです。

　昨日私も質問を受けたのですが、「環境を考えると、経済は何年後退させなくてはならないのか」という議論があります。「30年前だ」「いや、江戸時代のレベルに戻すべきだ」という人もいれば、「ここ数年の資源消費量や二酸化炭素排出量の伸びを考えれば、ほんの数年分でも大きな違いがある」という人もいます。

　経済学出身の方がおっしゃっていましたが、経済学の大前提は「財が多ければ多いほど好ましく、人の満足度は増加する」という右肩上がりです。これまでは「右肩上がり」の経済成長に伴って、資源消費量や廃棄物発生量も「右肩上がり」に増大してきました。最近よくいわれている資源生産性(eco-efficiency)は、相関関係にあると考えられてきたこの「経済成長」と「資源消費量」を、分離しようという取り組みだと私は理解しています。

　たとえば、現在の2倍の財やサービス、効用(そのモノの提供する機能)を、現在の半分の資源消費量で提供しようというのが「ファクター4」です(資源生産性が4倍になる)。この資源生産性を向上させるのは、主に技術の力です。多くの科学者や技術者が取り組んでいます。ただこれ以上の技術の進歩をまたなくても、現在の技術で十分ファクター4やそれ以上を達成することのできる分野も多くあります。たとえば、普通の町工場でも、新しい切り口で工程を見直すことで、資源やエネルギーの投入量を大きく減らせる場合も多く、LCAやISO14001はこのための有効なツールだと思います。ワイツゼッカー氏の『ファクター4』にも、具体的な事例が豊富に載っています。

　また、日本の事例を中心に、東大の山本先生が『エコデザイン』の本をお出しになっています。エコデザインとは、環境技術革新によって製品のエコ効率(あるいは資源生産性)を向上させようとする「環境に調和した設計・生産」ですが、この本では、環境効率経営のあり方とその実現、エコデザインの手法について詳述し、エコデザインを推進する100の企業事例を家電、輸送、工場、流通など12ジャンルに分けて紹介しています。

　もうひとつ、未来型技術だと思いますが、MITなどで研究中の「ナノテクノロジー」では、分子を操作することで、資源投入量を減らす可能性を探っていると聞きました。たとえば、机。分子がびっしりつまっていますが、その分子を技術であちこち取り除い

て、隙間を作っていく。ある程度の量の隙間なら、今の机と変わらない性能や強度が保証でき、取り除いた分子で別の机を作るそうです。「スが入った机」(^^;)でも機能が保証されればいいんですよね。ということで、「経済成長や豊かさ」と「資源消費量」を切り離そうという動きがいま、大きくなりつつあります。

それとともに、ソフト面というか、「本当の豊かさ」を問い直す人も増えてきているように思うのは、私が楽観的なのかな？「たくさん所有することが豊かとは限らない」ということです。宗教では、仏教やマザーテレサをはじめ、「その逆である」と教えている考えも多いように思います。そのあたりでやはり、「宗教さん、出番ですよ！」とエールを送りたいと思います。

功利主義を超えて
No. 97

以下は、経済思想史の勉強を趣味とされている方からのフィードバックです。

現代の経済学は「効用」という概念を基礎にして構成されていますが、その根源には功利主義があります。この功利主義はひとつの西洋な思想に過ぎませんが、それが経済学という衣をまとうと、あたかも普遍的なものと見なされ、東洋世界や開発途上国にも適用されるようになります。グローバリゼーションの問題、市場至上主義の問題、途上国での開発政策の問題なども、この点に端を発しているのではないかと思っています。

以前読んだ佐和隆光先生の本に「仏教経済学」という考え方が紹介されていました。功利主義ではない価値観の上に立って「経済学」を再構築してゆくことは、21世紀に向けて必要な仕事なのではないかと考えています。注目すべき思想家としては、アジア人として初めてノーベル経済学賞の栄誉に輝いたアマルティア・セン教授が挙げられると思います。彼は、潜在能力アプローチという方法で「人間にとって福祉(well-being)とは何か？」という問題に答えようとしています。これは、功利主義に依らない経済学の可能性を示すものだと思っています。こういう試みがアジア人の中からドンドン生まれて来ると嬉しいですね。

以上は理屈の面での話ですが、もう少し実感的な話をすると、一昨年訪れたブータンでの思い出があります。彼の国は仏教が国教で、開発(=発展)政策の基本に「GNPよりもGNHを」という考えを据えています。GNHとは国民総幸福量(Gross National Happiness)という概念です。そのため、先進国からの援助を無分別に受け入れるようなことはせず、自国の自然や文化との調和を考慮しながら開発を進めています。『地球の歩き方 ブータン』に載っている話を引用します。「どんなに有害な虫がいても、それが日常生活の上で不便であっても、ブータン人は『殺虫剤をまいて絶滅させよう』とは考えない(中略)。『だったら虫の多い季節は別の土地に移住しよう』というのがブータン的解決法である」(同書208P)。

『風の谷のナウシカ』の「風の谷」のような国がまだこの地球上に存在していることは、ひとつの奇跡だと思います。我々日本人が、そのような価値観に還ることができるのかどうかは分かりません。そしてブータンにも識字率・保健衛生・栄養状態などで改善

『ファクター4：豊かさを2倍に、資源消費を半分に』ワイツゼッカー著(省エネルギーセンター)
『エコデザイン 戦略環境経営 ベストプラクティス100』山本良一著(ダイヤモンド社)

すべき課題が多々あるのも事実であり、日本はブータンに「援助」をしています。しかし、我々がブータンの人々から学ぶべきことも多くあるように感じています。

どうもありがとうございます。経済学の新しい動きに大いなる期待を持って注目したいと思います。ブータンについては、「プラスチック禁止の王国」という朝日新聞の記事をご紹介下さった方もいらっしゃいます[No.99] (87P)。「ブータンでは昨年の夏からプラスチックの袋などの使用・販売を禁止するとにした」というものですが、ブータン国王は、日本がバブルに酔い始めた頃にGNH (Gross National Hapiness)を国の方針とするとおっしゃったそうです。いつかブータン国王の通訳をさせていただきたいなぁ！

LCAとBWA(ビジネスワイド・アセスメント)
No. 113

今年1年間、日本青年会議所の機関誌に1ページいただいて、全国6万人の中小企業の経営者に向けて、「ビジネスと環境問題」という切り口で書かせてもらっています。来月号の原稿を先日送ったところです。今回は「LCA：ライフ・サイクル・アセスメント」について書きました。が、書き足りなかったので(^^;)、ニュースにも書かせてもらいます。

　LCAとはその名の示すとおり、製品の「ゆりかごから墓場まで」、つまり、設計や原材料の調達、製造、使用、廃棄、リサイクルまでの各段階で、排出される二酸化炭素やエネルギー消費量などを分析する手法で、いろいろな目的のために使われます。たとえばメーカーはLCAを行うことで、どこに資源を投入すればもっとも効果的に削減できるか、を知ることができます。実例のひとつが全自動洗濯機ですが、消費電力はこの20年間に50％以下に減っています。LCAに基づいた設計努力が効果を発揮しているおかげです。また、今後大きな動きとなってくるであろう「エコラベル」にもLCA手法が不可欠です。LCAを行うことで、製品の環境負荷の比較ができるからです。

　さて、LCAが誕生したのはいつでしょうか？ 1969年のことでした。生みの親？ は、コカコーラ社。「容器として、缶か、瓶か、紙か、どれがよいか？」の研究を研究所に依頼して、ここで初めてLCAの概念が誕生したそうです。ISO14001で有名なISO(国際標準化機構)でもLCAの標準化が進んでいます。日本がLCAの活動を立ち上げたのは、欧米からかなり遅れて'95年でした。いまでも3年分は遅れているのではないか、と専門家のことば。日本では、LCA国家プロジェクトが平成10年から5年間の計画でスタートしています。本格的なLCAを行うには、膨大なデータベースが必要なので、その整備やLCA手法の研究を進めているようです。

　そこで、いつも強調していることですが、LCAは大事だけど、「BWA」も忘れちゃいけない、と思います。BWA(ビジネスワイド・アセスメント)って聞いたことがないでしょう？ 私の造語ですから(^^;)。LCAは結構、でもそれで作った消費電力低減型の製品は、その会社の売上やビジネスの何％を占めていますか？ ということです。

　トヨタはプリウスですっかり「環境にやさしい企業」イメージを作り上げました。でもトヨタの生産している車の中で、プリウスはどのくらいの割合を占めているのでしょう？ 環境にやさしくないといわれるRVとどちらが多いのかな？ 企業のビジネス全体

を見て、その中でもっとも環境負荷の大きなところ、製品、部門、工場などで、ＩＳＯ14001やＬＣＡに取り組んで環境負荷低減を進めるべきだと思うのです。たとえば、主力の工場で大量の二酸化炭素を出しているのに、間接部門の本社だけでＩＳＯ14001を取得して(ゼロよりマシだろうけど)、「我が社はＩＳＯ14001取得しました！」といばるのは恥ずかしいんじゃない？ ということです。

どの会社も、どの組織も、どの人も、何らかの「本業」に携わっているはずです。本業で勝負すべき！ と強く思っています。

環境調停者
No. 152

[No.150](83P) にフィードバックをいただきました。

> 「環境調停者」いいですね！ これは、どこかにあることばですか？ 枝廣さんが開発したものですか？ ここら辺について、しくみづくりを考えられる人たちって誰でしょうね？ 考えてゆきたいと思います。情報あったら頂けると幸いです。例えば、米国ではこういうこと(地域の問題の調整)を議員が積極的にしているという話を聞きましたが、その他の合意形成は先進国ではどうなっているのでしょうね？ 子どもが係りつつあるところが嬉しいですね！

「環境調停者」という言葉は、私はこれまで聞いたことがないので、枝廣語？ かもしれません。日本でもそういう言葉があるよ、実際にやっているところや役割があるよ、という情報がありましたら、是非くださいませ。

いま、ある環境会議の通訳でボストンにいるのですが、昨夜の夕食会で隣のアメリカ人と喋っていましたら「僕の奥さんはEnvironmental Lawyer(環境弁護士)で」というので、「なになに！ ちょっと教えて」(飛んで火に入る…違うか^^;)と、いろいろ教えてもらいました。

米国では「環境弁護士」とよばれる環境専門の弁護士は20年ほど前から存在していて、特に米国の環境法が複雑なため、需要も多いとか。クライアントは、ケースによって、政府だったり、企業だったり、環境団体だったり。彼の奥さんは、法律事務書所に属しているので、クライアントは企業。でも自分の時間を割いて、ボランティアで環境グループの弁護士も引きうけている、ということでした。

「日本では弁護士さんはそれほど身近じゃなくてね」というと「その方がいいよ」と彼(^^;)。「弁護士以外で、そういう環境関係の紛争の調停をやるような仕事や人はいるの？」と聞くと、mediator(調停者・仲裁者)という「職業」があって、そこでも環境分野に特化している人がいる、ということでした。詳細は「奥さんに聞いて、情報を送ってあげるよ」といってくれましたが、ＮＧＯではなくて、確立した「職業」だそうで、mediatorを養成する団体もあって、弁護士や普通の人がそこでトレーニングを受けて、調停者になる、ということでした。

米国などは、環境の分野に限らず、「どういう役割で、どういう人がどういう訓練を受けて、どういう倫理規定で仕事をするのか」という仕組みづくりが上手なので、調停者についても参考になるような気がします。調停者に関する海外の制度や仕組み、それ

以外でも市民の合意形成の仕組みなどについてご存知の方も、ぜひ情報を教えてください。

ところで彼は最近、米国からスイスのジュネーブに移った、というので、「仕事が変わったの？」と聞くと、「奥さんの仕事がね」。拝金主義の弁護士稼業に嫌気がさして、そのバックグラウンドが活かせる国連の仕事に移ったそうです。考えてみれば、国連こそ最大の「調停者」(のはず)ですよね。そこでのトレーニングなども参考になるのかもしれません。

環境調停者　ふたたび
No. 174

[No.152]で「環境調停者」について書きました。その時のアメリカ人から、mediator(調停者)の養成団体に関する情報が届きました。主に弁護士を対象に3日間のトレーニングを行い、「どちらかの側につくのではなく、両者の間で、双方にもっとも望ましい結論を出すお手伝いをする」スキルを身につけるようです。日本でもこういうスキルを持ったプロフェッショナルが活躍できる土壌ができたら、このトレーニングを是非持ってきたいですね。日本独自の「合意形成」プロセスの良い面とドッキングして、環境問題をめぐる官・産・民の具体的なぶつかり合いを調停していくプロが育てば役に立つでしょう。

別の方からは、「米国では、環境に限らず、利害の調停役は、地域出身の政治家がかなり果たしている。ロビイストもある意味でそういう役割を果たしているのだろう」という新しい視点をいただきました。

調停するときには、「複数の当事者」と「調停者」とがすべて「何のために調停作業をするのか」という目的を共有していることがポイントだと思います。調停プロセスには関わったことがありませんが(裁判関係の通訳の経験はありますが)、環境調停の場合は「持続可能な世界のため」「持続可能な××町のため」という誰もが共有できる大前提がありますので、ある意味では進めやすいのではないでしょうか。あとはそのプロセスを進める具体的なスキル、ですね。3日間のトレーニング、950ドルだと書いてありました。いつか自分でも受講してみたいと思いました。

それから、以前「交渉術」セミナーの通訳をしたときのことを思い出しました。国際交渉の修羅場をくぐり抜けてきた優秀な交渉者が講師だったのですが、彼が休憩時間にこんな話をしてくれました。

子どもの通っている公立中学では、生徒同士のケンカが暴力沙汰に発展すると、即刻退学で、退学者が後を絶たなかった。あるPTAの会合で、それぞれの親が自分の仕事を自己紹介した際、彼は「交渉術の講師」というと、校長先生から「この学校でもそういうスキルが必要です」という話になって、生徒に交渉術を教えるボランティアを始めた。「仲裁委員」を数人選び、「交渉術」のコースの内容を教えて、仲裁ができるようにする。ケンカが起こると、ケンカの当事者が「仲裁委員」を選んで、3人で話し合いをし、結論を校長先生や親に提出し、承認がもらえると退学を免れるというシステム。退学者がずいぶん減ったと感謝されている。5年まえに始めたが、毎年新しい「仲裁委員」に教えに行くんだ、と。

自分の持っているスキルを「仕事」だけではなく、「自分の地域」でも活かそうとする姿勢にも打たれました(アメリカでは別に特別なことではないのだと思いますが)。彼が中学生に教えている「調停・仲裁のプロセスとスキル」はシンプルなものだと思いますが、日本の環境行政の担当の方々や、企業の渉外担当者、環境ＮＧＯの方々に、このような簡単なツールを共有してもらうだけでも、不要な誤解や構えを消し、共通の目的のために話し合うプロセスをずいぶんスムーズに進められるのではないか、と思います。

「エコ」って？

No. 163

先日、「エコ」という言葉に違和感があるのだが、というコメントをいただきました。長野県上伊那地方事務所主催の「もりもり上伊那山の感謝祭」の記念講演にお招きいただいた際、最前列で身を乗り出すように聞いてくださっていた女性の方が、質疑応答でまっさきに手を挙げて聞いて下さった質問も「エコってどういう意味ですか？」というものでした。私の答えです。

「私のお話でもエコファンドやエコプロダクツという言葉がでてきましたが、環境にやさしいという意味で日本では何にでも『エコ』をつけていますよね。でもこれは英語にはない(少なくとも、もともとはなかった)日本語的表現です。eco(エコ)という言葉は、ecology(生態系)とeconomy(経済)の両方の接頭語です。この eco という言葉自体の由来は、ギリシャ語で house(家)という意味だそうです。

私の勝手な解釈ですが、経済(economy)と地球環境(ecology)は、もともと仲良くひとつのお家(house = eco)に住んでいたんですね。それなのに、エコノミーがもう片方のエコロジーのことを考えずに、どんどん発達しちゃった。それでこのお家がガタガタになってしまった。これが現状じゃないでしょうか？ でもそれじゃダメだ、という意識が広がっていて、もう一度このひとつしかないお家の中で、エコノミーとエコロジーがどう共存できるのか？ どう共存しなくちゃいけないのか？ そういう動きがあちこちで出ています。エコファンドやエコプロダクツもそういう動きのひとつだと思っています」。

付け加えると、英語の「エコロジカル」には「環境(保護)意識をもった」という意味があるようですが、英語ではそれを略して「エコ」とはいいません。エコプロダクツの話を書いたときにも、「"エコプロダクツ"は日本英語です。英語でこのまま言っても伝わらない恐れがありますのでご注意」と書きましたが、「エコファンド」にしても、日本人の筑紫さんが作られた言葉です。今や逆輸出？ して欧米でも使われているようですが。

私の感じですが、欧米では「エコ」というとまだ「エコノミー」(経済)を連想する人が多いようです。私も通訳の場面では、「エコ〜」という日本語が出たら「生態系に配慮した」(ecology-conscious)と補足してから英語にしています。もうひとつ蛇足ですが、[eco]というのは英語では「エコ」ではなく、「イコ」に近いハツオンになります。英語なら「イコ」と言った方が通じると思います。

というわけで「エコプロダクツ」は現段階では日本語だと思います。これに対応する元来の日本語は「環境調和型設計製品」とか「環境配慮型製品」でした。設計者などの専門家の間ではこれでいいけど、もっと市民に広く知ってもらいたい、気楽に日常会話に出て

The Center for Mediatio in Law http://mediationinlaw.org/index.html
American Arbitration Associatiion　　http://www.adr.org

くるような市民権を与えたい！ という主催者の思いで、「エコプロダクツ」という言葉ができたのではないか、と推察しています。お気楽な私は、「エコは『エエコト』(いいコト)」ぐらいの軽いノリでも、肝心の意識を広げられるならいいんじゃないかな、と思ったりします。

　外人の知っている日本語は、昔は「フジヤマ、ゲイシャ、カミカゼ」、ちょっと前のTQC流行の時代には「カイゼン、ハンチョー、カローシ」だったとか。これからの環境の時代には「モッタイナイ、エコナントカ」になるのかも？

　ただ、エコプロダクツについては、本当に環境に役立っているのか、「エコ」という名前に惑わされずに、その内容と環境への貢献度を吟味すべきだ、と思います。[No.113] (115P) で書いたLCAもそのためによい手法です。そして、どのような事業でもそうですが、「エコ」にしようとすると、どこかに別の犠牲が出ることもありますから、そのトレードオフまで押さえるべきです。

　そして、それはいったい必要なのだろうか？ というところの吟味も必要です。たとえば、エコプロダクツ展でも「ソーラー自動販売機」が人気を集めていました。日本全国の自動販売機の総消費電力は、原子力発電所1基分に相当するそうです。より電力効率を上げる装置をつけるとか、電力をソーラーから得るというのも、大切なことでしょう。でも、国民50人に1台も自動販売機が本当に必要なの？ という議論も同様に大切だと思います。

　最後に、最近いろいろな業界や企業の動きに触れて思うこと。「環境に優しい」だけではなく、「環境に強い」企業や自治体、国がこれからの勝者になっていくのだろうなぁ、ということ。企業や製品イメージのために「エコなんとか」と表面にお化粧するような対応は、すぐにメッキがはがれてしまう。受け身ではなく、この荒々しく渦巻く「環境の時代」への流れに自ら飛び込んで、その舵を取ってやろう！ という気迫と思い切りのある「環境に強い」企業や自治体、国の時代になる、と‥‥。

環境教育について
No. 203

　教育学部出身(専攻は臨床心理ですが)の私にとって、対象が企業の社員であれ、子どもであれ、一般の方々であれ、「環境教育／意識啓発」は、常に心惹かれるテーマです。少し前に、本当に行動につながる環境教育プログラムを作成しよう、というグループの集まりに参加し、大きな影響を受けました。また、企業での環境教育プログラムを考える機会もあり、最近つらつらと考えていることを書いてみたいと思います。「生涯発展途上人」ですので(^^;)、いろいろとご意見など下さいませ。

　環境教育で育成したい人物像(教育プログラムの目標)を「三位一体」として考えています。
(1)心‥‥a：「やればできる、違いを生み出せる」という信念。
　　　　　b：風や他の生き物・無生物の命(仏性)を感じられる心。
(2)体‥‥　行きたいところへ行ける、思ったように動ける体。
　つまり、何かをやろうとしたときに「目標を定め、行動計画を立て、実施し、進捗を見直して、行動計画を練り直しながら、効果的・効率的な行動が取れる」能力。

(3)頭・・・現状はどうなっているのか、どこへ行くべきか、進む上で何が大切かを理解し、適切な判断が下せる知性。情報処理能力も鍵のひとつ。

　企業でいえば、(1)は「コミットメント」、(2)は「運用システムや仕組み」、(3)は「情報収集・意思決定」になりましょうか。専門家ではありませんが、私の見たところでは、子供用の環境教育プログラムは(1)のbをめざして「自然とのふれあい」を重視するものが多く、一般や社員用のプログラムは(3)の環境情報に主眼が置かれているものが多いように思います。(1)(2)は、「環境専用」ではなく、社会の中で機能しながら幸せに生きていくための前提のひとつだと思うので、特に「環境教育」の枠組みで取り上げる必要がない場合もあります。それでも、「自分の考えや行動が違いを生み出せる！」という思いと、「やりたいことを効果的に実行できる」スキルは、「環境問題に対する行動」を教育の目的としているならば、念頭に置くべき要素ではないかな、と思います。

　(2)のスキルをどうやって身につけることができるか？　これは私が今抱えている宿題でして(^^;)、もう少しまとまったら、また問うてみたいと思います。

　(3)の「頭」のところは、これまで企業の環境教育プログラムを考える中で、今のところこのように考えています。うまく書けるかな〜(^^;)。

```
┌─────────────────────────────┐
│　自社／自部門の環境問題・環境への考え方　│
├─────────────────────────────────┤
│　　業界特有の環境問題／競合他社の取り組み　　│
├───────────────────────────────────────┤
│　　地球環境問題の全般的理解／環境問題を考える枠組み　　│
└───────────────────────────────────────┘
```

一番下がベースになります。「地球環境問題を、その根っこから理解すること」と「さまざまな環境問題を考える上で、コンパスとなる考え方の枠組みを知ること」が自転車の両輪のように必要なのではないか、と。新聞やテレビ、インターネットなど様々な情報源から入ってくる「環境情報」は往々にして断片的な「情報」やそのひとつまえの段階の「データ」です。そのそれぞれの情報が「腑に落ちる」ためのある枠組みが必要だと思います。私が「地球環境問題の根っこ」と呼んでいる枠組みです。何じゃい？　という方は[No.50](98P)をご覧下さいませ。

　続きを書いたのですが、長くなりすぎるのでここで切ります。「短く、本数が多い方がよいのか？」「長くても本数が少ない方がよいのか？」といつも考えるのですが、結局「長くて本数が多い」(^^;)。あいすみません！

ファクター4・ファクター10について

No.204

　つづきです。「頭」に対する環境教育のベースは「地球環境問題の理解／考える上での羅針盤となる考え方」だと思っています。「環境問題を考える上でコンパスとなる考え方の枠組み」には、たとえば、ファクター4やファクター10、資源生産性、エコ効率、ナチュラル・ステップ、ゼロエミッション、循環型社会などがあるでしょう。

このコンパスとなる考え方を学べる参考図書を紹介してほしい、というリクエストがありました。本当に大切なコンセプトを語る本なのに、残念ながら書店に置いていないことも多い本を２冊ご紹介します。１冊は、『ファクター４　豊かさを２倍に、資源消費を半分に』(ワイツゼッカー・ロビンス著　財団法人省エネルギーセンター)。

　まえがきの一部をご紹介します。「本書は技術進歩の方向を転換させようと言う野心的な目標を掲げている。80億もの人々が職を求めているというのに、労働生産性を急上昇させようという奇妙な構想が展開され、それと歩調を合わせて限りある天然資源の浪費が依然続いている。資源生産性がファクター４、つまり４倍に上昇するなら、今の豊かさを２倍にし、環境に対する負荷を半分にできる。資源生産性を４倍にすることは技術的には可能であり、巨額の経済的収益をもたらし、個人や企業、そして社会の全構成員を豊かにする」。ファクター４の概念の説明のあと、「エネルギー」「物質」「輸送」の資源生産性をそれぞれ４倍かそれ以上に引き上げることに成功した事例が50も載っており、ファクター４が概念だけではなく、実行可能な(そして儲かる)道筋であることを示しています。

　もう１冊は、『ファクター10　エコ効率革命を実現する』(シュミット・ブレーク著　シュプリンガ・フェアラーク東京)。シュミット・ブレーク氏の対談の通訳をする準備ではじめてこの本を読んだとき、久しぶりにワクワクする環境の本だ！　と思ったことを覚えています。リサイクルやエコマークやＬＣＡのように、経済活動に物質や資源が投入されてからの効率や持続可能性を考えるのでは全然足りない、地球がサバイバルするためにはそもそも投入する資源や物質の移動を10分の１にすべきで、それは可能だ、という主題です。

　シュミット・ブレーク氏は５月の『日経エコロジーフォーラム』にも参加なさっていて、サスペンダーがはち切れそうな勢いですごく早口でよく喋るおじちゃんです。現在は、ファクター10研究所を設立して、企業がファクター10への道をたどるサポートなどをしていらっしゃいます。

　ブレーク氏は、MIPSという新しい有用な概念を導入しました。Material Input per Service、「サービス単位あたり物質集約度」です。人々が求めているのは、モノの所有ではなく、そのモノの提供する「サービス」(経済用語でutility：効用)であり、そのサービスを提供するのに必要な物質の量は大きく減らせるという「脱物質化」への概念と尺度がこのMIPSです。

　各章の扉についている「引用句」も興味深いものがあります。ひとつだけご紹介しましょう。「過剰消費者の典型は北アメリカ人でしょう。彼らは、毎日自分の体重と同じくらいのものを消費しています。18キログラムの石油と石炭、13キログラムのその他の鉱山物、12キログラムの農産物、そして９キログラムのその他の製品といった具合にです。これに対し、もう一方の極には１人当たり1.5キログラムしか消費しない極限状況の人々がいます。言い換えますと、北アメリカ人１人がバングラデシュ人の34人分に相当するのです。この論理でいきますと、アメリカ合衆国には70億人のバングラデシュ人が住み、バングラデシュには500万人にも満たないアメリカ人が住んでいることになります。人口過剰などいったいどこにあるのでしょうか」。

　さて、何度かご紹介してきた岩波書店『地球環境と日本経済』の英語版、『JAPAN'S GREEN COMEBACK : Future Visions of the Men Who Made Japan』が念願かなって出版

されました。翻訳者として嬉しく思っています。日本発の情報発信もどんどん進めたい一方、まだまだ日本に紹介されていない海外の良書がたくさんあります。「これは是非日本の人に読んでもらいたい、絶対に役に立つ」と思うのに、持ちかけた出版社に辞退されて、日の目を見ていない本が私の書棚にもあります。一般の方々(読者)のサポートのもと、「環境に優しい・環境に強い」出版社が増え、「枝廣さ〜ん、海外のいい環境の本、ないですか？」と編集者が探しに来てくれる日が早く来ないかなぁ！

環境問題に取り組むために

No. 231

　先日参加した(社)東京青年会議所台東区委員会が主催するシンポジウムに参加された事業者のアンケート結果をいただいたので、少しご紹介したいと思います。

<1>　貴事業所では、今後環境への取り組みをどうされますか？
１．取り組むつもり(今年中)　　　17社
２．　　　　　(3年以内)　　　　5社
３．　　　　　(いずれ)　　　　　5社
４．取り組まないつもり　　　　　1社

その他に「すでに取り組んでいる」が3社ありました。

<2>　企業が環境に取り組むことで利益を生む(経費節減を含む)ことは可能ですか？
１．不可能　　　　　　　　　　　　　　　　1名
２．難しいとは思わないが、今は不可能　　　2名
３．利益を出すこと(経費節減を含む)は可能　24名
４．利益を出すこと(経費節減を含む)は容易　4名

　自由記入欄に「パネリスト向けに水差しが用意されていたのが嬉しかったです」というコメントがありました。本当に、環境の会議なのに、クーラーをガンガンかけて、ペットボトルを配り、バージンコピー紙に片面コピーの資料を山のように作成する会議が多いのです。そんな中で、あとで洗う手間を厭わず水差しとコップを用意してくださった主催者のお気持ちも嬉しかったし、参加者がこのようなところまで見て下さっていたことも嬉しいことです。

　環境への取り組みをうたったシンポジウムですから、参加事業者の環境問題への意識は平均より高いのだと思います。それにしても、「今年から取り組みたい」企業が多く、しかもそれを「コスト増の負担」だというより、「経費節減や利益につながるプラスの取り組み」だと考えていることを、とても心強く思いました。実際の「儲かる取り組み」につなげようという勉強会も、有料だって参加するという企業が14社もありました。これだけいらっしゃれば、十分によいスタートが切れると思います。

　[No.184] (154P)で、枝廣の「コミュニケーションの3原則」として
その1：伝えるべき内容を持っている
その2：伝えようという気持ちを持っている
その3：伝えるためのスキルを持っている

JAPAN'S GREEN COMEBACK : Future Visions of the Men Who Made Japan
(Pelanduk Publications) ISBN : 967 978 7451

と書きました。
　同じように、「環境への取り組みの3原則」が挙げられますね。
その1：取り組むべき内容を持っている
その2：取り組もうという気持ちを持っている
その3：取り組むためのスキルを持っている
「その1」は、だれもが環境から取り出したものを使い、環境に二酸化炭素や廃棄物を排出して生活し、経済活動をしているわけですから、だれだって、どの企業だって「取り組むべき内容」はあります。そして、このアンケートに前向きに答えてくれた台東区の事業者の方々は、「その2」の「取り組もうという気持ち」を持っていらっしゃる。5～6年前から見れば信じられないほど多くの企業が、市場ニーズや取引先のプレッシャー、または「このままではいけない」という真摯な企業市民としての意識から、「取り組まなくちゃ」「取り組みたい」という気持ちを持つようになっています。
　そこで鍵を握るのが「その3」です。取り組む対象はある、取り組む気持ちもある。「でも何をやったらよいのか」、「どうやってよいか、わからない」という場合が多いのも事実です。取り組むためのスキルとは、ツールであり、知恵であり、戦略です。具体的に私が役立つと思うスキルは、

第1グループ：事業やプロセスを環境という切り口で捉え、戦略を立てるためのコンセプト
　たとえば、ナチュラル・ステップ、ゼロエミッション、ファクター4、ファクター10、インバース・マニュファクチャリング。その他にも役立つ考え方やコンセプトがいっぱいあります。

第2グループ：自分の事業やプロセスを環境という切り口で見直すためのルール
　ＩＳＯ14001、ＬＣＡ、環境活動評価プログラム(私の「今年の一押し」^^;)など。

第3グループ：事例
　この3つのグループをリンクさせて、単なる思いつきではなく理論的背景もあり、自分の事業プロセスに直接つながるスキルで、しかも実際の成功事例から学びながら進めるのがもっとも効果的だと思います。このシンポジウムのフォローアップとして開催する勉強会が、事業者に実際に取り組むためのツールを与えるために役立ちますように！
　今年のブループラネット賞の受賞者のお一人は、ナチュラル・ステップのカール・ヘンリック・ロベール氏に決まりました。ロベール氏の通訳をさせていただいて以来、ナチュラル・ステップについて時々ご紹介していますが、そのロベール氏の言葉を引用させていただきます。

> 「自分一人ができることはたかがしれている、という考え方をすることはよくあることだ。私たちは、アムネスティやグリーンピース、赤十字などの団体にいくらかお金を支払うことで、自分が消極的なことを慰めている。しかし、自らが従事している仕事においては、人はみなプロフェッショナルであり、その仕事を通じて、何かしら自然環境に貢献できることがあるはずである。私はそんな人に力を与える組織を作りたいと思った」。

製造業でも小売業でもサービス業でも、従事する人はその分野のプロです。消費者だって消費(何を買うか、どう使うか、どう捨てるか)のプロでしょう。ボランティア休暇を取って海外植林に出かけたり、環境ＮＧＯに募金するのもよい活動ですが、毎日の生活の中で、自分の専門領域でこそできる環境問題への貢献を考え、進めることも同じように大切な活動だと思います。ひとりでも多くの方が、そのような「気持ち」になりますように。そしてそれぞれの方や企業が、プロフェッショナルとして取り組むための「スキル」(ツールや武器)を身につけるお手伝いをしていきたいと思っています。

「循環型社会」ってなあに？

No. 239

「 日は昇り、日は沈み、
　あえぎ戻り、また昇る。
　風は南へ向かい、北へめぐり、
　めぐり巡って吹き、
　風はただ巡りつつ、吹き続ける。
　川はみな海に注ぐが、海は満ちることなく
　どの川も、繰り返しその道程を流れる」

「東洋思想みたい」と思いませんでしたか？ これは旧約聖書「コヘレトの言葉」からの引用です。「世界でもっとも古い循環型思想をお見せしましょうか？」といって、この旧約聖書を示してくださったのは、太平洋セメントの谷口専務です。谷口氏は、以前に以下のメールを下さっています。

　　キリスト教もイスラム教も砂漠で始まった宗教ゆえに、森林とか生態系の破壊などにはつい最近まで殆ど興味を示さず、あくまで人間中心主義で、自然は征服すべきあるいは利用すべきものであったわけであります。だから産業革命以後のあらゆる経済学が、環境と天然資源は有限ということを無視しつづけてきています。
　　古代ギリシャローマも、背教者と言われたユリアヌスまでは森の自然神崇拝が残っていましたが、その後はキリスト教とともに自然征服を進めていきました。神様の性格まで変化していっています。たとえばアルテミスなども、当初豊穣の女神だったのに狩猟の女神にかわってしまいます。紀元前3500年頃のシュメールの王様ギルガメシュがエンキドゥとともに、レバノン杉の番人フンババを殺したのをきっかけに、人類の自然破壊が進んでいったともいわれています。世界最古の物語"ギルガメシュ叙事詩"をお読み下さい。

「ですけど、旧約聖書には循環の思想があるのです」ということで、旧約聖書を見せてくださったのでした。「どうしてでしょうか？」

　　旧訳聖書のなりたちを考えれば納得がいきます。旧訳聖書に出てくることの多くは、メソポタミヤのシュメール文明以前のウバイト期といわれる時代に実際に起ったこと、たとえば大洪水伝説、楽園(エデンの園)追放の伝説等をアブラハムがシュメールの時代

にウルの都から北のハランを通ってカナンの地に移住した後も記憶していて、ヘブライ語の旧訳聖書になったと考えられないでしょうか。ウバイド期にはエデンの園には豊かな森と豊かな動植物が人間と共生していましたが、急激な気候変動－地球温暖化(紀元前5000-70000年頃、地学辞典参照)によってユーラシア大陸の氷がどんどん溶けだし、ペルシャ湾の水位が上がり、チグリス・ユーフラテス川流域に住んでいたウバイト人達が楽園を追われることになったと考えられます。

このように、旧訳聖書はキリスト教のような砂漠起源のものではなく、豊かな自然の生態系に恵まれた時代におこったことを記述しているのです。ですから循環思想が残っているのではないでしょうか。

遠い旧約聖書の時代から現代に話を戻しますが、最近、『循環型社会』ということばが、玉手箱化／水戸黄門の印籠化しているんじゃないかなぁ‥‥とよく思います。規模の小さな講演会やセミナーの講師役を務めるときはよく、「温暖化が日本や自分のビジネスに及ぼす影響は？」などを小グループで出し合い、「環境問題を解決するために何が必要か」を話し合って発表してもらいます。最近、「循環型社会にする」という答えが増えてきました。『循環型』ということばが普及している証拠としては喜ばしいのでしょうが、そういわれても、「チョット待ってよ。それって一体どういうこと？」という感じになってしまいます。突っ込んで聞いても、明確な答えが返ってくることは稀です。極端な話、「循環型と言えばＯＫ」みたいな感じが漂っている時も多いようです(セミナーの参加者に限った話ではありませんが)。

循環型社会というからには、「何のために」「何を」「どのように循環し」「その結果、どうなるのか」ぐらいは押さえてもらわないと、「答えにならない」と思います。「循環型ってどういうこと？」という定義や中身についての議論があまりされていないのに、言葉だけが一人歩きしている感もあります。聞く相手によって、だいぶ違う答えが返ってきます。「ぐるぐる」というイメージは共有しているにしても、多くの人が自分の「循環観」を万国共通の基盤として話しちゃっている、だから議論がかみ合わないことも多いように思います。

経済学、物理学、化学、心理学、宗教学、政治学、人類学‥‥、各学会で「我々の循環型の定義」を出してもらえると、大きな違いがはっきりわかって、ずっとすっきりした議論ができそうに思います。個人のレベルでも、少なくとも「私はこう循環型を考えているんだけど、おたくは？」という定義のすりあわせをしてから話をはじめた方がいいんじゃないかなぁ、と思います(そのためには、自分の定義を明確にする作業が必要です)。

そもそも「循環型社会」ということばが日本で知られるようになり、普及しはじめたのは、いつ頃からなのか？ 元日経新聞論説委員で千葉商科大学教授の三橋さんにうかがってみました。

　　循環型社会が意識して使われるようになったのは、そんなに古いことではないと思います。私の主観的な見解を申しますと、93年に環境基本法ができ、94年12月にそれを実行していくため、環境基本計画が作成され、閣議決定されました。この計画づくりには、私も参加しています。その中で、循環、共生、参加、国際的取り組みの４つ

の長期目標が盛り込まれました。その最も重要な概念として循環が登場しています。循環型社会という言葉が、使われるようになったのは、これ以降だと思います。

私がデスクとして'95年元旦から始めた連載社説「環境の世紀への提案」(31回)でも、循環型社会という用語はまだ意識的に取り上げられていません。従って、循環型社会が意識して使われるようになったのは、'95年後半、ないし'96年頃からではないかと思います。私も、循環型社会を多用し始めたのは、環境基本計画以降です。

移民の国米国では、何事についても「言葉でしっかり定義しない限り、理解し得ない」という前提が各人の中にあるように思えますが、日本の場合は、「循環といえば循環じゃない」「そうそう」…という感じも色濃くて、それだけではなく、「これは循環なんだからイイコトに決まっている」という押しつけ論理が使われることもあります。

循環にも「良い循環」と「悪い循環」があります。「地球のためになる循環」と「地球のためにはならない循環」をきちんと分けて考えられるようにならないと、「循環様のお通りだ！」「ははぁ！」みたいな、ヘンなことになってしまいます。「良い循環」と「悪い循環」の間は白・黒ではなくて、連続線だと思います。つまり、選択肢があった場合に「相対的にはこちらの方がマシ」という判断をすることになります。そこで「マシ」と判断されたものが、本当に「良い」のかどうかは、別問題として考えなくてはなりません。

私の「循環型社会」のイメージは、大きなループ(輪)から小さなループまで、いくつもいくつも重なっているようなイメージです。言うまでもないことですが、環境負荷を下げるための「循環」であるなら、「ループの距離」(輸送)と「ループを回す力」(エネルギー)を考え合わせる必要があります。かつて荏原製作所の藤村会長が、「ループは小さければ小さいほどいいのです」とおっしゃっていました。「昔は、新聞紙で習字の練習をしたり、着物を仕立て直して、何代も着ていたでしょう」と。このような家の中でのループなら、輸送の環境負荷も循環させるためのエネルギーも必要ではありません。もちろん仕立て直しにはエネルギーはほとんど要らないにしても、「手間」や「時間」が必要なことは言うまでもありませんが、これは「労働生産性から、資源生産性へ」というテーマにも関連しています。

新聞紙をもう少し大きな循環ループに載せると、集団回収なり行政回収で集め、トラックなどで工場に運び、溶解、脱墨、漂白、製品化という工程を経由して、もう一度新聞紙になります。輸送も、工場でのプロセスも、燃料の使用や、化学物質・電力の使用、それに伴う各種排出物などの環境負荷は高まります。それでも「バージンの木を切って新聞紙を作るより、地球全体のためになる」という判断で、古紙回収・リサイクルに力を入れているわけですね。

『小さいことは良いことだ』(Small is beautiful)という本がかつて米国で大ヒットしましたが、「循環」も同じじゃないかなぁ、ちっちゃな循環ができるものは、それに越したことはないよ、と思っています。

そこで最近、「封筒づくり」に凝っています(^^;)。以前は、書類整理袋などに再利用できない定型郵便物の封筒は、開いて回収に出すか、ノリがついていると回収してもリサイクルできないといわれたので捨てるかしていました。最近は、カッターとノリを使っ

て、くるりとひっくり返して、一回り小さな封筒にして、再利用しています。私信の封筒は使いませんが、請求書を送ってきた社名の封筒を「仕立て直して」、今度はこちらからの請求書を入れて「リベンジ！」と(^^;)、送ったりしています。

　だんだん仕立ての腕も上がってきましたが、売っている封筒に比べればやっぱりヘンです。でも「相手に着くまでバラバラにならずに中身の紙を届ける」という「役目」は果たしてくれています。ですので皆さま、私からヘンテコな封筒が届いても驚かないでくださいね(^^;)。

　そして、特に電話会社や金融機関へのお願い。あの窓付きの封筒は何とかならないのでしょうか？ せっかくの仕立ての腕も使えない。リユースもリサイクルもできません。せっかくインターネットで振込をしても、その結果を大きな紙にプリントアウトして、窓付き封筒で送ってくれるので、がっかりしてしまいます。メールでの報告で十分なのになぁ。

循環型社会について　ふたたび
No. 255

　[No.239] で、循環型社会の中身や定義の議論があまりされていないのではないだろうか、と書きましたところ、フィードバックをいただきました。ナチュラル・ステップの方です。

> 　循環型社会について思うことが一つあります。日本と同様スウェーデンでも、循環型社会という言葉はリオの地球サミット以降、政府から社会に広まりました。それで、日本でも同じ意味だろうと思っていましたが、最近、何か違うなと感じています。日本で循環型社会というと人間の社会の中だけの循環の話になっている場合が多いように思います。リサイクルも循環ですが、循環型社会の目標は自然の循環に合わせることであり、自然の循環が大前提だということが抜けているように感じますが、どうなのでしょう？　その意味では、「自然循環型社会」といった方がはっきりするのではと思います。そしてその社会をもっと明確に定義したのが、ナチュラル・ステップの持続可能な社会の原則だと思います。

　ありがとうございます。「ナチュラル・ステップ」とカタカナで書いてしまっていますが、「自然の」という「ナチュラル」なのですよね、と改めて認識しました。ご指摘のように、日本では「人間の社会」を暗黙の前提として「循環型」といっているように思います。もともと「ゼロエミッション」も、「自然には何もゴミがない。ある生物の廃棄物が、別の生物のエサになっている」という、その自然の循環に真似よう、という考え方が中核にあります。

　しかし日本では、自分の工場から目に見える廃棄物が出なければ、「ゼロエミッション工場」と名づけるなど、もともとの「自然の循環を真似る」というコンセプトから切り離された活動もあるように見受けます(別にもともとのコンセプトに忠実なことが望ましい、といっているわけではありませんが)。少し縄文時代に関する本を読んでいるのですが、縄文人に「循環型社会」と問うたら、「この世とあの世の循環」だと答えるのではないかな、なんて思います。「身土不二」(43P)を教えてくださった小島さんは、「循環型社会といったときには、『縮小

再生産』の考えが入っているのと思います」とおっしゃっていました。そして、材料科学の専門家に聞けば、「原子レベルの循環」をイメージしているかもしれない。
「循環型社会」の中身について、もう少し共通理解を構築できれば、不毛な議論を避け、建設的な話が進められるのではないかな、と思います。元日経新聞論説委員の三橋さんに再度うかがってみました。

> 現在、中央環境審議会で、環境基本計画づくりをしていますが、そこでも自然の大循環と経済活動の中の物質循環(小循環)など様々な循環論議をしています。しかし重要なことは、ここでいう循環型社会とは、地球の限界に遭遇した私たちの世代が、新しい地球文明、環境文明を創造していくために必要な社会として位置付ける必要があるということです。

ということです。
三橋さんのコメントをもとに、「循環型社会形成推進基本法」での「環型社会」の定義を見てみました。

循環型社会形成推進基本法の趣旨

平成１２年６月
環 境 庁

１．廃棄物・リサイクル対策については、廃棄物処理法の改正、各種リサイクル法の制定等により拡充・整備が図られてきているが、今日、我が国は次のような課題に直面し、これへの対処は喫緊の課題となっている。
　(1)廃棄物の発生量の高水準での推移
　近年、一般廃棄物の発生量は約５千万トン、産業廃棄物の発生量は約４億トンで推移
　(2)リサイクルの一層の推進の要請
　平成８年度のリサイクル率は、一般廃棄物約10％、産業廃棄物約42％
　(3)廃棄物処理施設の立地の困難性
　平成８年度の最終処分場の残余年数は、一般廃棄物で8.8年、産業廃棄物で3.1年
　(4)不法投棄の増大
　不法投棄の件数は、平成10年度では1,273件と、平成５年度の4.6倍に増大
２．これらの問題の解決のため、「大量生産・大量消費・大量廃棄」型の経済社会から脱却し、生産から流通、消費、廃棄に至るまで物質の効率的な利用やリサイクルを進めることにより、資源の消費が抑制され、環境への負荷が少ない「循環型社会」を形成することが急務となっている。
３．本法は、このような状況を踏まえ、循環型社会の形成を推進する基本的な枠組みとなる法律として、(1)廃棄物・リサイクル対策を総合的かつ計画的に推進するための基盤を確立するとともに、(2)個別の廃棄物・リサイクル関係法律の整備と相まって、
　循環型社会の形成に向け実効ある取組の推進を図るものである。

　ここでの「循環型社会」の定義は、「資源の消費が抑制され、環境への負荷が少ない社

会」ですね。ご関心のある方は、環境庁のHPに循環型社会形成推進基本法を中心に循環型社会への取り組みの解説がありますので、どうぞ。上記の環境庁の連絡先は、「環境庁水質保全局企画課海洋環境・廃棄物対策室」となっています。担当部署の名前で邪推するわけではありませんが、出口でリサイクルによって廃棄物を減らすだけではなくて、「モトから絶たなきゃダメ」という法律になっているのかどうか？

　日本の循環型社会形成推進法の要は「廃棄物対策」のようですが、このゴミについて、ある自治体の方からご意見をいただいていますので、ご紹介します。

　　　私もごみに関して興味を持っています。なぜなら、日本は公害を大気と水質を中心に克服してきましたが、肝心の廃棄物が(高度成長のおかげで)放置されてきたからです。三象は気体・液体・固体ですが、なぜか気体と液体だけ対策がとられ、固体が忘れ去られてきました。しかし、固体は気体と液体に大きな関係があるのです。固体であるごみの多くは燃焼されて大気を汚染したり、気化や圧縮、溶出などにより液化して環境を汚染することも多いのです。このように大気汚染や水質汚濁も固体と大いに関係があるのに、世界に誇れる日本の公害基本法から固体廃棄物は外れていました。省庁も別でした。

　　　廃棄物対策の根本は、大気・水質と何ら変わることなく、まず発生源を如何に抑えるかにつきます。どんな先端的な技術を使おうが、排出してしまったものを削減するのは何百倍、何千倍ものエネルギーや労力を要します。廃棄物対策の8割以上を排出抑制の労力に費やすべきです。今は余りにも排出対策技術に力を注ぎすぎています。市町村の焼却場はその最たるものです。民間ではとてもやれないことを小さな市町村が税をたっぷり使ってやっています。先端技術で環境を守ることは良いことですが、真剣にごみを出さない努力を徹底的にやる方が、資源保護や環境、財政等から見て間違いなく有利です。ごみを出さない制度をどう作るかがポイントでしょう。

　どうもありがとうございます。日本が参考にしたというドイツの法律ではどう規定されているかなど、また情報をお伝えしたいと思います。

「循環型社会」「もったいない」は英語になるか？
No. 72

　今日の日経新聞の『春秋』をお読みになりましたか？「循環型社会を支えている『もったいない精神』はアメリカ人には理解できない」という米国人のお話から、「もったいない精神」や「循環型社会」は、無理に英語にせずに、日本語で発信したらどうだろう？　という提案です。

　[No. 17] (18P)で報告した「環境を考える経済人の会21」の秋季合宿でも、「循環型社会」をどう英訳するか、という話が出ました。定訳はないのです。数年前にレスター・ブラウンと日経新聞の三橋論説委員の対談の折に通訳していたのですが、どうしてもこの「循環型社会」がうまく英語にできませんでした。あとでレスターに「こういう感じなんだけど、英語では何ていえばいい？」と聞いたら、うーん、としばらく考えて、recycle-based society かな、と教えてくれたので、会議で出てくるとこの言葉を私は使っています。し

環境庁　循環型社会への挑戦
http://www.eic.or.jp/eanet/recycle/panf/index.html

かし、この『春秋』で三橋さんが指摘されているように、これでは物質的な循環はわかるけど、「循環」に込められている精神的な要素はまるっきり落ちてしまいます。

ということで、先週ワシントンに行くまえに、三橋さんに循環型社会の定義をいただいて、研究所の研究者数人に聞いてみました。三橋さんにお聞きしていったのは、「日本人の循環型社会のイメージは、単に廃棄物をリサイクルさせるということではなく、(1)もったいない精神(何度も繰り返し、大切に使う)、(2)生態系を損なわない、(3)長持ちする製品をつくる、(4)廃棄物を出さない経済社会、地域社会、企業行動など——などをすべて包含した言葉として使われていると思います」ということでした。

これを説明して、「英語で何ていう？」と聞いたのですが、やはり一言で「循環型社会」を表現するのは無理のようでした。思った通り、物理的な循環はわかってもらえるのですが、「もったいない精神」はやはり理解しがたいようでした。

「もったいない」というのは、私が通訳になりたての頃から英語にしづらくて苦労している言葉ですが、「こういうことで、たとえばこういうときに…」と一生懸命説明しても、too good to throw away (捨てるには良い物すぎる) としか、返ってきません。違うってば！もったいない、というのは、ほら「お天道様に申し訳ない」とか、「生かされている」とか、輪廻とか、そういう感じじゃないの—…となってくると、日本語にスイッチしたくなってきます。私の英語じゃ無理(^^;)。

もっともワールドウォッチ研究所で出会った老夫婦が、大恐慌のあと、何もモノがなく(買えなく)なったので、新聞でも何でも捨てずに取っておく癖がついた、いまも家はガラクタでいっぱいだ、なんて笑い話をしてくれたので、何かあるんじゃないかと思うのですが、どんぴしゃの表現はなく、説明しないといけないようです。thrift が「倹約」という意味だが、この単語自体はネガティブなニュアンスがあるので…といっていました。「循環型社会」を英訳するなら、perpetually circulating society／permanently (continuously) recirculating soceity／closed loop society／zero waste, full use society　かなぁ、そういう言葉がないのは、米国にそういう習慣や考え方、精神がないからだよなぁ、恥ずかしいねぇ、と若手研究者たち。やっぱりコンセプト付きで、「循環型社会」や「もったいない精神」という日本語を全世界に"輸出"しましょうか！

日本青年会議所(JC)でも、1994年より「グローバルMOTTAINAIムーブメント」を全世界に向け発信しています。数年間のプログラムは(通訳として端から見ていただけですが)大成功のようで、日本JCのメンバーが世界各地で風呂敷などを使いながら、「もったいない精神」を普及させる運動をしていました。チュニジアなど世界のあちこちで、JCメンバーを中心に、MOTTAINAI という言葉がそのまま使われているそうです。どういうプログラムで、どういう説明で(どういう英語で！)「MOTTAINAI」を伝えられているのか、各地の感触はどうだったか、など、是非JCメンバーの方のインプットをいただきたいな、と思います。

「もったいない」を英語にすると？

No. 74

　[No. 72] で「もったいない」は英語になるか？と書きましたら、いろいろなご意見やご

提案をいただきました。

> **It's a pitty that this (which is still useful) should be thrown away. または I feel sorry for throwing it away. などでしょうか。モノに対する罪悪感のニュアンスのある言葉ですよね。It's a shame to throw it awayというのはどうでしょうか？**

　罪悪感、というのは私もわかる気がします。「もったいない」っていう時は、ため息とか後悔の念とか、ついてくることが多いですよね。ところで、国土も広く資源も豊かなアメリカで、モノを粗末にしたり無駄にしたときにこういう罪悪感が湧いてくるのだろうか？　とも思ったりします。別の方のコメントです。

> 「もったいない」に欧米人にとっての新しい価値を付与するとすれば"sophisticated modesty"という言葉がいいかもしれません。地球サミット事務局長を務めたモーリス・ストロングなどはこの言葉を時々使います。経済的には豊かであっても物質的には慎ましい生活をし、むしろ精神的には高度な文化を追求する、こんな社会を目指すべきだと思います。

　う～ん、新しい言葉です！ どう sophisticated なのか、是非欧米人にわかってもらいたいなと思います。昨日たまたまニュースを読んで下さっている方とお喋りをしていて、「もったいない」の「もったい」って何だろう？　という話になりました。『広辞苑』の登場です(^^;)。
●もったい【勿体・物体】「物の本体の意」
なるほどー。わかったようなわからないような……(^^;)。
●もったいない【勿体ない】（3つ意味の載っているうち3番目）「そのものの値打ちが生かされず無駄になるのが惜しい」
　これですね！　生きとし生けるもの、生けないもの(?)も、あるがままでそれぞれの価値を持ってこの地球に存在している。その潜在的価値を思う存分、可能な限り発揮せずに朽ちていくとは、何と口惜しいことよ…という感じでしょうか。「惜しい」という感情を込めるなら、先のサジェスチョンにありましたように、It's a pity. って感じでしょうか。(通訳翻訳仲間で読んでくれている方、ヘルプ・ミー！ ^^;)。
　ところで『広辞苑』には、「勿体ぶる」の他に、「勿体らしい」とか「勿体顔」という言葉も載っていました。ここでの議論には関係ないですが、面白いですねー。どんな顔だろう？　と思われる方は広辞苑をどうぞ。「勿体顔」はあるけど、「勿体ない顔」っていうのはないのかなぁ？(^^;)。「ほとんど手の付けられていない料理皿をウェイターが手際よく片づけていく様を、淳子は勿体ない顔でみていた」(小説『もったいない時代』より)(^_^;)。

日本青年会議所のMOTTAINAI運動
No. 75
　[No. 72]で、日本青年会議所の「グローバルMOTTAINAI運動」をご紹介しました。「もったいない」という言葉ごと、そのスピリットを世界に広めよう、という運動です。さっそく、日本青年会議所(ＪＣ)のメンバーの方から情報をいただきました。

「もったいない」の英訳ですが、ＪＣでの経験で言うとJunkoさんもご存知の通り、どんな訳をもってしても海外の方には理解できないと思います。特にその精神は日本独特のもので歴史的に受け継がれてきたものでもあると思います。やはり手っ取り早く、「MOTTAINAI」と伝えてしまったほうが良いのではないでしょうか？ そこで「具体的に」というリクエストが必ずありますので、普及するまでは(世界青年会議所では説明する必要がないくらいMOTTAINAIが普及しています)、簡単な事例なり、説明が必要でしょう。

ＪＣでは「視覚と体験」による普及を数年続けました。無駄な行為をいくつか見せて「それはもったいない！」と繰り返すＶＴＲで訴えたり、古新聞紙を利用した「紙すき」や「風呂敷の繰り返し利用」を体験するセミナーを世界各地で実践しました。その結果が「MOTTAINAI」の普及につながったと思います。言葉だけの説明は我々には無理でしたので、こうした方法をとったわけです。レセプションなどの会場で小生が飲み物や食べ物を残すと海外のメンバーから「MOTTAINAI」と声をかけられることもありました。Junkoさんのいう通り「もったいない」を日本から輸出しましょうよ!! それが一番であると感じます。

もうお一方、メンバーの方より。

グローバルもったいない運動は国際青年会議所の公認プログラムとして、昨年まで6年間、世界各地でセミナーを開催しました。セミナーは毎年世界を4エリアに分けたそれぞれのエリア会議において開催されましたが、「MOTTAINAI」という言葉は世界青年会議所では公用語として通用しています。今後はこの精神を持続させるために、MOTTAINAI運動に貢献のあった青年会議所や組織を毎年表彰することとなっています。また、昨年は「MOTTAINAIコーチ」養成のためのテキスト「スーパーMOTTAINAI」が完成し、運営面でも日本の手を離れ、世界各地で独自の運動が展開されていくものと期待しております。

おっしゃるように、循環社会の精神は間違いなく「もったいない」に直結するものだと考えておりますし、青年会議所では既に公用語として(同時に精神としても)通用する言葉となっていることからも、変に訳してしまわない方が良いのではないかと思います。

どうもありがとうございます。日本の青年会議所の会員数は6万人。多くが中小企業の経営者ですので、家族や社員を入れると、100万人に影響を及ぼせる、大きなインパクトを持ちうる団体です。地域密着型＋業界別の部会制度という特徴を持ち、循環型社会の構築にも大きな役割を果たしてくれる組織ではないかと大いに期待しています。

ところで今日、バイリンガルの2児の父親である方と話をしていましたら、「子どもに英語で話をしていても、『もったいない！』というときには、どうしても日本語になってしまう。子どもも僕が水を出しっぱなしにしていたりすると、『ダディ、もったいないヨ！』というんですよ」。

世界中が循環型社会になる頃には、世界中の家庭で「モッタイナイ」という躾が展開されているといいナ。

もったいない つづき
No. 79

「もったいない」を英語にすると？ という話に、別の提案をいただきました。

　もったいないの英語ですが、Am I making best use of Thy Blessings? というのはどうでしょう。カトリックのミサ答えの言葉に、「大地の恵み、労働の糧…」という詞があります。これをまともに受けとめて実践していれば、神の賜をムダにしてはいけない、最大限に利用させていただこうという気持ちが自ずと湧いてこないでしょうか？ これに反する行為はもったいないという思いに繋がるでしょう。仏教徒の間にも、「もったいない、バチが当たる」という表現がありますので、両宗教に共通な思想ではないでしょうか。他の宗教にも似たような思想があるかも知れませんね。

　先日、ワールドウォッチ研究所で、研究者のガードナーと話をしていたときに、「環境と宗教をテーマに研究してみたいんだ」といっていました。「それは面白いね。微妙な問題だろうけど、人口抑制との絡みでも大切だよね。バチカンも影響力が大きいのだから、地球のことを考えて早く必要な行動を取ってほしいなぁ」と私。「でも、教会が立場を変えるのは、時間がかかるからネー」「そうだよねー。ガリレオに謝罪したのも、確か400年後だっけ？」「そんなに待ってられないよね」「でも、いい例もあるよね。イランが人口扶養力の限界に気づいて、宗教のイデオロギーに優先して家族計画プログラムを提供しはじめたとレスターがよくいっているよ」と私(「釈迦の弟子に説法」してしまった…^^;)。「僕は、世界の主要な宗教が、環境や地球との関係をどのように捉え、教えているのかを研究してみたいんだ。キリスト教以外は知らないから、ゼロからの勉強だけどね」とガードナー。彼が仏教や神道の勉強をするときには、もったいない精神も含めて、皆さんでいっぱい教えてあげて下さいね！

「もったいない」との関係で、思い出したことがありました。昨年の12月10日の「エコプロダクツ展」での特別講演をされたワイツゼッカー氏が、講演の中で「efficiency」と「sufficiency」という話をされました。ワイツゼッカー氏は、「ファクター4」(資源生産性を4倍に上げよう、つまり、同じ資源単位量で、アウトプットを4倍に)を提唱されている方です。その際のコンセプトとして、エコ効率(efficiency)があります。エコから見た効率を上げよう、ということです。「ただし…」と氏。「それだけでは十分ではありません。いくら個々の効率を上げても、数量そのものが増えるのでは、何の役にも立ちませんから。そこで、sufficiency が重要になってくるのです」。sufficiency は、辞書に書いてあるとおり「十分な状態」ということですが、私は「もうこれで十分だ、ということ、足るを知ること」と訳してみました。

　先日ある方が「more is better, enough is best」とおっしゃっていました。あ、同じ精神だ！ と嬉しく通訳していました。「もっとたくさん、もっと大きく」ではなく、「これで十分です」と「足るを知る」ことから、感謝の気持ち、そして「もったいない精神」につながるような気がしました。

もったいない　つづきその2

No.80

「もったいない」談義に、別の角度からのご意見をいただきました。

　「もったいない」「循環型社会」というキーワードは、高度成長期以前に農家に育った身にはまことに共感できる話題でした。ただし、やや気になる論調を感じましたので申し上げます。果たして「もったいない」という感覚が欧米に薄く、日本では強いか？という点です。

　バブル崩壊後は改善されたものの、日本の「パーティの残飯」は目に余るものだと思います。またピカピカの新車が多いのも日本の社会だと思います。夜の明るさも世界有数ではないでしょうか？「水と安全はタダ」「米の飯とお天道さまはついて回る」精神で各種資源や食べ物を結構粗末にしたり、「禊ぎ」の伝統から使い捨てが抵抗なく受け入れられる点は日本の方が上だと思います。逆にピューリタニズムや開拓時代の伝統から、モノを大切に扱う気持ちはアメリカ人の心の奥底にも潜んでいるはずですから、一概に国の差でいうと思わぬ反撃にあったりしそうです。「我が国固有の感覚」という考えを捨てた方が発展性が大きいと思います。

　都会か田舎かの地域差、世代差、所得差、信仰などによって受け止め方は様々だと思います。それだけにアピールの仕方次第ではどこの国であっても共感を得ることが可能でしょうし、逆にどこの国であっても聞く耳をもたない一群が存在することになるのでしょう。

　もうひとつ「循環型社会」のモデルとして江戸時代が引き合いに出されますが、最近貝原益軒の『養生訓』を読んでいて気になる一文を見つけました。「すべての食物のうちで、畠に栽培された菜が最も汚れている。その根や葉に長くしみこんだ人糞の肥料はすぐにはとれないからだ。食べるためにはまず水桶をきめておき、それにたっぷり水を入れて菜をひたし、その上からおもりをおいて、一夜もしくは一日ののちにとり出し、刷毛でその根、葉、茎を十分にこすって洗い、きれいにして食べるがよい。‥‥」(伊藤友信訳、講談社学術文庫　P130)。

　大変な苦労が偲ばれます。私も江戸時代は循環型社会の理想郷と思っておりましたが、こういう現実を考えると、単なる憧れでは済まないなぁ、と痛感した次第です(~_~;)。

　ご指摘、ありがとうございます。その通りだと思います。「もったいない」という言葉をもっている日本でも、いっぱいもったいないことをしています。国の「もったいない」格付けをするつもりはないのですが、私自身の活動が、草の根の市民というより、企業の会議などが中心なので、「企業やビジネス活動において環境意識の温度差を感じる」と明確化した方がよかったかもしれません。

「アースデー」もアメリカで生まれ、育っていますし、非常に熱心で先進的な取り組みがアメリカにたくさんあります。いくつか、ご紹介しましょう。「センター・フォー・ニュー・アメリカン・ドリーム」は、開拓拡大のアメリカン・ドリームに代わる、新しいアメリカン・ドリームを、という活動を展開しています。自分たちの消費やライフスタイル、

センター・フォー・ニュー・アメリカン・ドリーム　http://newdream.org
シンプル・リビング・ネットワーク　http://www.slnet.com/

環境を取り上げています。ここでは、「Enough!」というニュースレターを出しています。「足る!」というところでしょうか。シンプル・リビング・ネットワークというところもあります。どちらもＨＰからニュースレターの申込ができます。

アメリカにもこのような市民レベルの熱い運動や活動がたくさんあります。その一方で、何人かがインプットを下さっていますが、「環境のカの字も意識していないで、何でもジャンジャン使い放題、捨て放題」している普通の人々もたくさんいます。でもご指摘のように、それは日本でも同じです。あらゆるレベルでできるだけ多くの人々に関与してもらわないと「循環型社会」は築けません。

幸い、私の目から見ると、日本では政府がその方向に動き出しており、企業でも自分のこととして循環型社会を真剣に考えるところが増えてきています。循環型社会を市民の意識や行動に結びつけようというＮＧＯも増えています。このような各レベルの動きをもっともっと加速する一方、まだ「環境は雇用や経済の敵」と信じている政府の役人や企業が多いアメリカの意識を変えてもらわなくては、と願っているところです。市民運動が企業を変えるのを待つより、企業が自ら変わる方がよほど早いからです。

それにしても、いろいろな見方や考え方を寄せていただけるので、調整したり考え直したり、バランスを取りながら、考えを深めていけます。読んで下さっている方々、インプットを寄せてくださる方々に感謝しています。これからもよろしくお願いします。

山川草木悉有佛性
No. 93

「足を知る」に関して、竜安寺の蹲(つくばい)を型どった文鎮をいただきました。口という字を中心に「吾・唯・足・知」(ワレ、タダ、タルコトヲ、シル)と書いてあります「知足」について調べられるかな、と思って今朝インターネット世界を歩いていましたら、姫路工業大学環境人間学部 岡田真美子教授のＨＰにたどり着きました。「仏教説話におけるエコパラダイム ─ 仏教説話文献の草木観と環境倫理」「仏教における環境観の変容」などなど、まさにソフト・ゼロエミのキーパーソンではないか！「求めよ、さらば与えられん」だわん(^^;)。不躾ながら岡田先生にメールをお出ししたところ、すぐにお返事をいただき、エコロジーにおける「山川草木悉有佛性」思想について教えていただきました。

これは「さんせん　そうもく　しつう(しっつう と読む人もいる)ぶっしょう」と読みます。環境を勉強し始めた頃、仏典中に環境問題に力を貸してくれる思想がないかしらと思って、自然観や生命観を説く章句を探し回りました。　そして最初に行き当たったのが、この「山川草木悉有佛性」でした。つまり、山や川などの自然存在にも、草や木にも、悉(ことごと)く仏となる性質があるということ。　動かぬものも、物言わぬものも、どんなものも全て仏となる性質を持っている。故になにものも粗末にしてはならない、という思想です。

岡田先生もメールニュースに登録してくださいました。これで仏教の専門家のインプットもいただけることになりました。インターネットって不思議だな〜、と思いつつ、ネットが結んでくれたご縁に感謝したのでありました。

竜安寺のつくばい
No. 109

[No.93]で「吾れ唯だ足ることを知る」という竜安寺のつくばいについて書きましたら、ある方が、「面白いお菓子がありますよ」と送って下さいました。その名もずばり、「竜安寺御用達　禅風菓　つくばい」！(^^;) 由緒ありそうな姿でちゃんと4つの文字が刻んであります。栞には、「＜足ることを知るものは貧しといえども富めり。不知足のものは富めりといえども貧し＞と教える。これは禅の真髄であり、かつ茶道の精神でもあります」と書いてあります。

「一度にいくつまでなら、足るを知る食べ方かなぁ？」(^^;)と、これまた思案の哲学的なお菓子であります。ご馳走様です。

「もったいない」に関して、別の方から「ヨーロッパだと、いいものを長く使い続けるイメージがありますよね？　それはもったいない精神とは違うのかなぁ」というコメントをいただいています。そうですよね。特に北欧ではそういう精神がしっかり根づいている、と私も聞いたことがあります。まえにヨーロッパの環境の専門家と話をしていたら、「北高南低」なのですよ、といっていました。スカンジナビア諸国(スウェーデン、ノルウェー、デンマーク、アイスランド、フィンランド)は環境意識が高い。オランダも、埋め立てで国土を作ってきた歴史から、環境問題には敏感である。それに対して、南の方の国々はどうもピンと来ないらしい、と。国土の広さや天然資源の豊かさ、自然環境の厳しさや国の生い立ちなども、「もったいない精神」の濃さに影響するのでしょうね。

さて、本日3本目のニュースになってしまいました。「足るを知らないメールニュース」といわれないように、今日はここまで！　(^^;)

モノを長く使い続けることの比較文化
No. 110

「ヨーロッパだと、いいものを長く使い続けるイメージがありますよね？　それはもったいない精神とは違うのかなぁ」に対して、英国での生活が長く、英文学者でありファッション評論家でもある方からのコメントです。

　　ヨーロッパで「いいものを長く使いたがる」というか、「いいものを長く使っているということを世間に誇示したがる」傾向が強いのは、そういう行為が特権的上流階級のイメージと分かちがたく結びついているからでしょう？「もったいない」精神とは、ちょっとちがう。

　　日本ではたとえいいものを長く使ってようと、なにか辛気くささというか「金持ちはケチ」のイメージにつながってしまう。なぜでしょうね？　商品を提供する店側のあり方にしてからが全然日本とヨーロッパでは違う、ということもあるかもしれない。ヨーロッパの一流店って、ほんとに限られた顧客しか相手にしてこなかったし、商品も、「三代保証」をつけて提供していた(今でもこういう店が健在)。人々も、その手の耐久性のあるブランド商品とつきあうことがどういうことを意味するのか知っているので、それなりにそういう人々に敬意を払ってきたっていう歴史がある。

　　階級制のなくなった(維新以降、完全にかつての商品文化が意味をなさなくなったし)日本では、

岡田先生のＨＰ　http://www.hept.himeji-tech.ac.jp/~okadamk/

とにかく大勢の客に何度も足を運ばせることを狙ってものを売ってきたから、3年前のものを修理に出そうとしても、新品を買う方が安いなんて言われて結局新品を買うことに‥‥。

　今ではヨーロッパの老舗一流店も日本人やアメリカ人の成り金に荒らされてかつてのような威光はすっかりなくなりましたが、だからこそますます「50年前のヴィトン」みたいなものに対するヨーロッパ人の態度は違いますよね。日本には時を経るほど輝かしさを増す(文化的にも物理的にも)というような消費財そのものが作られてこなかった。「モノを長く使い続ける」ことが辛気くささや貧乏くささと無縁な、リスペクタブルな文化的イメージを帯びるような社会にならないと、この資本主義の悪循環からは逃れられないような気もします。

　なるほどー。単に「モノを大事にする尊い文化」なのかと思っていましたが、日本人にはわかりにくい特権階級制度につながっているという視点、興味深く読みました。
　私の方は、相変わらず＜もったい＞＜もったいない＞について考えています。先日ご紹介した仏教学者の岡田先生が、ご自分のＨＰでも取り上げて下さいました。
　「もったい」とは仏教でいう「眞如」(そのものの本来のありかた)と同じではないのでしょうか？ そのものの真価というようなもの。 日本でいう成佛とは、この「もったい」をまっとうすること、と考えてみました。 草も木も国土も悉く「もったい」を全うするんだよ、これが「草木國土悉皆成佛」。「山川草木悉有佛性」の方は、山も川も草も木も、すべてに「もったい」(そのものに本来備わっている尊さ・品位・価値)がある、ということを言っていると考えては如何でしょう。どの存在にも「もったい」がある。それを粗末にしては「もったいない」という考え方。

　皆さんにいろいろと教えていただけること、「かたじけない、もったいないことよ」と感謝しています。ところで、「かたじけ」って何でしょう？(^^;)

ヨーロッパの捨てない文化とよろず屋さん
No. 120
　[No.110]で「ヨーロッパでいいものを長く使うのは、特権的上流階級のイメージと結びついていて、もったいない精神とはチョット違うと思う」というコメントをご紹介しました。英国をはじめ欧米での生活の長い方が詳しいコメントを寄せて下さいましたので、ご紹介します。
　　　確かに「もったいない精神」とは少し違うと思います。欧米では、例えば耐久財等は「何代にもわたって使うもの」という感覚があり、捨てるという考えがないので(少しオーバーにいえば、捨てるということは罪悪なので)「もったいない」以前の価値観です。家具もその他の物でも、最後の最後まで使って、これ以上使えないという段階で捨てます(自分で指定場所まで捨てに行きます)。
　　　一般に若い人達の多くは(経済的理由で)中古家具を買います。その媒体として、英国では無料広告紙(ロンドンでは日刊、地方都市では隔日刊)が一般的なほか、地方紙にも必ず無料

広告欄があります。これを見て、電話で問い合わせ、価格交渉等をして、見に行って決めます。引き取りは買手責任で、通常家族や友人と一緒に車で取りに行きます。自分の車で賄えない時は、バンを持っている友人から借りるか、レンタカーで行きます。

　この他、アメリカではガレージセールが一般的ですが、英国でもあります。少し価値がありそうなもの(結構ガラクタもありますが)は、町や村で行うオークションに持って行きます。また、週末には、多くの村で駐車場等を利用して、boot salesというオープンマーケットのようなものをよく行います。売りたい人は、車に荷物を詰めるだけ詰めて、1台につき10～20ポンドぐらいの入場料を払います。「こんなものまで?」という物まで売っています。

　また、中古品に関しては、中古ショップがあり、例えばまだモノとしては着られるけど、自分が太ったり痩せたりして着られなくなったものは、そういう店に持っていき、自分で値段を決めて売ってもらいます。3週間たっても売れない場合は値段を半分にします。それでも売れない場合、何日か待ってオーナーが受け取りに来ないと慈善団体に送られます。

　どのコミュニティにも必ず、慈善事業のお店があり、寄付する場合はそこに持っていきます。または連絡すると、ボランティアの方が小さなトラックで取りにきてくれます。そこで要らない物はリサイクルに回されます。地域のビンや缶、新聞雑誌の回収ポイント(リサイクル用にコンテナが置いてある)には、古着を入れるところもあります。これは、慈善団体が困った人達に配ります。

　「長く使う」「代々(友人間でも良し)使う」「最後まで使う」という風習や考え方は、日本にもあったのではないかと思います。戦後、こういう良い風習が薄くなりましたが、その原因の一つは、アメリカ文化の悪い面が定住してしまったことではないでしょうか。便利な使い捨て文化、その代表がペーパータオルでしょう。しかし、簡便性を主に追求するというライフスタイルは、おそらく今後段々と薄れていき、物を(良いものだけではなく)大事に使う(英語でいうappreciateという感覚です)地に足のついた生活に、日本も段々と移って行くのではないでしょうか?

　また「よいものを長く使っていることを誇示する傾向」も、若干文化の違い(文化の違いというのも便利でいい加減な言い方です)かもしれませんね。良いもの、美しいもの、珍しいものを他人にも見せて喜んでもらう、シェア(共有)するという感覚があると思います。値段に関係なく、素晴らしい絵や写真、休暇で行ったところで買った気に入った絵、手入れした庭や花、大事にしている食器、父母から受け継いだ家具等を「すばらしいね!」と共に鑑賞するという風習や文化があるのではないかと思いますし、こういった文化も代々受け継がれています。それこそ「庶民」の典型で、council house(政府が援助している公営住宅で、一般には所得の低い人達が入る所)に住んでいる友達の所に行っても、親から貰ったものだとか、自分が丹精して世話している花等を謙虚に嬉しそうに見せてくれます。

　英国の風習・文化・生活の一面を、雰囲気として理解して貰いたく長く書きましたが、ものを大事にするということは、英国の風習・文化であり、階級とは関係ないのだと思っています。又、英国に限ったことではなく、これは欧州一般に通じますし、北米の

多くの人々にも共通します。日本にもあったことですし、これからはそういう文化が
　　　戻って定着すると信じています。

　詳しいコメントと解説をありがとうございます。追加で「若い人が経済的理由で中古家
具を好むということは、新品より中古品の方が安く手に入るのでしょうか？　中古品をち
ゃんと手入れして修理して安く提供するシステムがあるということでしょうか？」とお聞
きしたところ、

　　　中古家具はとても安いです。程度によりますが、新品で500～600ポンドするものが
　　　50ポンドとか、もっと安いもの(実際は持っていってほしいのだとは思います)まであります。
　　　修理はだいたい自分達でやります。私みたいに不器用でできない人や忙しくできな
　　　い人は、知り合いの人に頼んだり、アルバイトのhandy manに頼むこともあります。
　　　住んでいたのは10年前ですが、半日で20～25ポンドと聞きました。結構重宝がられて
　　　繁盛しているようでした。

と教えてくださいました。
　鑑みて(これは反省を込めてですが)お金もそうですが、「修理に時間がかかるなら」新品の方
がラクでよい、という風潮もあるように思います。「忙しすぎて、修理なんてしてられな
いよ」、と。本当に「ものを大切にする」ということは、自分の人生の時間をどう使うか、
という生き方に関わってくるのですね。大袈裟かもしれませんが。
　それから、handymanって日本語で言えば「よろず屋さん」でしょうか。こういう役割
を果たせる人がいてこそ、中古品も捨てられずに活かされ、「捨てないで最後まで活用す
る」文化がなりたつのでしょうね。昔は日本にもいませんでしたっけ？　包丁を研いでく
れたり、建て付けの悪いところを直してくれたり、いろんな道具をぶらさげて、どんな
依頼にも「ほい」と応えていた(子どもから見たら)スーパーマンみたいな人が？　よろず屋さん
は、システム化／マニュアル文化の中で消えてしまったのでしょうか？
　ＩＳＯ14001もそうですが、システム化／マニュアル化は、技能や仕事の進め方をでき
るだけ「人」から切り離し、「属人的」な部分を減らすことで、だれがきても同じように運
用できるようにすることです。労働の流動性が高まっていることも、このシステム化の
背景にあります。でも、よろず屋さんの技能や能力って、システム化／マニュアル化で
きない部分が多いですよね。同じ家具を直すのだって、木の種類や年数、使われ方を見
て、その場で必要な修理方法を決めるのでしょうから。こんなの"文書化"しようとした
らタマリマセン。
　ところで、ＩＳＯ14001も、その前身(今でもありますが)となったEMASというヨーロッパ
の制度もそうですが、英国が源流だと理解されています。英国ではこのようなシステム
化を進めているのは知っていましたが、ちゃんと「よろず屋さん」の文化と生活を残しな
がら、というところが興味深いなと思いました。
　ＩＳＯ14001ブームの日本ですが(認証取得数は群を抜いて世界一なのです)、もしかしたら、
大事なところを見落として、システム化という「形」だけを持ってこようとしているので
はないか、と。日本のよろず屋さんも、レッドデータブック(絶滅の危機に瀕している種のリス

ト)に載せて、その生態と生きられる環境、現在の脅威、保全の方法を研究すべき？ なのかもしれません。もしお詳しい方がいらしたら、教えてくださいな。

埃まみれの「物体」を誇りある「もったい」に
No. 123

　今日は雛祭りですね。今朝、通勤電車の中から、ふきのとうを見つけました。思わず電車を下りて摘みに行きたくなっちゃいました。[No.120] についてのフィードバックです。

　　もったいない文化の話、面白いですね。私もなるべく修理して使おうとしてますが、なかなか難しいことがあるんですよね。この間、携帯電話を水の中に落としてしまい、一瞬のうちに壊してしまいました。早速、携帯電話屋さんに持っていったところ次のようにいわれました。

　　1)修理するということは、結局、中身を全部入れ換えることになる。よって、新品とほぼ同じ額の25,000円ほどかかる。しかも2週間以上かかる。

　　2)この機種はすでに一世代古い機種になっている。もしも、一度加入契約を消し、新たに加入契約をして電話番号も変えるなら、本体価格はセール価格1,000円。加入代金あわせて3,000円ほどで済む。

　　3)(じゃあ、番号そのままで新品の本体を2,000円で売ってくれ、と言うと)それはできない。破格のセール価格は新規加入者勧誘のためのもので、ＮＴＴドコモではある機種を買ってから10か月以内は、セール価格で機種交換ができない規約がある。定価でしか売れない。つまり25,000円。

　　あーあ。頭にきた私はＮＴＴを解約し、ＴＵＫＡに乗り換えました。もちろん新規加入なので3,000円ほどで新品の電話となりました(ちなみに古い電話は、ＮＴＴに解約にいったとき引き取ってくれました。バッテリーのリサイクルを進めているとのことです)。携帯電話のようにきわめてコンパクトなハイテク製品は、もう修理する仕組みそのものがないのでしょうか。

　コンピュータなどでは、アップグレードのたびに箱ごと取り替えるのではなく、ＣＰＵなどの心臓部だけを取り替えて、外殻は同じものを使いつづけよう、家電や機械、装置なども同様に、製品をユニットにわけて製造・組み立てして、必要なユニットだけを取り替えたり付け加えたりしようという「モジュール化」が鍵を握っていると思います。衛星放送などの視聴記録や管理をしているセット・トップ・ボックス(テレビの上に置く小さな箱)には、つながっている電話線(これでデータを取って課金するのです)を使って、ソフトウェアを送ってやって、その中身を書き換えることによって、同じ箱を次なる目的のために使いつづけることができます。

　家電のインテリジェンス化が進むにつれて、同じような「アップグレーダビリティ」(アップグレードのしやすさ)がハイテク家電にも広がると思います。でも携帯はどうしてダメなのでしょう？ 電話をかけるところのソフトやＣＰＵだけ取り替えれば、外側は使いつづけることができるように思うのですが…？

「コンピュータ・イヤー」とか「ネット・イヤー」とかいう言葉があります。コンピュータやインターネットの世界では、「１年は３ヶ月の如し」で、どんどん技術が進んで、あっという間に新しいものが出てくる、ということですね。というわけで、「去年」や「一昨年」のパソコンがどこかで埃をかぶったまま、という方も多いのではないでしょうか？　どこも壊れていないし、ちゃんと動くのに、新式の列車に仕事の場を奪われてしまった「機関車やえもん」(昔から子どもに人気のある絵本です)みたいなパソコンが。

　機関車やえもんは、次の活躍の場を見つけてもらえて、幸せな人生(機関車生？)を送ることができました。みなさんの"やえもん"パソコンにも、そのような次の活躍の場が待っています。ＮＨＫのＢＳ１の国際共同制作番組「地球白書」のプロデューサーからのメールです。

　　　不要になったラップトップのパソコンを寄付して下さる方はいらっしゃらないでしょうか。今回、インドで電気のない村にソーラーユニットをいれているAVANI(ヒンディー語で、地球という意味)というＮＧＯを取材しました。インド北東部ヒマラヤ山麓クマオン地方。標高は2000メートル以上。晴れた日にはヒマラヤの真っ白や山並みが大変美しく望めるところで、地元の村の若者たちをソーラーエンジニアとして育てながら、周辺10か村ソーラーの導入をすすめています。

　　　このＮＧＯでは、現在、村の若者たちにパソコンを教えようとしています。今も、１台だけパソコンがありソーラー発電で動かして経理処理に使っています。代表のラジニーシュさんは、「もっとパソコンがあれば、本格的に若者たちのトレーニングを始めたい」と言っています。この地域に近々電話線が引かれる予定があります。そうなればインターネットを使って様々な新しいコミュニケーションや情報を得る道が開かれます。なにしろ、電気がないのでテレビさえ珍しい地域です。新聞を毎日読んでいる家もほとんどないでしょう。ＮＧＯでは今、この地域の伝統産業であるウール織物を、現代感覚にマッチしたデザインを導入して、デリーなどの都会に売りに出し、産業を振興しようとしています。インターネットはこうした活動にも役立てるでしょうし、地元にとどまる若者を増やすこともできるでしょう。

　　　運送のことや消費電力を考えると、ラップトップが良いと思っています。機種は古くても、Windows95がのせられるのであれば構わないとのことです(英語版WINDOWSインストールは、こちらで何とかできると思います)。寄付してもいいという方、また、こういう品物の送り方について知識をお持ちの方に、お力を借りられませんでしょうか。

　「もったい」を活かす、ステキな第二の人生がひらけそうですね。皆さんのおうちにも"やえもん"ラップトップがあれば、どうぞウチのとご一緒に。

　ところで、私は最近「enviro-year」(環境イヤー)を提唱しています。環境分野の変化のスピードはコンピュータやネットより速い、ということです。目が離せない。だからメールニュースもたくさんになっちゃうんですね(^^;)。

もったいない考

No. 224

　[No.72] (130P)ではじめて取り上げてから、何度も書きつつ、考えつづけている私の研究テーマ？のひとつが、＜もったいない＞です。「もったいない」の方言も収集しているのですが、これまでの調査結果をお見せしましょう。

　河内「あったらもん」　大分県(宇目町)「おしなぎい」　遠野「えだみった」　鹿児島県「あったらし」　富山県新湊市・福井県「おとましい」　茨城県猿島町「あったらもんだ」

　魚津の友人が「あったらもんな」というよ、と教えてくれましたが、茨城県でも同じような方言があるのは面白いですね。＜もったいないの伝播＞という論文も書けるかもしれない(^^;)。

　次は、「もったいないと感じるのは、人間だけか？ チンパンジーのアイちゃんは、食べかけのバナナを落としちゃったら、『あ、もったいナ～イ』と思うか？」。多分、何も思わず拾って食べる(^^;)(聞いてみたことはありませんけど)。じゃあ、コップを割ってしまったら、どうか？ 多分、何も思わない(聞いたことはないですが^^;)。

　人が割れたコップにも「もったいない」と思うのは、たかがコップですが、そのコップに自分や自分の人生を投影しているからじゃないかな、とも思えるのです。だから割れたらもったいなーい、と思う(極めて個人的な考えですが)。

　中学の国語の先生に、指導要領はまったく無視して、半年ほど俳句や短歌ばかりやっていた先生がいました(父兄にあまりに不評で、のちに私学に移ったと聞きました)。私はこの先生の授業が大好きで、短い文字の列から目眩がするほど広がる世界に圧倒される快感を教えてもらった気がします。期末テストで出された俳句に、お馴染みの「山路きて　なにやらゆかし　すみれ草」がありました。中学生だった私は「芭蕉は山道を歩いてきて、人目につかないようなところで、ひっそりと、でもしっかりと根を張って生きているすみれ草を見て、心が惹かれた」というような答えを書いた覚えがあります。この答えに先生は丸をつけてくれ、何もいいませんでしたが、それから数年たって、少し年を取ったある日、はたと気づきました。「芭蕉はすみれ草に自分の姿を——実際の、そしてこうありたいと思う姿を——見たんだ！ 自分への励ましの歌だったのか」(プロの歌人が読者にいるので、恥ずかしいですが…)。大学生だった私は「もっと年を取ったら、この句に何が見えるのかなあ、楽しみ！」と思ったのでした。

　そして、さらに数年後(サバ読み ^^;)の今。芭蕉がゆかしく感じたのは、すみれ草の、そして自分の＜もったい＞(仏性)だったんじゃないかな、と思います。

　来日されたダライラマのご講演を聴いてきた友人が、「われわれ皆、それぞれがブッタになれる種を持っているのだ」という言葉に感激した、と言っていました。これが、＜もったい＞ではないかな、と思いました。この種を見失ってしまって活かせないことが＜もったいない＞ことなのだ、と。「私が私に与えられた役割をちゃんといちばん良いやり方で果たせないと、＜もったいない人生＞になってしまうということでしょう」と。

　ところで、話は変わりますが、暑い夏といえば怪談。つい最近、日本には「もったいないおばけ」というお化けがいることを知りました。遭遇したことのある方、どんなお

化けか、ぜひ教えてください!

もったいない、チェロキーインディアン、そして線香花火

No. 240

　[No.224]の＜もったいない考＞に、いろいろなフィードバックをいただき、考えがふくらんでいます。人はどういうときに、何を見て、何を感じて、「もったいない」と思うのか？「もったいない」と思いやすい人と、あまり思わない人の違いは何か？(もったいない遺伝子による遺伝か？ 生育歴か？ 教育か？)「もったいない心理学」の研究を始めないといけないですねぇ！ある方からのコメントです。

　　　もったいない、の意味についてはもう充分出ているのでは、とぼくは思います。これは、ある年齢以上の大人には、懐かしさも含めて「なーるほどな」と感じさせることのできる言葉でしょう。しかし、いろいろムダをしている若い人たちや、企業の人たちに向けて言うとなると、私見ですが、どうもいまいち弱い表現のような気がします。じゃ、なんていやーいいんだといわれても、ぼくも答えをいま持っているわけではないので申し訳ありませんが。

　　　広告的に考えると、どういえば、もったいないと感じてくれるのか、そしてどういえば、自発的にもったいないことをしないようになるのか。自分に、もったいないことをした結果が、こう跳ね返ってくるよ、とユーモア感覚でいってあげると、わかってくれるのかなー、などと勝手に考えています。もったいないことをしている人は、それが自分とは関係がないことだと思っているんじゃないかって、ぼくには思えるんです。

　　　お金があったら、意見広告で「もったいないキャンペーン」をやりたいですね。世界のもったいない言葉を、新聞15段にずらーっと並べてね。

「もったいないことをしている人は、それが自分とは関係がないことだと思っているんじゃないか」と私も思います。でも難しいのは、「自分に、もったいないことをした結果が、こう跳ね返ってくる」っていうものでもないからです。もったいないことのしっぺ返しを受けるのは、本人ではなく、子どもや孫たち、遠い国の貧しい人々でしょう。

　このコメントに、いくつか思ったこと、思い出したことがありました。環境法規の議論の中で「拡大製造者責任」という言葉がありますね。サプライチェーン・マネジメントのセミナーでは、「拡大企業」という概念も出てきます。同じような考え方で、ここでいう＜自分＞の拡大が、できるかどうか。「もったいないことをした結果が跳ね返ってくる＜自分＞」を拡大して感じられるかどうか、ということです。「こんなもったいないことをしたら、直接この自分でなくても、他の人や他の国や他の生物や、今でなくても将来の人々に、跳ね返ってしまう結果」の"痛み"を(頭だけではなく)感じられるかどうか、ということです。そのような、肉体的には＜自分＞の外にいる人や生き物へ「思い」を遣わすことが「思い遣り」なのですよね。

　＜自分＞の拡大とは、ちょっと大仰な話になってきましたが、たとえば、鴨長明の『方丈記』「行く川の流れは絶えずして、しかももとの水にあらず。よどみに浮かぶうた

かたは、かつ消えかつ結びて、久しくとどまりたるためしなし」になぞらえれば、＜自分＞を、この水面に浮かんで消える「泡」として考え感じるか、それとも絶えず流れてゆく「川」として考え感じるか、だと思います。

　もうひとつの関連テーマ、「循環」にも深くつながってきて、薗田綾さんの書かれた『プレアデスの智恵』(総合法令)を思い出しました。「私たちの住む土地は地球からの借り物です。それをだれがどれだけ持っているとか、自分の土地だからと自由に掘り出したり、焼き払ったりする権利などないのです」と語るチェロキーインディアンの生き方や宇宙観・生命観を伝えてくれる本です。

　チェロキーインディアンがこのように語っています。「狩りの前に祈りを欠かしたことがありません。矢を射る前には必ず、『私の兄弟たちのために、あなたの命を奪うことをお許し下さい。そのかわり、私にもいつか死が訪れ、私の身体は土に還り自然の一部に戻って、新しい命となってあなたたちの命ともつながっていくのです。今回あなたの命を大切に使わせていただくことに感謝します』と念じながら射るのです」。チェロキーインディアンは、このようにして得たバッファローのすべてをけっして無駄にせず、肉や皮はもちろん、内臓の袋や骨まで使います(かつての日本の捕鯨と同じように)。チェロキーインディアンには「もったいない」という言葉はないのかも知れませんね(聞いたことはありませんけど)。生活や生き方に「もったいないこと」のつけいる隙間がないのではないか。

　話は変わりますが、私がこの季節、よく「あ〜、もったいない！」と思うのは、線香花火をしているとき。じーっと持っていて、ジュル、ジュルと火花が出始めた矢先にポタンと落ちちゃったりしたら、「あ〜、もったいないことをしてしまった…」(^^;)。

　ところで「線香花火」も、東西で違うことを知りました。関東は和紙のヨリですが、関西以西では「スボ手」といって、水で練った火薬をイグサの穂先や藁の穂先にがまの実のようにつけて乾燥させたものだそうです。「日本人の心」ともいわれる線香花火ですが、日本でただひとつ残っていた線香花火の製造会社も休止になってしまい、花火職人さんの数もどんどん減ってしまっているそうです。「日本の線香花火と職人さん」が絶滅種だってこと、知らなかったのでショックでした。

レスター・ウィーク

No. 175

　盛岡からの帰京の途です。横にはワールドウォッチ研究所のレスター・ブラウン氏(寝ています)。先ほど新幹線の車窓からの美しい落陽をエンジョイしました。月曜日から「レスター・ウィーク」が始まっています。お伝えしたいことがいっぱいあって、どこから書こうか？と宝の山を目の前にしているような感じ(ニュースを受け取られる皆さんは、戦々恐々？ ^^;)。

　今日はひとつ、まったくの感想なのですが、オピニオン・リーダーについて。今回、日米欧から、企業の代表と環境のオピニオン・リーダーを招いて開催された円卓会議に参加しました。企業の代表は、アメリカからはインターフェイス社のＣＥＯ、ヨーロッパからはデュポン社の会長と、エニテクノロジエというイタリアの会社の社長、日本からはＪＲ東日本やコスモ石油、太平洋セメント、安田火災、富士ゼロックスその他のト

ップが参加されました。オピニオン・リーダーは、アメリカからはレスターの他、世界資源研究所のジョナサン・ラッシュ所長、ヨーロッパからはファクター10研究所のシュミット・ブレーク所長、ガイア理論で有名なノーマン・マイヤーズ氏です。まるでオールスター・ゲームだね、というほどの顔ぶれです。

でも残念なことに、「日本のオピニオン・リーダー」は参加していませんでした。日本側からは経済学の教授がご参加でしたが、経済学以外の様々な観点も含めて、全体像や大きな枠組みから「オピニオン」を提示できるリーダーは、まだ日本にはあまりいらっしゃらないのが現実なのでしょうか？「オピニオン・リーダー」という言葉がまだ輸入物であるように、日本にはオピニオン・リーダーを育て、受け入れ、役割を期待する土壌がこれまでなかったのも事実だと思います。

もうひとつ、欧米のオピニオン・リーダーが4人も揃った今回、面白いなぁと思ったのは、オピニオン・リーダーにもタイプがあるってことです。ひとつは、自分のオピニオンをとにかく話す「学究者／教授タイプ」。もうひとつは、まず相手の話に耳を傾けて、問われていること、求められていることに対して自分の知識や経験を通してオピニオンを提供しようとする「問題解決者／ファシリテータタイプ」。だいぶ乱暴な区分ですが、オピニオン・リーダーに会議に来てもらうときには、会議の目的にマッチするタイプを呼ばないとね、と思いました。

先ほど、駅弁を食べながらレスターに、「よい研究者であることと、よいマネージャーであることは、別の能力が必要でしょう？ あなたは所長と研究者と、両方成功しているけど、特にマネージャーとして必要だと思うのは何？」と聞きました。しばらく考えたあと、彼の答えは「ビジョンだね」。そして「そして、研究者でもマネージャーでも、想像力があるかどうか」。

今回のレスター来日が、各地のビジョン形成への刺激になりますように。今日の盛岡のシンポジウムはとても素晴らしいシンポジウムでした。レスターもとても感銘を受けていました。地域のビジョンを築こうという熱意と活動が、ひしひしと伝わってきたからだと思います。

私の「レスター・ウィーク」は土曜日まで続きます。もし何かレスターに聞いてみたいことがあったら、それまでにメールを下さい。可能な限り聞いて差し上げます。でも「なぜあなたはいつも蝶ネクタイなのですか？」という質問はナシですよ。私、答えを知っていますから。「ネクタイを結ぼうとすると、こんがらがっちゃうんだよ…」(^^;)。

ビジョンともったいない

No. 176

前号の「ビジョン」と「日本のオピニオン・リーダー不在」に、共感と同意のフィードバックをいくつかいただきました。vision という英語もカタカナのまま使われることが多いですよね？ 辞書を引くと、「《予想される》未来像,展望; 見方,考え方」と書いてありますが、どうもしっくりこない。少し考えてみたので、環境問題と直接は関係ありませんが、「えだひろ説」？ を書いてみます。例外は多々あることは承知の上、私のこれまでの通訳での経験から大雑把に申し上げると、「日本の方は、具体的にやるべきことが与えられれ

ば、効率よく効果的にその目標に到達するけど、新しいビジョンを作ることは苦手」という傾向があるように思います。なぜだろう？農耕民族と狩猟民族の違いではないか？と。

農耕民族にとっては、目の前の田んぼをきちんと守って管理することが大切なのですよね。そして、昔からの経験で、「次にどうなる」というのはわかっている。やるべきこともその結果も、季節の中に埋め込まれて、お祭りなどのリズムに乗ってこなしていけば、ちゃんと収穫は約束されています。逆に「新しいこと」をやる方が危険です。

それに対して、狩猟は、毎回布陣が異なります。ここの地形はどうなっているのか。獲物は何で、どのくらいの大きさで、どこにいるのか。こちらの陣営はどのくらいいるのか。高い木の上から、それらの全体像を把握した上で、どこに何人張り付けて、だれが獲物を追い立てる役をするのか、獲物が万一あちらへ向かったらどうするか、等々、事前に状況を把握し、将来に対するいろいろなシナリオを描く必要があるように思われます。

レスターにこの「えだひろ説」を話したところ、それは面白いね、と笑っていました。彼は、vision...is to see beyond where you are.(自分がいるところを超えて見ることがビジョンだ)と言っていましたが、ビジョンという言葉には「意思／決意」のニュアンスが入っていると私は思います。そして、(よく批判されるように)「ビジョンがない」とか、「個々の領域を深めることだけに注力して全体像を把握できない」という日本人の特徴？が、私たちの遺伝子の欠陥ではなく、単に農耕社会の伝統から来る「傾向や癖」なのだとしたら、意識して「高い木に登って、遠くを見よう」とすればよいのだと思います。

これまで様々なトレーニング・セミナーに通訳で参加していて、高い木に登るハシゴになりそうなヒントがいくつもありました。たとえば、「20年後の自分／会社／日本／世界を考えてみる」。様々な障害や傾向をとりあえず置いておいて、理想像として考えてみるのもよいでしょう。「今、自分が何でもできる立場にあるとしたら(社長／首相その他)、まず何をしたいか？何をどう変えたいか？」「100年後の人々は、このプロジェクトのことをどのように位置づけるだろうか？位置づけてほしいか？」「自分の墓石に何と刻んでほしいか？数十年先に定年退職するときに、どのような言葉で、自分が会社でやってきたことを表現してほしいか？」このあたりはまざまざと想像することができそうです。日本の墓石には戒名ぐらいしか刻まないのかもしれませんが、西洋では「××ここに眠る」という人の名前の前に、その人の一生や生き様を凝縮した言葉がつく様子を読んだことがあります。「自分のお葬式で、どのような弔辞を読んでもらいたいか」でもいいですね。

前号でレスターが「想像力」といっていたのは、こういうことなのかも知れません。現状分析をいくら積み重ねても「ビジョン」には到達しないのでしょう。順番として、ビジョンを描いて、現状分析に戻り、そのギャップをいかに埋めるかという方向性と具体的なステップを作っていくプロセスなのかな、と思います。だれでも「全体像を把握しようとする意思」と「優先順位づけ」と「常に焦点を当て続けること」で、自分なりのビジョンを築き、持ち続けることができるのだと思います。

さて、「もったいない」の方言コレクションに「北海道では『いたましい』といいます」

というメールをいただきました。ほかにも、

> 私の生まれ育った秋田では「いたわしい」またはちょっと濁って「いだわしい」といいます。もっと方言色豊かにすると「あい、いだわし！」となります。この「いたわしい」は、亡くなった人を惜しむ言葉にもつかわれます。特に、子供が事故などで亡くなったニュースが流れると、「あいーいだわし！」と親たちが言っていたのを覚えてます。モノにも人にも通じる気持ちなんだと思います。

人にもモノにも、同じ＜もったいない＞という気持ちを寄せる文化は、私にはとても大切に思えます。万物に神が宿っているという八百万の神信仰も、「神が宿っているから」草木やコップを大切にするというより、やはりそのものに命や自分とのつながりを感じて、枯れれば「可哀想なことをした」、割れれば「もったいないことをした」と思うのではないかな、と思います。人間を他の生物や自然から切り離して「支配者」の目からビジョンを描くのではなく、生きとし生けるものすべて、そしてコップや岩までもいっしょに含めた「ビジョン」を描ける立場に、私たちはいるのではないでしょうか？
　もうおひとりからのインプットです。

> 私は、"もったいない"という言葉が大好きです。今のように資源の無駄遣いが平気でなされている状況の中で、この言葉は光っていると思います。
>
> 私はフィリピンで原生林の保護にたずさわっているのですが、実はフィリピンのタガログ語にちょっと意味を持つ言葉合いの似た言葉があります。それは、"sayang"という言葉です。残念だ、惜しい、無駄にした、などという意味で使うらしいのですが、無駄にすることに対する罪悪感、残念に思う気持ちが込められています。私の友人がせっかくの料理が時間が経って悪くなってしまい食べられなくなった時、とても残念そうに"sayang"と言ったのですが、その時"もったいない"に似ているなと思ったのです。同じアジアの国の言葉に似た言葉があることを知り、とてもうれしく思いました。タガログ語以外にこの言葉があるかどうかは知りませんが、この言葉はもしかしてアジアにある観念なのかなあ、などとも思います。

これに対して、「フィリピンのSayangですが、私もよく聞きました。本当に残念そうに、sayangというんですよね。インドネシアやマレーシアにもsayangという言葉があると思います」というコメントがあったので、インドネシア語の辞書でsayangを引いてもらいました。

見出し 単語：sayang
内容(意味)：惜しい、もったいない、残念、愛する

「愛する」と「もったいない」が同じ単語って、とってもワクワクしてしまいますね！
　韓国語にも「もったいない」があるか、聞いてみました。

> 「まだ使えるのに捨てるなんてもったいない」と言うときの「もったいない」のこと？ それなら「akkapta(アカプタ)」。腹が一杯で好きな食べ物を食べ切れずに「アカプタ」、回り道か何かでロスしてしまった時間が「アカプタ」など。ここには「惜しいことをした！」

というニュアンスがあるけど、それは日本語の「もったいない」でも同じですね。この他、「仕事よりもまず体がアカプタ」ともいうようなので、「大切だ」という意味もあるようです。

　地球憲章を定めようという世界的な動きがあるのですが、この日本委員会のミーティングでも、「もったいない」という概念を憲章のなかに取り入れるよう提案したらどうか、という意見が出ているそうです。アジアの国々といっしょに、世界に発信できればいいですね！

ビジョンの意味
No. 178

　[No.176]の「ビジョン」について、いろいろなフィードバックをいただいていますが、英文学の専門家から、ちょっと角度の違うインプットをいただきました。
　　私もよくvisionということばを使うのですが、文学的な文脈だと、実業界の人たちの使い方とは全然意味が違って聞こえたりするんですよね。おもしろいなあと思って。たとえば、ジョン・レノンのことを'rock'n roll visionary'と呼びますが、これはふつうの人が見えないものを見てしまう人、という意味での一種の敬称です。悪く言えば「幻視家」、まぼろしを見てしまう人、というあぶないニュアンスもあるんですが。
　　Oxford English Dictionaryでvisionをひくと、まっさきに次の定義が出てきます。
　　1. a. Something which is apparently seen otherwise than by ordinary sight; esp

　私にとっては、実業界のいわゆる「ビジョン」（中長期経営計画の基本となるような）が身近だったので、面白いなあ、と思いました。ビジョンって、他の人には見えないものが見えることなのですね。
　レスター・ブラウンは、26年前、40歳のときに、トントン拍子に出世して成功を収めていた米国農務省をやめて、ワールドウォッチ研究所を設立しました。国際貿易が活発になり、各地の経済が勢いを増し、他の人々には元気いっぱい、快調そのものに見えた世界に、彼は違ったものを見たに違いありません。
　先週レスターと移動中の雑談で、私はいろいろと質問しては、彼の「ビジョン論」「リーダーシップ論」を聞かせてもらいましたが、彼が自分のよく知っている「ビジョンの人」としてインターフェイス社のレイ・アンダーソン会長とともに挙げたのは、テッド・ターナーでした。「彼は、ケーブルテレビなんて、誰も相手にしていなかったころに、しかも、1時間のニュース番組が、作る方にも見る方にもせいぜいだったころに、『メディアで世界をひとつに』というビジョンを持ちつづけたんだね。当時CNNは、Chicken Noodle Networkといって、あざ笑われたんだよ」。
　NHKBS1『地球白書』にかかわっているディレクターからも、フィードバックをいただきました。
　　Visionは、もともとは「予言者が未来や現在の世界の姿について象徴的に見る幻視」というような意味ではないかと思います。最近、ヒーリングミュージックとして静か

なブームになっている中世の聖女ヒルデガルト・フォン・ビンゲンは、予言者として非常に活躍した人で、しばしば幻視を見て、未来や現在(当時の)のカトリック世界のあるべき姿を説きました。巨大な女性や神、光、壮麗な建築などが登場する壮大なもので、美しい絵と言葉によって伝えられています。このような幻視をVisionと呼ぶので、そこから転じて、「未来像、展望」という意味に使われる様になったのではないでしょうか。とはいえ、Visionは、オカルト的なものではなく、おそらく彼女の思索や世界観が強烈な視覚イメージをともなって表現され、それが非常に象徴的でかつわかりやすいために、多くの人を納得させたのでしょう。

うーん、テレビが今、このような「Vision」を世に伝えられるメディアになれるとよいのですけどね。TeleVisionなのにね。

お見事！ 彼女はいま、食糧の巻を制作中で、「身土不二」の世界各地の実践も含めて、番組制作を「苦しみつつ楽しんでいる」ところだそうです。

先週の「レスター・ウィーク」で、またまた数多くの方々にレスターともどもお目にかかりましたが、その中でもレスターが「彼はビジョンの人だと思うよ」と言った方について、改めてニュースに書きたいと思っています。

岩手県の増田知事
No. 179

レスターが「彼にはビジョンがある。国のリーダーとなっていく人ではないか」と大きな期待を表明した人が、岩手県の増田知事でした。岩手県のシンポジウムで、知事はレスターの講演を最前列で熱心に聴いていらしたようですが、シンポジウムでは知事の挨拶はなかったので、レセプションで言葉を交わしたほんの数分の間に、レスターは「ビジョンの人」を感じたようです。私もおふたりの会話を通訳しながら、増田知事の飾らず、おごらず、本当に自然体で自分の考えを語り、レスターの言葉に心から耳を傾けていらっしゃるご様子に感銘を受けました。そして周りの方々の知事への接し方からも、知事が県民にも行政担当者にも、慕われ、支持されている様子がよくわかりました。

知事はレスターの講演のひとつの焦点でもあった、新しいエネルギー経済の話題を取り上げ、「岩手県は周りの県から電力を供給してもらっている。どのようにエネルギーを自分たちで供給していくか、しかも持続可能なやり方で進めていくか、自分はこう考え、実践しているところだ」と、地熱発電と風力発電の計画についてお話になりました。レスターは、それぞれについて細かいことを含めて、いくつか質問をしましたが、知事がよくご自分で研究され、その上で判断して計画を進めていらっしゃることに感銘を受けた様子でした。知事はレスターが知らない地熱発電の情報を教えてくださるぐらいでしたから！

岩手県のエネルギー政策の説明をＨＰで読むと、地球環境問題の認識と、新エネルギー導入と省エネルギー推進を両輪で進めることの重要性を明確に述べています。「省エネルギーの推進は、快適な生活を積極的に創出しながら、日常生活の中で、エネルギーの効率的・合理的な使い方を徹底することです」。「我慢を求める省エネ」ではなく、もっと

積極的な「これまで平行して増大すると考えられてきた『生活の快適さ』と『エネルギー使用量』の切り離し」が謳われています。同時に、「地域特性を生かした新エネルギーの導入として、これまで取り組んできた地熱や水力エネルギーなどの資源開発に加えて、太陽エネルギーと風力エネルギーの活用や農林水産資源を生かしたバイオマスエネルギーの活用など、地域の特性を生かしながら新エネルギーの一層積極的な導入を図ります」。

「県は進んで先導役となります。そして、環境とエネルギーとの調和に向けて地域の目指すべき方向を明らかにし、自ら積極的に新エネルギーの導入に努めて参ります。県民一人ひとりが、快適な環境を形成するために、家庭においても、職場の中でも、まず、足もとの第一歩から新エネルギーの導入や省エネルギーの実践に取り組んでいくことを期待します」。

「ビジョン」「イニシアティブ」が感じられる宣言ではありませんか。そして具体的に、「本県におけるエネルギー需給」と「本県における新エネルギーの導入目標」、新エネルギー導入の効果(原油換算、二酸化炭素削減効果)を図表も用いてわかりやすく示しています。とても説得力があり、しかも押しつけがましくなく、好感の持てる、「なら自分も」ときっと思える新エネルギー宣言だと思いました。

岩手県には、日本で最初の地熱発電があります。松尾村にある、松川地熱発電所です。昭和41年10月、日本で初めて地熱発電に成功し、それ以来発電をつづけているそうです。地熱発電とは、マグマが地上に吹き出せずに地層の下で蒸気や熱水を循環させている場所をボーリングして、高温・高圧の蒸気を利用して発電を行うものです。レスターは前から「これだけ温泉があるということは、日本では地熱エネルギーが利用しやすい地表近くに存在している、ということだ。これを利用しない手はない」といっていましたから、岩手県が本格的に取り組もうとしていることを、嬉しそうに聞いていました。

レスターが知事に「アイスランドも地熱が豊かで、実際建物の暖房はほぼすべて地熱エネルギーでまかなわれている。岩手県は、地熱を暖房として用いるのか？発電として用いるつもりか？」とうかがいましたところ、知事は、「地熱を電力源として用いるには、コストなどの制約もある。熱として暖房などに用いたい。それだけでも、現在灯油や電力で暖房している分、大きく環境負荷を下げることができるはず。電力としても、分散型発電として、地熱が有効な地域での電力源として用いていきたい」とお答えになり、レスターは大きくうなずいていました。

このニュースを書くために訪問したのですが、岩手県のHPは秀逸だと思いました。読みやすく、検索機能も充実していて情報も探しやすく、何よりも「読み手の目線」で作ってあるように思います。防御的なところがひとつもなくて、行政側がオープンさを気持ちよく感じているんじゃないかな、と思えるほど、ウェルカム！どんどんインプット下さい！いっしょに作っていきましょう！という姿勢にあふれています。多分、知事の「情報公開」の基本姿勢(これもビジョン、ですね)が根底にあるからでしょう。知事の記者会見も逐語で読めますから、知事のお考えだけでなく、お人柄まで伝わってきます。毎月の知事交際費も翌月10日までにインターネットで県民にわかるようになっています。

岩手県は、行政革新・情報公開とネット機能をうまく結びつけているとして、三重県

岩手県新エネルギービジョン　http://www.pref.iwate.jp/Press/9804/p0420t2.html
岩手県のHP　http://www.pref.iwate.jp/

150　第3章　問題の「根っこ」と、解決の方向・ヒント・考え方

などとともに「'99日経インターネットアワード」を受賞しているそうです。ネット機能にハートが感じられるＨＰだと思いました。もし、「よーし、岩手は要チェック！」と思われたら、岩手県からのホットな情報をあなたのメールボックスへ直送してくれる、メールマガジンにも登録できます(私も登録しちゃいました)。情報開示といっても、お客さんが来るのを待っているだけではなく、「情報を出前しちゃおう！」という心意気ですね。

「風は地方から吹いている」。まさにその風を実感させてくれた増田知事と岩手県との出会いでした。

ビジョン　つづき
No. 181

ビジョンについて、いただいたコメントをご紹介します。

　　ビジョン欠如の理由として 農耕民族と狩猟民族の違いをあげていますが、私は必ずしもそれだけではないだろうと思います。逆に歴史を見てみれば、オリエント社会を農耕社会とすると、エジプトやメソポタミアなどの農耕社会では、灌漑が農業にとって不可欠でした。灌漑システムの構築には強大なリーダーシップが必要です。「強力なリーダーとそれに従う働きアリのような民」の存在であのような文明ができたわけです。

　　狩猟民族も狩猟技術が発達していない初期の段階では、グループでの狩が中心で、リーダーシップが必要だっただろうけれど、農耕民族もビジョンなしに成立することはないと思います。それに、同じ農耕民族でも韓国や中国、タイやベトナムなどどうでしょうか？　例えば中国には強烈なビジョンをもっている皇帝が沢山いますよね。

　　日本にビジョンがないのは、第一に、300年の江戸時代の支配体制(異端の新しいビジョンを徹底的に排除)の影響があり、戦後さらにその傾向が顕著になった感じがします。江戸時代を終わらせた明治の元勲は、国づくりのビジョンをもっていました。しかしその後の国づくりが、列強に追いつくための和魂洋才、とにかく洋のものをいかに早く輸入して自分たちの社会に利用するか、という点にエネルギーを注ぎすぎ、社会の発展のために、時間はかかるが新しい考えやビジョンを作る教育がおろそかになってしまったことがあるのではないでしょうか。

　　特に学問の世界でも、最近まで、西洋でいっていることを日本に紹介した学者が各分野で重きをなしている傾向があったように思えます。たとえば経済学では日本におけるケインズ経済学の大家とか。とにかく、新しいビジョンは基本的に外部から輸入し(それは明治以降顕著ですが、昔から、文化文明は中国朝鮮から輸入してきたという伝統はありますね)、それをいかに利用していくかばかり考えて発展してきたような気がします。または、それが発展のやりかた、と思い込んでいる節があるような。

　　ＧＲＩ(180P)の会議などに出て感じるのは、あそこではいまスタンダードを作ろうとしていますが、日本企業の参加があまりに少ない。日本企業のほうがずっと進んだ取り組みをやっているのに、と感じる点は多々あります。どうも日本企業のサラリーマン的考えだと、ＧＲＩ基準づくりにエネルギーをそそぐより(それは非効率)、出来あがったものを利用してなるべく効率的に使うことのほうを重要視しているような気がし

ます。
　こうした、文化の在り方がビジョンなどないほう＝厳しくいうとサラリーマン根性のほうが生きやすい世の中にしてしまったのでしょう。逆に英国人をみていると、やはり「スタンダードを作るのは自分たちの仕事だ」ということが考えのバックボーンにあるように感じます。ある意味ではそうすることで、自分たちの文化に近い社会をつくれば自分たちに有利だろうし、また大英帝国の名残りで、それが自分たちの社会的使命と思っている、というか。そういう意味では日本はまったく逆になります。
　しかし、明治維新のような混乱の時代には、それなりにビジョンを持ったリーダーが沢山輩出されています。これから社会構造自体が大きく揺れ動きそうな中で、ビジョンをもったリーダーが生まれてくるのではないかしら。

　特に最後のコメント、私も本当にそう思います(願っています)。
　レスターは「自分は小さい頃から、何かを成し遂げたいと、何かをやりたいと、いつも思っていた。それが何だかは、大人になるまでわからなかったけどね」と話してくれました。ビジョンを描くには、現状分析や論理的な思考、柔軟な発想などが必要でしょう。でも、ビジョンって、頭脳明晰な人が確かな情報分析力と論理的な思考プロセスを駆使して、さらさらと美しく描いてみせるようなものではないんだ、と思いました。本当に「何かをしたい」「現状を変えたい」という強い気持ちがあってはじめて、本物のビジョンが生まれてくるのではないか、と。明治維新の頃もそういう気持ちを持つ人が多かったのでしょうし、今もそういう時代なのだと思います。
　もうひとつ、レスターが強く語っていたのは、「ビジョンは一度描けばおしまい、というものではなくて、いかにそのビジョンを維持し続けるか、なんだよ」。英語では、sustaining vision といっていました。世界がまだ環境問題などに関心がなかった26年前に、ワールドウォッチ研究所を設立した人として、そして、それからの26年間、常に地球環境問題の最先端で分析と警告をし続けてきた人の口から、とても胸に迫る言葉でした。

ビジョン　つづきその2
No. 184
　[No.181] で紹介したレスターの言葉、sustaining vision という言葉には、vision そのものに「強い意思」が感じられるような気がします。vision は未来に結ぶひとつの像ですが、現在から未来を見るときの言葉にはいくかの種類があります。たとえば、
　　projection：予測、計画、投影(現況の延長線上に見えるもの)
　　prediction：予報、予言(あまり客観的根拠がなくてもいえちゃうもの)
　　prospect　：見込み、見通し(希望的観測も？)
　（　）の中は、私が個人的に感じているニュアンスですので、念のため。
　これらと比べると、vision って本当に 能動的で「こうするぞ！」という、強い意思が感じられるように思います。ビジョンは「描く」といいますが、予測や予言は「描く」とはいいません。ビジョンは「見えてくるもの」ではなく、「見るもの」なのだと思います。

ある方から、「ビジョンとプラン」についてコメントをいただきました。ビジョンをどう形にするか、その具体的なステップが「プラン(計画)」である。ともすると、このふたつをごっちゃにしがちではないか、ということです。もうお一方からのフィードバックです。

　　私は、ビジョンは誰もが持っているものだと思います。ただ、ビジョンを認識したり、達成したりできるかどうかは、その人を取り巻く環境やその人自身の資質や色々な要因で左右されるのだろうと思います。
　　私はこれまで、ＮＧＯのスタッフとしてケニア、ザンビア、フィリピンで持続可能な社会の実現を目指したプロジェクトに関わってきました。現地のパートナーは住民とＮＧＯです。「アフリカの人は１年後どころか明日のことも考えていない」などという言葉を時々聞きます。私自身、これらの国々で、人々はもう少し計画的に生活できないのだろうかと歯がゆい思いをすることもあります。でもそれは、彼らが置かれている状況のためだと思うのです。貧困、限られた教育の機会、これまで搾取されつづけてきた歴史。でも、ビジョンを引き出そうとする人や、彼らのビジョンに耳を傾ける人がいたらどうでしょう。
　　私達(現地ＮＧＯスタッフと私)はプロジェクトを始める際、必ず住民会議を開きます。会議では長期計画をたてるためのワークショップを行うのですが、大抵の場合ビジョン・ワークショップを一番に行います。そして、それを踏まえて様々な実践企画を立てます。私達の役割はファシリテーターです。その際、人々から生き生きとしたビジョンが溢れ出てくるのにいつも圧倒されます。そして、ファシリテーターとしての喜びを感じます。
　　ビジョンを持つことは大切です。そして、それと同じぐらい、そのビジョンに耳を傾けることも大切なのではないでしょうか。「ビジョンは一度描けばおしまい、というものではなくて、いかにそのビジョンを維持し続けるか、なんだよ」。というのに同感です。ビジョンを持ちつづけ、そこに到達しようという弛まぬ努力、そしてそれを可能にする環境が大切なのだとしみじみと思います。

別の方からのコメントです。

　　教科書なんかにも、奴隷のような人たちが大勢で石を引っ張っていく絵などがよく載っていて、僕等の頭の中には、そういうイメージが作られやすいですよね。こういうリーダーシップって、それこそピラミッド型のヒエラルキーを思い起こさせます。でも僕は、これからのリーダーシップって、リーダーと呼ばれる少数の人たちが残りの人を引っ張っていく、というのとは違う形になるような気がするんです。リーダーシップって、一人一人の中に備わっている「何かをしようという思い」と「それを具現化する力」だと思うんです。強いていえば、「ビジョンとパワーの組み合わさったもの」ですかね。
　　これからのリーダーシップは、僕ら一人一人が発現するべきものだと思います。だから、きっとビジョンも一人一人が持つものなんだろうと思います。そして、これからは、パワーも、「一人が残りの人を引っ張っていく」というよりは、「お互いのビジョ

ンが交感しながら、影響しあって、動いていく」という表れ方をするのではないかな、と思っています。

話は変わりますが、通訳者というのは、毎日毎日、年に何千ものスピーチや発言に耳を傾けています。そして通訳者ほど真剣に聞いている人はいないと思います。(意味がわからなかったら、本当には通訳できませんから!)。

先日、レスターと雑談していたときに、こんな話をしました。「これまでの通訳経験から、優れたコミュニケーターに共通する3原則を発見したわよ。
　その1：伝えるべき内容を持っている
　その2：伝えようという気持ちを持っている
　その3：伝えるためのスキルを持っている
これを Junko の3原則といい、すべて満たしてはじめて、良いコミュニケーターとなれる」。

レスターは真面目に、ふむふむ、その説は正しいように思えるよ、と応えてくれました。そして、これまでの通訳経験でこの3つを満たしていたのは誰？ と聞き、私の挙げた人を聞いて「自分も彼はいいと思うよ」といったので、少しは普遍性のある所見かな、と(^^;)。

1と2は持ちながら、支離滅裂な、論理の見えにくい話し方しかできない人もいるし、1と3は持ちながら、「通訳は聞こえたことを通訳すればいいんだよ」と打ち合わせもしてくれず、聴衆不在の態度を取る人もいます(通訳が理解した範囲でしか、聴衆に伝わらないのですよ、と言うのですが)。どの分野の方とは申しませんが、1がないために、「本人はあれだけ話したのに、通訳はこんなに短いの？」という疑いの目で見られる場面もあります(^^;)。

それはともかく、それ以来、この「3原則」は、いろいろな面に当てはまるような気がしています。「ビジョンを描く」ということについても。
　その1：ビジョンを描くための現状認識や問題意識を持っている
　その2：ビジョンを描こうという意思がある
　その3：ビジョンを描くスキルがある

かつて、通訳していたあるリーダーシップ・トレーニングで「ビジョニング・セッション」というのがありました。ビジョンを描くトレーニングをするのですね。その頃は、「わぉ！　ビジョニング・セッションに参加したら、美女になれる!?」なんて、仲間と笑っていたのですが、こんなに真面目にビジョンについて考える日が来るとは思ってもいませんでした(^^;)。

コミュニケーションについて
No. 186
　[No.184]で「良いコミュニケーターの3原則」という話を書きました。ちょっと脱線かもしれませんが、以前コミュニケーションに関するご質問をいただいていたこともあり、

「情報やメッセージを伝え、気づいてもらい、行動につなげる」という環境コミュニケーションにも関わる点なので　少し書いてみたいと思います。

　つい先日、知り合いの年輩のご婦人から「アナタ、詳しそうだから聞きますが、『グリーン・コンシューマー』って何のことですか？」と聞かれました。「はあ」と私。「スーパーにトイレットペーパーを買いに行くでしょう？　2種類、棚に並んでいたとしますよ。値段とロール数が同じだったら、森林の木を切って作ったものと、牛乳パックなどのリサイクルで作ったものと、どちらを買います？」「そりゃ、もちろんリサイクルの方ですよ」とご婦人。「それがグリーン・コンシューマーってことですよ。グリーンは『環境のことも考える』ということ、コンシューマーは『消費者』のことです。合わせて、あなたのように環境のことも考えながらお買い物をする人のことです。コンビニでも、買い物袋に入るからいいです、とかいって要らない袋は断るでしょう？　その分、あのビニール袋を作る資源が無駄にならない。料理するときも、無駄が出ないように気をつけているでしょう？　残ったら『もったいない』って、手を変え品を変え味を変え、食べ尽くすように工夫するでしょう？　あなたも立派なグリーン・コンシューマーなのですよ」。ご婦人は「コンシューマーって、消費者のことでしたか」とつぶやきながらお帰りになりました。

　環境に関わっている私たちにとっては「常識」で説明不要の言葉が、多くの(届かなくてはならない)人々の常識ではない、ということを痛感した一幕でした。

　通訳という「コミュニケーションの仲介」現場では、仲介者たる私たちが「聞き手の常識や日常語」にできるだけ近い言葉を選べるかがポイントになります。

　かつて、衛星通信システムの高度に技術的なミーティングで、難解な専門用語をできるだけそれらしい日本語に置き換えつつ、英語のプレゼンテーションを冷や汗かきながら通訳したことがあります。通訳が終わった途端、日本人側から拍手と歓声が上がりました。「通訳さん、スゴイですね。そういう日本語だとよくわかりますね。でも、僕らの世界ではすべてカタカナですから、英語をカタカナのまま読んでくれれば通じます」といわれて、ガックリきたことがあります。

　逆の例もあります。先日レスター・ブラウンが来ていたときもそうだったのですが、彼はよく food chain（食物連鎖）を上る／下りるという話をします。例えば、We, at the top of the food chain, must go down in order to release grain fed to livestocks.など。普通の人が「食物連鎖を下りる」と言われても、あまりピンと来ないのではないかな〜、と思うので、私は「お肉を食べる量を減らす」と大胆に？　言い換えてしまうことがあります。厳密にいえば、量を減らすだけではなく、牛肉から豚肉へ、鶏肉や魚肉へ、と穀物必要量の少ない種類に替えていくということも含まれているのだと思いますが、同時通訳でそこまで説明することは不可能ですしねぇ（ちなみに、英語同じ内容の日本語に通訳すると、日本語の方が1.5倍ほど長くかかります）。

　上の文だと、「私たち、お肉をたくさん食べている人々は、その量を減らさなくてはなりません。その分、家畜に餌として与えている穀物を減らして、他へ回せますから」といえば、私の知り合いの年輩のご婦人も、うなづいてくれることでしょう。

　もうひとつ、印象に残っている通訳場面があります。チンパンジーの研究家として第一人者のジェーン・クドール女史が「子どもたちに環境の大切さを話す」という講演会でお

話しになりました。さて、女史が登場され、私も手元のマイクのスイッチを確認して、最初の言葉は主催者への謝辞かな、子どもたちへの挨拶かな、とダンボ状態で(「全身、耳にして」ということです ^^;)構えておりましたら、物静かでしとやかな女史は、大きく息を吸うと、途方もない金切り声でワケの分からない言葉を叫んだのです！私たちは同通ブースの中で飛び上がり、ボーゼン……。女史は澄ました声で「これがチンパンジーの『こんにちは』です」と(^^;)。このあとの講演もずっとチンパンジー語で喋られたら「派遣する通訳が違っている！」と通訳派遣会社に抗議しよう、と思いましたが、その後は普通の英語でお話しになりました(^^;)。

ただ、子供向きというのにエコロジーとか大人向きの言葉をポンポン使われるので、こちらは悪戦苦闘でした。同時通訳イヤホンをつけるだけでも、はじめてのお子さんには聞きづらいだろうに、「せいたいけい」「えころじー」といっても伝わるのかな、かといって説明を付けている時間もないし……と。英語圏のお子さんたちは、「エコロジー」といわれてもちゃんとわかるのか、いつか確かめてみたいと思っていますが、やはり聴衆にわかってもらえる言葉を使わないと、「喋る」ことにはなっても、「伝える」ことにはならないなぁ、と。

ＴＰＯを意識することが何よりも大切だと思います。国際会議などに出ていると、残念ながら、スピーカーの中にはこの意識(意識しようという努力)が欠けている人もけっこういらっしゃいます。聞き手は誰か、自分が伝えたいメッセージは何か、それが明確になったら、ふさわしい言葉は自然に選べると思うのですが。

再びレスター・ブラウン氏の話です。彼は、書き言葉も話し言葉も非常に説得力があってわかりやすく、コミュニケーターとして高い評価を得ている人です。彼の研究所の研究員になるには、このコミュニケーション能力の厳しいチェックに合格しなくてはなりません(このためもあって未だに日本人の研究者は誕生していません)。

前回の来日中、ちょっと聞いてみましたら、ニュースリリースでも記者発表でも、読み手や聞き手がどう受け取っているか、自分の伝えたかったメッセージはその通り伝わっているか、つぶさにチェックして次回のプレゼンテーションの仕方に反映している、ということでした。農務省時代からそうだったそうです。外部からのコメントを各部署ごとにまとめたファイルが置いてある部屋があったそうで、そこに夜遅くしのびこんで？、自分へのコメントはもちろん、評価の高い人はどうして高いのか、低い人はどこがいけないのか、かなり研究したよ、と笑っていました。「わかってもらい、インパクトを与えるために、リリースを書き、発表をしているのだから、わかってもらえたのか、インパクトが与えられているかは、いつも気をつけている」とレスター。

「でも、」と続けて、「イデオロギーの違いや主張の違いから来る批判や非難、苦情には、一言たりとも耳を貸さないけどね」。

第4章
エコな企業が躍進する時代

富山の鱒寿司屋さん
No.28

　今年の5月に、富山青年会議所での環境問題のパネルディスカッションに参加させていただきました。「中小企業へのメッセージを」という主催者のリクエストに、私は『今日からできる！エコ企業への5ステップ』として、(1)情報を収集する、(2)事業プロセスのインプット／アウトプットを調べる、(3)事業プロセスの見直しで環境負荷を下げる(新たな投資は不要、往々にしてコスト削減につながる)、(4)投資型の取り組みをする(設備改善やビジネス変革、ＩＳＯ14001を通じてエコ企業の体質づくり)、(5)ネットワークを構築する、というお話をしました。

　数ヶ月してまた富山にうかがったときに、そのときに話を聞いてくれた「富山の鱒寿司」の若旦那がこんな話をしてくれました。

　「枝廣さんの話を聞いて、自分の鱒寿司屋のことを考えてみたんです。ウチも他の鱒寿司屋と同じように、割り箸をつけている。これはいらないんじゃないかな、とウチで使っている割り箸がどこから来ているか調べてみたら、中国産でした。国内の間伐材を使っているわけではない。中国の森林を伐採した割り箸だった。それで、割り箸をつけるのをやめることにしました。親父は最初少し不安に思っていたようだけど。でも『割り箸がない』という苦情はひとつも来ていません。やってみると思ったより大したことないんですね」。

　私はこの話をうかがって、とてもとても嬉しく、頭が下がる思いでした。「20人に1人くらい『紙袋はいりません』と言うお客さんもいるんですよ」と若旦那がいうので、「いらないなー、と思っても、タイミングがずれたり、(私のように！)気が弱くて自分からはいえない人もいるかもしれないから、『紙袋はいりますか？』って聞かれたらどうでしょう？」といったら、「そうですね。来年からそうしてみようかな」と。

　この鱒寿司屋、高芳さんの鱒寿司は、塩味が控えめで鱒の脂がのっていて、とってもおいしいのです。もし富山で鱒寿司を買われるときには思い出してください。こんな「エコひいき」をどんどんふやしていきたいと思っています。

鳥取の「かにめし」
No.145

　5ヶ月前に[No.28]で、割り箸をつけるのをやめた富山の鱒寿司やさんのことを書きました。先日、この高芳のご主人とお会いしたので聞きましたら、「あれから何万食と売っているけど、割り箸がない、と言われたのはたったの1回だけです」とのことでした。つけて当然、つけることがサービス、と思っていても、実はそうでもなかったりする場合が結構あるのかもしれませんね。

　今日は「えこひいき」お弁当シリーズの第2弾(^^;)。鳥取のアベ鳥取堂の「かにめし」です。先日の鳥取での講演会の折にお話を聞いて、ステキ！と思ったので、情報を送っていただきました。アベ鳥取堂は、仕出しや駅弁を作って売っています。新しく開発した主力商品のひとつの「かにめし」は、樹脂を使った「カニ型容器」に入っています。

　この会社に2年前にある消費者から「捨てにくいものをなぜ容器に使うのか」と葉書が

鱒寿司の高芳　Tel: 076-441-2724　Fax: 076-441-6873

届きました。駅弁に関して承認を行うJRからも「燃やしても無害な容器を」という要望もあり、「かにめし」開発にあたっては、無害で安全な容器づくりに取り組みました。いろいろ素材を調査し、電子レンジにも耐えられる素材として、広島のベンチャー企業が開発したバーレムという素材を選びました。オカラやフスマ、コーヒー粕などを主成分としたPP樹脂で、プラスチック並みの強度があり、焼却してもダイオキシンは発生しない生分解性樹脂の一種です。通常の「生分解性樹脂」より分解に時間はかかるかわりに、価格は4分の1なので、金型起こしその他のコストアップも吸収できると、採用を決断されたそうです。「容器単価アップで、利益率は他の商品より約4％低くなったけど、意義はある」と阿部さん。

　消費者の声を商品づくりに活かされた会社もステキですが、もうひとつ、ステキだと思ったのは、「かにめし」を食べた首都圏のある消費者から、「大変美味しかった。最近はワケの分からない添加物が多いのに、かにめしは最低限の添加物で、また容器もかわいく、環境にも配慮してあり、感心しました」と葉書が届いたことです。「グリーンコンシューマーが企業を変えていける」、そして、「グリーンコンシューマーの声に敏感に変われる企業が、消費者からの支持と支援を得られる」というステキなストーリーを鳥取でおうかがいしたのでした。

　「かにめし」の外箱にはこう書いてあります。「この中容器には、部分分解性樹脂を使用しています。この樹脂は、紙と同程度の燃焼カロリーで燃え、焼却時にダイオキシンを発生しない物質です。また、土中に埋めた場合、何年という時間経過が必要ですが、徐々に分解していきます」。消費者への環境コミュニケーション、また製品を通じての消費者教育のよい例であるように思いました。ぜひ、アベ鳥取堂のカニさんに会ってみてくださいな。

　さて、鱒寿司、かにめし、ときました。お次はどこでしょうか？「全国エコ弁サミット」を開催できたら、なんて思っています(^^;)。全国の駅弁やさん、持ち帰り用寿司やお弁当やさん、集まれば、規模の経済で生分解性樹脂もコストダウンできるでしょうし、みんなでやめれば割り箸やビニール袋もつけないのが「常識」になるかもしれません。全国各地の「お味自慢」に乗せてアイディアを交換して広げていきたいな、と思っています。

　そして消費者として、「これじゃダメですよ～」とか「いいですね～」という声が企業を実際に変える力があるのだから、こまめに声を掛けていきたいと思いました。

グリーンコンシューマー
No. 147

　[No.145]の「かにめし」に、同じ鳥取にお住まいの読者の方からのフィードバックです。
　　　今回のニュースのテーマは「グリーンコンシューマーが物作りを変える」でしたよね。私は、2年前に京都の「環境市民」というNGOで店舗調査に出かけました。ちょっとでも役に立てたらと思ってのことだったのですが、いい勉強になりました。なんとか鳥取の買い物ガイドをつくってみたいと思っています。海外では、いまでも買い物ガイドはさかんに作られているのでしょうか？　イギリスに始まり、かなり歴史がありますよねえ。今回の「かにめし」はびっくり情報でした。灯台下暗し？　こんな企業もどん

どん応援しなくちゃ。

　グリーンコンシューマーについて、まず、その定義は(環境庁の解説によると)「消費者主権を発揮して経済社会を環境保全的なものにしようとする考え方に立ち、価格が高くても環境に良い商品を購買する消費者、環境によい企業行動を監視する消費者、環境に害のある商品や企業をボイコットする消費者のことをいう。また、消費者が企業に対して環境によい企業行動を要求し、消費者自身も地球環境にやさしい生活を営もうとする運動を、グリーン・コンシューマリズムという。こうした動きは、欧米では非常に盛んであり、市民団体がスーパーマーケットの環境保全への取組みをチェックし、そのランクを公表している国もある。我が国においても、そうした活動や意識を持つ人々が次第に増えつつある」ということです。

　よく「買い物は投票です。消費者の"投票権"を行使して、企業のグリーン化をはかりましょう」ともいいます。上記にもあるように、「買わない」(ボイコット)という投票権の行使もあります。たとえば、カナダのブリティッシュ・コロンビア州の伐採企業が「皆伐(成木も幼木も種類も構わず全部伐ってしまう)から択伐(出荷したい木だけ選んで伐る)へ」切り替えざるを得なくなってきたのも、ヨーロッパで展開された「皆伐する企業の製品は買わない」というボイコット運動が効果を発揮したためです。そして「環境によい企業行動を監視する消費者」というのは、企業の環境格付けを市民がしたり、市民間で情報を交換するなどの動きでしょうか。「監視」よりも、消費者と企業のコラボレーション(協働)やパートナーシップを志向したことばで表せるような気がしますが。

　そして「いらないビニール袋や割り箸は断る」「すぐ読むなら本屋の紙袋は断る」という各自の行動が「塵も積もれば地球を救う力になる」のだと思います。余談ですが、私がいつも競っちゃう(^^;)のは、クレジットカードを使った時です。サインして、品物を鞄に入れているうちに、テキは素早くレシートとカードの控えをホッチキスで留めて、さらに小さな紙の袋に入れて重々しく返してくれます。この時一瞬早く「ホッチキスも袋も要りません」というタイミング、何回か練習すれば身に付きます(^^;)。あのホッチキスと袋は何のためでしょうねぇ？

　グリーンコンシューマー活動は、1988年にイギリスで発行された『ザ・グリーンコンシューマー・ガイド』が、火をつけたといわれています。この『ザ・グリーンコンシューマー・ガイド』(環境の視点からみた商品選択のための情報)は、イギリスで初年度30万部売れ、各国で続々出版され、大ベストセラーになりました。イギリスでは、この本の出版により、業界1位と2位のスーパーマーケットの売上が入れ替わったそうです。消費者のパワーは強いのですね。

　日本では、1991年にバルディーズ研究会グリーンコンシューマー分科会が『グリーン・コンシューマーズ・レポートNO.1』を出し、その後もレポートを出しています。また、コメントを下さった方が参加しているNGO「環境市民」やその他の組織や出版社から「買い物ガイド」が出されています。このような「買い物ガイド」の主な役割は、グリーンコンシューマーの大切さについて、また、だれでもなれるということを理解してもらい、商品や流通に関する情報を消費者に提供し、企業の環境対策を促進しよう、ということ

です。
　そして、行政・企業の方々にとても役立つのがグリーン購入ネットワーク(GPN)です。グリーン購入の取り組みを促進するために1996年2月に設立された企業・行政・消費者の緩やかなネットワークで、全国の多種多様な企業や団体が同じ購入者の立場で参加しています。参加団体(企業や地方自治体)は2000を超えています。ここからの情報で、日本の企業や行政のグリーン購入の実態や取り組み、動きを知ることができます。
　e-shopping(インターネットなどを使った買い物)が流行といっても、一般消費者の場合は地元で買い物をすることがまだまだ多いので、グリーン購入の基本原則に則って(GPNの基本原則はHPに載っています)、それぞれの地域での買い物ガイドを作っていくことがとても大切だと思います。
　さて、鳥取からフィードバックを下さった方に、私は「買い物ガイドの作成状況も教えてくださいね。このガイドを作る過程そのものが『消費者と企業、行政への啓発・教育・議論の場』になりますように！」とメッセージを送りました。
　国際標準化機構(ISO)のシステム規格と同じだと思うのです。ISOはフィルムやネジで知られているように、もともと製品の規格を作っていたところです(1万以上の規格があります)が、1990年代に入って「製品ごとの規格では間に合わない。それでは製品を産み出すシステムそのものを規格化しよう」ということで、品質規格のISO9000sが生まれ、環境のISO14000sが策定されました。
　同じように、たとえば『鳥取の環境買い物ガイド』をガイドとして完成することはとても意味も意義もあることですが、そのプロセスそのものが「議論して理解しあう、考えを出し合う場」になり、多くの人がそのやり方や考え方を身につけて、今後は別の分野や領域で展開していければ、もっと効果的に大きな動きにつながると思うからです。
　鳥取の買い物ガイド、応援しています！

エコ・スリッパ誕生

No.233
　日本青年会議所の機関誌に「環境問題とビジネス」の連載を始めてから、「変革の主体者たらんという若手経営者」からメールや情報をいただく機会が増えて、とても嬉しく思っています。青年会議所は、世界的・全国的視野を持ちつつ、それぞれの地域に根づいた活動を展開している組織で、まさに「風は地方から！」を体現している、頼もしい青年(40歳まで！)がたくさんいます。そのおひとりがメールニュースの登録時に、
　　　弊社は今までの塩化ビニール製品であったスリッパを厳選したエコ素材で商品化することに成功いたしました！　これにより二酸化炭素の排出量や塩素ガスやダイオキシンの発生を極限まで抑えることができました。ビニール製のスリッパとはいえ、年間に自動車20万台分以上の二酸化炭素を排出しております(焼却処分時)。

という情報を書いて下さったので、詳しくお聞きしました。
　　　エコ・スリッパ開発の経緯についてご説明させていただきます。私は岩手県の水沢市で小さな製造業を営んでおります。製造品目は「業務用のビニールスリッパ」です。我

グリーンコンシューマー東京ネット　http://www.shouhiseikatu.metro.tokyo.jp/g_con/g_con_top.html
環境市民　http://www.kankyoshimin.org/
グリーン購入ネットワーク(GPN)　http://www.wnn.or.jp/wnn-eco/gpn/

が水沢市にも環境大国「岩手」の意向で「環境計画策定委員会」が発足することとなり、私も一員として参加する運びとなりました。郷土の豊かな自然環境を守るために意見を言わせていただき、言うからには自分自身でも環境問題の勉強をしなくてはならない状況が生まれました。

その数ヶ月前から、長引く不況から我が業界は脱出できずに、月2社ペースで倒産・廃業に追い込まれていました。そこで、私は一大決心をし、環境にやさしいスリッパの開発を始めました。真っ先に県の「産業支援センター」に駆け込みました。「岩手県産業振興センター」では、国内外のすぐれた情報が公開されており、その中の環境部会に入会いたしました。

「エコ・スリッパ」の開発は順調に行われ、インターネットで世界中から原料や加工技術・環境に及ぼす影響などに関する情報を取り寄せた結果、大手素材メーカーでは開発は完了し、応用を模索していることがわかりました。家具・自動車内装材・住宅建材に使おうというエコ・マテリアルが沢山ありました。その中でもっとも進んだ原料をスリッパ加工部材用にアレンジしていただき、同時に各種パテント申請を行いました。

我々の業界もいずれは変革の時代を迎えると確信し、今までの「塩化ビニール」製品の製造から、エコ・マテリアルを中心とした製造体制と商品化へと転換しました。現在では、環境部会で学んだ「ゼロエミッション」を念頭に、使用後にゴミではなく産業の資材になるような新たな素材を探求中です。今日、我が業界シェアの9割は東南アジア製品に支配されてしまいましたが、生き残っている同業者同士は非常に仲が良く、ウチの技術を公開することで、国中から「塩ビ」を廃絶しよう、エコ・マテリアルで生産しようと賛同してくれるメーカーさんもたくさんおります。かつてのような活気ある業界を再生し、今までのように無知で緑の地球を破壊するような行動を二度と起こさないように努めたいと考えます。メーカー直の価格体制を取り入れ、従来品の価格より安価に抑えています。MADE IN IWATEブランドにしたいと願っています。

追伸：真っ先に注文を下さったのが、母校の「水沢市立水沢小学校」でした。大変嬉しく思い、子供たちの環境に対する思いに負けてはいられないなと感じました。

原材料や従来品との環境負荷の違いなど、詳しい製品仕様書も送ってくださいました。従来の塩化ビニールのスリッパは、1足あたり約680円だそうです。この会社では、従来5軒以上経由していた問屋流通を直販に変えることで、500円に価格を抑えられたそうです。印刷代は別途ですが、名入れもマークや指定書体の印刷もできるということですので、グリーン購入の一環で購入してみようかな、という企業や官庁の方がいらっしゃったら、お問い合わせ下さい。

[No.113]で「どの会社も、どの組織も、どの人も、何らかの『本業』に携わっているはずです。本業で勝負すべき！と強く思っています」と書きましたが、「本業で勝負！」なさっているこのスリッパ屋さんに、心からのエールを送りたいと思います。

(有)アサヒ Tel: 0197-24-1192　フリーダイヤル0120-710-388　Fax: 0197-25-3642

ＩＳＯ14001取得状況

No.1

　今日はＩＳＯ14001の認証取得企業数の最新情報をお伝えしましょう。1999年7月末で2338件。8月末で2400件、9月末には2531件となっています。

　相変わらずの勢いであります。取得にかかる平均期間が約1年であることを考えると、去年の今頃、「さあ、取るぞー！」と認証取得活動を開始した企業や事業所が、ゾクゾクとゴールインしているのでありましょう。

　ただ、「認証取得はゴールではなく、スタート」であることを、特に経営者の方々にはよく理解していただいて、経営ツールとして14001(環境マネジメントシステム)をじょうずに使いこなしていただきたいと思います。皆さんはＩＳＯ14001の「主人」であって「下僕」ではないことをお忘れなく！

　ＩＳＯ14001の認証取得企業数(全体、都道府県別、業種別、事業者別)は「通産省工業技術院標準部」のＨＰで見ることができます。ここには、14001の解説や、9000との両立、規格の進展／改訂状況などの情報も載っています。

　また、ＩＳＯ関係の情報源として、ISO World もよく知られています。特に取得企業数などは上記の官公庁より情報が早く、実践的な情報が得られます。

ＩＳＯ情報：アイソス

No.16

　帰宅すると月刊誌「アイソス」が届いていました。これは"愛想"がたくさんある雑誌ではなく(^^;)、『ＩＳＯｓ』：マネジメントシステム規格の専門月刊誌です。どちらかというと専門家向けのようですが、とても役に立ちます。ご興味のある方はぜひどうぞ。

　ここのＨＰはとても情報に富んでいて、タダで申し訳ないくらいの情報をゲットできますし、購読申し込みもできます。14001と9000の両方をカバーしており、14001では、数多くの「環境認証事例」や「連載講座　規格解釈編」もあります(9000の方も同様に充実)。

　巻末の「認証取得データ」を見ていたら、14001認証取得数は月に100件を超えており、業種別ではサービスと建設の躍進が目立ちます。サービス業は前回の3.2％から7％に、建設も2.6％から5.2％にシェアを伸ばしています。県別で見ると、事業所数が多い東京・神奈川はともかくとして、愛知県の躍進がスゴイです。トヨタは「一次取引業者を対象に2003年までの14001認証取得」を要請していますから(取れないところとはもう商売をしないということ)、愛知県はこれからもかなり数を伸ばしてくることでしょう。愛知県内では14001コンサルタントの"特需"状態かもしれませんね。

　県内の事業者数との比率で健闘していると思われるのが、茨城県、滋賀県、大分県です。茨城県は霞ヶ浦の公害問題をきっかけに地元住民や企業、行政の意識が高く、滋賀県も琵琶湖をめぐって同様の状況であるからではないかと思います。大分県は、県としても県内の日田市も自治体として14001を取得しています。このような自治体は、企業の取得支援にも熱心で、グリーン購入(調達や入札で14001取得企業を優先する)も盛んなので、地元企業も頑張るでしょう。

　今月号のアイソスでもうひとつ興味深かったのは、「環境自治体会議で環境マネジメン

通産省工業技術院標準部　http://www.jisc.org/i141.htm
ISO World http://www.ecology.or.jp/isoworld/

ト専門委員会を発足させた」という記事でした。環境自治体会議とは、環境活動に熱心な首長さんたちが1992年に設立した会議です。現在会員数は50自治体。自治体の環境政策を考えるなどの活動をしています。このインタビューの中で、「これまで道路や建物や公園を作る際に、生態系への影響などの環境配慮がされていなかったものが、されるようになり、自治体全体の中で環境に配慮した事業の割合が増えるだろう」「地方自治体法の改正にも絡んで、自治体がある程度主体的に公共事業をやれるようになると、環境配慮へのいろいろな工夫を考えることができるだろう」「地方分権の流れの中で、地方が自立するための自主的な取り組みとしてＩＳＯ14001を捉えるべきである」など、とても前向きで積極的な自治体の姿勢が感じられます。

　私がとってもいいな、と思ったのは、「自治体の環境マネジメントシステムについては、環境方針のみならず、目的・目標と計画の実施状況は公表すべきである。それらの情報を市民などの外部の人間が評価をし、その評価に基づいて政策を見直す必要がある」「内部監査チームに市民を入れる、市民の監査チームを作るということも考えられる。市民の監査チームが実力をつければ、小さな自治体などは費用をかけて認証を取らなくても、ＩＳＯ14001を自己宣言できるようになるのではないか」という提案です。市民のための市民による環境マネジメントシステムを地方自治体に構築していくというアイディア、いいですね！

　私自身もＩＳＯ14001監査員になるためのコースを修了しており、実際の現場で企業の方々のお手伝いをしたいと思っていますが、ゆくゆくは「市民のための内部監査員養成講座」なんて開けたら素敵だと思いました。

ナチュラル・ステップ

No.2

　昨日・今日と、スウェーデンの環境団体『ナチュラル・ステップ』の代表、カール・ロベール氏の通訳＆取材の仕事でした。日本ではまだあまり知られていませんが、ナチュラル・ステップのアプローチは、ボルボ、イケア、ナイキ、マクドナルドといった大企業を含め、欧米の数百社に導入され、着実な効果を上げています。個別の環境問題が生じてから対応するのではなく、その「モト」から根本的に考え、企業の利益に結びつくような形で戦略を策定し、実行していく枠組みを提供しています。

　持続可能な社会の原則として、4つのシステム条件を挙げています。
　持続可能な社会では
1．自然の中に地殻からの物質の濃度が増え続けることがない
2．自然の中に人間社会で製造した物質の濃度が増え続けることがない
3．乱獲や開発によって自然の物理的な基盤を損ない続けることがない
4．世界中の人々のニーズを満たすために資源を効率よく公平に利用する

　この原則にしたがって、企業の活動を見直し、「将来どうあるべきか」から「現在何をすべきか」を考える『バックキャスティング』で戦略を策定します。このアプローチを取り入れている企業では経済的な見返りが得られているそうです（実際の事例を下さいとお願いしています）。

アイソス　http://www.isos.co.jp/
環境自治体会議　http://www.ss.iij4u.or.jp/~colgei/

私の大きな関心テーマであるＩＳＯ14001とナチュラル・ステップとの関連について考えてみました。14001の「環境方針」や「目的・目標」を考える際に、ナチュラル・ステップの枠組みが役立つと思います。その場しのぎの対策や、今問題視されている問題に"もぐら叩き"的に対応するのではなく、このままいくと「漏斗（ろうと）」のように先が狭まっていく状況に対して、システムのレベルから根本的に対処していき、真に企業収益に貢献する「方針」や「目的・目標」を考えるガイドラインになると思います。

　ＨＰでも詳しい情報が得られますし、『ナチュラル・チャレンジ』(カール・ヘンリク・ロベール著　新評論)という本も出ています。また私の取材の結果は、『日経エコロジー』2000年1月号の『アングル』というコーナーに掲載予定です。ちなみに、月刊誌『日経エコロジー』は質の高さでは屈指の環境関連の情報誌で、大いにお薦めです。定期購読制のため、通常の書店には置いていませんが、ＨＰで中身がわかりますし、購読の申し込みもできます。

ナチュラル・ステップとＩＳＯ14001
No. 183

　このような話を聞いたことがあります。「同じ事業を展開していく上で、スウェーデンと日本では大きな違いがあります。例えば、日本では、病院が必要となると病院ばかりいくつも建てますが、スウェーデンでは、人々が健康になって病院を必要としないよう、病院だけでなく健康増進のためにスポーツセンターも建てます。けれども日本では、スポーツセンターを建てることを認めない、あるいは重要性は認識しても実際に建てられない場合が多いのですね。日本企業は対処療法ばかりに偏り、根本的な治療を行うことが少ないようです」。

　[No.2]でナチュラル・ステップについてご紹介しました。ナチュラル・ステップの考え方は、きわめてシンプルで直裁的です。ガン医であったロベール氏の思いや、「漏斗（ろうと）」「バックキャスティング」などのナチュラル・ステップの基本的な考え方、「4つのシステム条件」について、ＨＰで概要を知っていただければと思います。欧米の多くの企業がナチュラル・ステップの考え方を採用しています。先日の『日経エコロジー』のシンポジウムで基調講演をなさったインターフェイス社のレイ・アンダーソン氏も「ナチュラル・ステップが背骨になっている」とおっしゃっていました。ところが、日本の企業で、ナチュラル・ステップにしっかり取り組もうとしているところはまだ多くはありません。

　冒頭の話ではないですが、どうも「原理原則や大きな全体像から動ける欧米」と、「何をしたらどうなる」がわからないと、つまり投資見返りや具体的なプロセス、成功事例などが明らかにならないと、なかなか考慮しようとしない日本の差が表れているように思えます。どちらが良い、悪いというものではないですが、ナチュラル・ステップの本質的な考え方はすべての企業や個人が共有する価値があると思います。

　ということで、具体的なアプローチのひとつとして、[No.2]では、「14001の「環境方針」や「目的・目標」を考える際に、ナチュラル・ステップの枠組みが役立つと思う」と書きましたが、この願いを満たしてくれるセミナー『ナチュラル・ステップとＩＳＯ14001』が近々開催されることになりました。

ナチュラル・ステップ・ジャパン　　http://www.tnsj.org/
『日経エコロジー』　　http://www2.nikkeibp.co.jp/ECO/

私もセミナーにはごいっしょしたいと思っています。よろしければ、皆さんもごいっしょに。ＩＳＯ14001の認証を取得した企業も、これからの企業も、目的・目標設定や、継続的改善の「羅針盤」として、ナチュラル・ステップの考え方がどのように役立つのか、実際に役立てている企業の事例を通じて、考えてみませんか？

ＩＳＯ14001の改定と原点

No.205

　日本でのＩＳＯ14001審査登録件数、もうすぐ4000件に届きそうな勢いです。通産省工業技術院日本工業標準調査会のＨＰを見ると、4月末で、3693件となっています。このＨＰでは、業種別、県別の審査登録(認証取得)件数がグラフで示されています。このところ、建設業界の取得数が急激に伸びており、サービス業なども含めて、業種の広がりが特徴だと思います。同じところで興味深い表を見つけました。月次の取得件数推移表です。これをみると、毎年3月に「取得の山」があります。「年度内取得！」とハッパをかけられるハチマキ姿の担当者が見えるような気がします(^^;)。

　だいたい「取るぞ！」と認証取得活動を立ち上げてから、実際の取得まで1～1年半ぐらいかかることが多いので、この月次の数字を見ていると、その1年ぐらいまえに、これだけの数字の事業所が「取るぞ！」と始めているのだなぁ、と思います。最近は月に100～200件超のペースです。今月「取るぞ！」と始めた事業所が数としてこの表に載るのは1年～1年半ぐらい先のことですが、その頃にはどのくらいのペースになっているのでしょうね。

　地方自治体の認証取得数も急激に増えており、6月20日現在96件、国の機関は2件だそうです。現在多くの都道府県で取得活動が進んでいますが、5県だけは空欄でした。ＩＳＯ14001の取り組みは「東高西低」だと聞いたことがありますが、そのような感じです。県や市が積極的だと、地元の企業の取り組みも活発になります。取得の経験を活かしてセミナーやコンサルタント派遣などの支援をしたり、取得費用の融資や援助を行う他、滋賀県、神奈川県のように「入札の条件」「許認可手続きの簡略化」の対象にする動きもあるからです。

　さて、世界の状況はどうでしょうか？　4月の時点で15,722件だそうです。相変わらず日本がダントツですね(ヨーロッパにはEMASという似た規格があるので単純には比較できませんが)。最近アメリカでも積極的になってきた、という話を聞きました。

　ＩＳＯ9000sでは、2000年改定がかなり大きなもので、取得済み及び取得中の企業では対応に苦慮されたところもあったようです。ＩＳＯは9000でも14000でも、「4年ごとの見直し」が原則になっているため、「見直し→改定」の動きは常にあるものとして、どの方向に改定されるのか、ＩＳＯ総会や技術委員会(TC)の動きを横目で睨みつつ、構築や運用を進めていく必要があります。ＩＳＯ14000も、第1回の見直し作業に入っています。

　私もＩＳＯ14001監査員公式研修を終了し、コンサルチームの一員として企業のＩＳＯ14001取得をお手伝いしています。また企業の方とお話しする時には、必ずといってよいほど、「いつ始めるべきか」と14001の話題が出ます。このようなときによく思うの

ですが、「波乗り」みたいな感じかなぁ、と。次々と押し寄せる波のうち、どの波でボードの上に立つか、ということです。いったんボードに乗ってしまえば、あとは方向さえ間違えなければ、次々と来る波もうまく乗っていけるでしょう(といっても、よっぽどの大波にはひっくり返るかも？^^;)。「次のあの波は大きそうだ」「その次の波は3年後に来そうだ」とタイミングを図るのは重要ですが、いつか思い切って乗らないかぎり、いつまでも海の中に立ったままです(その方が安全な場合もありますが^^;)。

14001のもっとも大きなポイントは「継続的改善の仕組みづくり」だと思います。14001の規格そのものも、これを「地で行っている」んですね。「規格はとりあえず当時できるだけのものを作って発効するけど、当事者間の妥協の産物である側面もあるし、時代の要請も変わってくるし、規格自体も継続的に改善していきますよ」という姿勢ではないでしょうか。日本人は、「規格」というと、もう絶対変えたり異議を申し立ててはならない、「お上から与えられた不動不変の掟」みたいなイメージを持つ方が多いように思います。「そうじゃないんですよ～、規格そのものも変わっていくのですから、最初はちょっとバランス悪くても格好悪くても、ボードに乗ってみて、それから風を見ながら整えていくのもアリですよ～」と思います。

ところで、規格の修正改善は、思いつきで行われているわけではありません。修正や改善の方向を導く「不動の北極星」をちゃんと押さえておけば、あとはその方向への変更として対応できるのではないか、と思います。この「北極星」ですが、そもそもこの規格がどうしてできたのか？ という出発点に、その「ビジョン＝めざすところ」を見ることができます。

ＩＳＯ14001の生みの親はだれだと思いますか？ 通産省工業技術院日本工業標準調査会のＨＰに、「規格化の経緯」が丁寧に説明されています。

> 地球環境問題に対する国際的な解決策を議論するために、1992年6月"地球サミット(国連環境開発会議－UNCED : United Nations Conference on Environment and Development)が開催されました。この地球サミットをビジネス界として成功させるために、世界のビジネスリーダー50名からなる「持続的発展のための産業界会議」(BSCD:Business Council for Sustainable Development)が創設されました。このBSCDには、日本からも京セラ会長、王子製紙会長、日産自動車会長、新日鉄会長、三菱コーポレーション会長、東ソー会長、経済同友会メンバーの7名の産業界のリーダーが参画しています。BSCDが"持続的発展"の諸局面について分析を行っていく過程において、環境マネジメントの国際規格化の考え方が出てきたため、諮問グループを設けて検討した結果、次の結論が得られました。
> ○ビジネスにおける持続性のある技術(Sustainable technologies)の導入、推進のため、環境の国際規格は重要な手段となり得る。
> ○ＩＳＯはこの計画を実施するための適切な機関である。
> ○製品・サービスのライフサイクル分析に何らかの規格作業が必要である。
> このため、BSCDはＩＳＯに対して環境に関しての国際標準化に取り組むよう依頼しました。

通産省工業技術院日本工業標準調査会　http://www.jisc.org/index.htm

このようにして、BCSDを父に、ＩＳＯ(国際標準化機構)を母に、14001は生まれたのです。このルーツと、何をめざして作られたのか、という「原点」を忘れてはならないと思います。ＩＳＯ14001は、「ビジネスにおける持続性のための技術の導入と推進」のためであって、「紙の両面コピーや裏紙利用、昼休みの消灯」が究極の目的ではないのです。

以上は、私の個人的な「ＩＳＯ14001観」です。さまざまな見方や考え方があると思いますし、実際に取り組まれている方のご意見もお聞かせ願えれば、と思います。

ＩＳＯ14001の原点──楢崎氏のお話

No.207

　ＩＳＯ14001の話の続きです。私の受けた監査員研修は、TC207のメンバーでもある英国人講師が「本流」を教えてくれる研修です(日本で開催)。この研修機関エクセル・ジャパンが、卒業生を対象に毎年開催している講演会で、TNS環境経済研究所の楢崎氏(EARA主任審査員)のお話を聞く機会を得ました。とても学ぶことが多かったので、一部ですが、ご本人の許可を得て、ご紹介します。

　　　昨年ある自治体が認証取得したお祝いシンポジウムに、モーリス・ストロング氏がきていました。彼は14001の生みの親です。彼は記者団インタビューで、「なぜ日本人はそんなに躍起に取ろうとしているのかなあ？」と逆に聞いていました。
　　　ご存知のように、モーリス・ストロング氏はリオの地球サミットの議長を務めた人です。リオサミットを本当の意味で成功させるために、彼は「産業界の方でも何か」と声を掛け、BCSDが結成されました。結成後、世界中で大きなもの4回、小さな会議を入れると20数回の会議を経て、BCSDから地球サミットへの報告書『チェンジング・コース』が92年に出版されました。
　　　BCSDを中心としたこの一連の活動の中で、産業界での環境への取り組みや考え方が醸成され、「煙突や排水溝の出口の管理をする時代は終わった。これからは、持続可能な技術の開発とその移転である。したがって、国際規格を作ったらどうか」という提案が産業界自らから出てきました。14001が出たときには、「あれは欧米のジャパン・バッシングだ」という声もありましたが、日本のトップも含む世界の50人のトップのある程度のコンセンサスで出た考えだったということを理解してほしいと思います。
　　　この『チェンジング・コース』という本は、非常に価値のある本であり、20ヶ国で訳され、 MBAの教材としても使われています。ところが、日本語訳はあったが、もう手に入らなくなってしまいました。世界で最初に絶版になったのです。これだけ「14001！」と騒いでいる国が、その基本を学ぼうとしないというのは、どういうことなのでしょうか？
　　　現在の14001の最大の問題点は「継続的改善」です。そろそろ更新審査を受ける企業が出ていますが、「もうできることは全部やっちゃった。もう継続改善できませんから14001を返したい」という話も出てきています。じゃあ何をやっているのか、と見ると、「裏紙の利用」「省エネのためにこまめに照明を消す」「ゴミの分別」などです。このような活動は3年もやっていれば、100％に達してしまうでしょう。

14001には、間接影響が明白に含まれています。「影響力を及ぼすことが期待できる活動、サービス」と書いてありますが、これは「利害関係者が期待する」ということです。たとえば、サプライチェーンのコントロールや、製品なども当然ここに入ってきます。この辺りのニュアンスは、JISだけ読んでいたらわかりません(翻訳でニュアンスが変わっている)。グリーン調達もそのひとつの要素になります。たとえば自治体のグリーン調達ですが、「白色度70%の紙を使う」などの取り組みが多いのですが、市民ならともかく、組織や企業が「グリーン調達」でやるべきことはそういうことではないと思います。

ウチの自治体が認証を取った、とその自治体内の業者が戦々恐々としている事態があるそうです。「自分の所は認証を取っていないので、モノを収められなくなるのではないか」と。もちろん調達の基準として「14001取得企業から買いたい」と設けるのはよいでしょう。しかし、14001認証を取った建設会社に、年度末だからといって同じ道路を何度も掘り返させるのはおかしいのではないでしょうか。それこそ大きな組織や企業に期待されているグリーン調達なのだと思います。

ＩＳＯ14001のもともとの出発点は、「ビジネスにおける持続可能な技術の導入、推進のため」ということです。これが日本でははっきりと伝わっていないのではないかと思います。各業界は知っているのだろうか？ と思って調べてみました。工業会レベルでは書いてある。建設業界の日建連などでは、行動計画に「環境に負荷の少ない設計をする」とまず書いてありますし、チェーンストア業界も、「環境の負荷の少ない製品を自社開発する」と書いてあって、おしまいの方にアイドリングストップやゴミ分別などが書いてありますから、わかっているはずです。そういうことをやっていれば、「やることがなくなった」ということはないはずなのです。持続可能な技術とは、科学技術だけではなく、社会的な技術も入ります。たとえば、ゴミの分別などの社会の仕組みづくりです。そういうことをやれば、持続可能な発展につながり、継続改善も目が離せないはずなのですが。

審査員とその卵たちに対する講演でしたが、取得企業や取得を考えている組織にとっても、参考になるお話ではないかと思います。

ＩＳＯ14001を最大限活かすために──環境マネジメントシステムの真の力

No. 208

ＩＳＯ14001について書いた [No.205] に対して、すぐに率直な「生の声」をいただきました。

　　　ＩＳＯ14000シリーズをべた誉めですが 最近私は、結構まやかしっぽいところもあるのではないか と思っています。当社でも14000シリーズに取り組もうと思い、本を読みました。各社での環境の基準を作るのは解ります。しかし、コピー紙の裏側の使用や昼休みにオフィスの電気を切る程度のもので、あたかも国際水準の環境問題に取り組んでいるように言われては、いかがなものか？ しかも取得までに1000万円程度の費用を使って、社員が取得の為に残業して、コピーは使い放題、電気は深夜まで付け

て、取得のためにいったいどれだけの環境破壊につながったのでしょうか？　コンサルや認証委員の人には豪華な接待・・・結局は、認証機関やコンサルが儲けただけで終わりはしないか？　一過性のブームに過ぎないのではないか？　と思いますが……。

　取得をしたといっても、どういう企業なのかのチェックもしたほうが良いと思います。金さえ払えばコンサルにお任せで取得できるし　企業のイメージ戦略に利用するところも少なくありません。本当に環境問題に取り組むには、もっと身近でお金が掛からず実のある事があるのではないでしょうか？

「けっこうまやかしっぽい」現状はその通りで、私も憂いを持っているところです(だからこそ、こうやってしつこく書いています)。「規格そのもの」と「その運用」を分けて考えたいと思いますが、私が「ベタぼめ」だったのは、「規格」の方で、「その運用」は認証という商売要因が絡んでいるため、残念ながら、歪んでしまっている場合も多いと現状を認識しています。

　6月23日付の『日本証券新聞』で、全面を使って「環境特集」『ビジョンの時代』が載っています。ここに、私のインタビュー記事が載っています(今回は私がインタビューしたのではなく、「された方」^^;)。私が「熱い思い」を語ったインタビューを上手にまとめて下さっているので、その中でＩＳＯ14001について語った箇所を引用させてもらいます。

　環境マネジメントシステムの構築が全体に広がっていくことは大変に好ましいことです。ただ、そこで注意しなければならないのは、ビジョンが伴ってはじめてＩＳＯ14001による環境マネジメントシステムが意味を持つということです。

　ＩＳＯ14001の評価対象はあくまでインフラ、システムの問題に限られます。車で例えれば、走るかどうかを問題としているにとどまり、どこに行くかという視点は加味されません。最終的な目標は各社に委ねられることになりますが、裏紙を使ったり、余分な電気を消す程度の目標では1～2年のうちに行き詰まってしまいます。認証を継続するにも毎年費用がかかります。小さい目標を積み重ねているだけの企業は認証の継続するメリットを感じ取ることができません。すでに、認証を返上する企業もでてきていると聞きます。ＩＳＯ14001は将来あるべき姿に向かって進み、足りないところを埋めていくという発想の上に築かなければ本当の効果は期待できないでしょう。

　環境会計などにおいて環境パフォーマンスやその中身が厳しく問われつつあります。今後は取得のための認証取得や、企業イメージをアピールだけでは立ち行かなくなります。メーカーであれば本社だけでなく、環境負荷の高い工場が取得してこそ意味があります。

　ＩＳＯ14001の認証って、「自動車を作りました。ちゃんと走りますよ～」っていうことだけなのですね。そして「裏紙の使用」「昼休みの消灯」程度では、大きな自動車をせっかく作ったのに、5ｍしか離れていない隣家までしか行きません、というようなものです。それでは本当に、自動車を作る環境負荷の方が高すぎて、ちっとも地球を救う役には立ちません。

　そしてＩＳＯ14001では、「実際にそれを使って、何をどれだけ改善したわけ？」とい

TNS環境経済研究所　tnsieec@mb.infoweb.ne.jp
エクセルジャパン　http://www.excel-japan.co.jp

う「環境パフォーマンス」は問わないので、今のところ、日本では「取ったぞよ」「ははぁ〜！」みたいな、水戸黄門の印籠化している面があります。そこをしっかりしていかなくてはならないのです。どうやってしっかりしていくか？　消費者や取引企業の出番です。「我が社はＩＳＯ14001を取りました」といわれたら、「そうですか。それで、どこを対象に取ったのですか？　煙モクモクの工場を抜かして、本社だけってわけじゃあないですよね？　それで、何をどのくらい改善する計画ですか？　進捗は？」と『中身』を聞きましょう。

　講演などではしつこく、「環境マネジメントシステムはどんな企業にも役立ちますから、必須です。環境マネジメントシステムの国際規格であるＩＳＯ14001の認証は、ビジネス上必要なところだけ、お金を払って取ればよいでしょう。ＩＳＯ14001はよくできた規格ですから、これを参考に環境マネジメントシステムを作るのは、効率的だとは思います。でも「認証」を取るかどうかは、経営判断です。必要ないなら別に薦めません」と言っています。ＩＳＯ14001を取らずに、優れた「環境マネジメントシステム」を構築し、運用している企業もあります。グリーン調達やエコファンドの選定でも、それは十分に認められているはずです。

　ＩＳＯ14001はともかく、私が「環境マネジメントシステム」は要りますよ、という理由は「仕組みの大切さ」です。環境への取り組みは、身近にいくらでもできることがあると思います。それをドンドン進めていくことは、認証証のためにＩＳＯ14001に取り組むよりずっと実があると思います。でも、こういうことはありませんか？「前の部長は環境に熱心だったから、現場でも取り組んでいたけど、部長が替わったら、トンとやらなくなったねぇ」「社長がどこかで聞いた講演に感動して、工場の屋根に太陽発電パネルを付けたんだよ。でも工場の中は、な〜んにも変わっていないよ」……。

　京都議定書で日本は温室効果ガスを６％削減する、と約束していますが、これは「はじめの一歩」で、国際的な科学者のグループでは、「先進国はゆくゆくは50〜80％は削減しないと地球はもたない」と予測しています。「思いつき」や「属人的要素」で６％ぐらいは削減できるかも知れないけど、やはり50〜80％削減するとしたら、システマチックに進める必要があります。「継続的に改善していく」仕組み(システム)が必要なのです。現在のところ、その仕組みとしてもっとも効果的・効率的なのがＩＳＯ14001の規格の描く環境マネジメントシステムだ、というのが私の理解です。

　英国でＩＳＯ14001やEMAS(欧州の類似の規格)が盛んになってきたのは、労働流動性の高まりと軌を一にしている、とある英国人がいっていました。労働力の流動性が高まり、つまり離職率が高まって終身雇用制が崩れると、属人的な要素に頼って仕事を進めることができなくなってくる。そこで、システム化とそのシステムの運用書としてのマニュアル化が進んだ。その一環として、環境マネジメントもシステム化が進んだ、ということではないかと思います。

　最初のコメントでも指摘がありますが、本当にＩＳＯ14001認証取得活動では、「紙の山」が築かれ、もったいないなぁ、と思います。ただ、システムに必須のマニュアルを作っていく過程ではある程度仕方ない、とも思います。そして、そこで負荷をかけた分以上の改善を、そのシステムで達成していくことでしかその償いはできないのだ、と思っています。

かなりしつこく書いてしまいましたが、まとめると以下のようになります。
(1)継続的に環境負荷を低減する仕組みが必要なこと
(2)その仕組みの規格として、ＩＳＯ14001があること
(3)ただ、日本では、「認証のためのＩＳＯ14001」になってしまい、歪んでいる現状があること。本来ＩＳＯ14001がめざしているものに足りない場合も多いこと
(4)各企業は、ＩＳＯ14001の本来の意義と、現在の運用のされ方を十分認識して、自社の方針を考えるべきこと
(5)消費者や地域住民、取引企業が「中身」をしっかりチェックしていくことで、そのような「イメージ先行型」の認証を減らしていけること

　審査登録機関に「初期審査」「継続審査」で払うお金も、日本の場合、諸外国の何倍も高いのです。人件費が高いから仕方ない、といわれているようですが、特に中小企業でこの費用面がネックになっています。中小企業の連合体で、「中小企業が取り組みやすい値段にしてほしい」と交渉するのもよいかもしれません。また、中小企業にもっと取り組みやすい活動プログラムもあります。最近私は、中小企業にはＩＳＯ14001よりこちらを推薦しています。環境庁の「環境活動評価プログラム」です。リクエストがありましたら、こちらもご紹介しましょう。

　それから、ＩＳＯ14001コンサルタントの話ですが、ＩＳＯでも「コンサルの規格を作ろうか」という笑えない話が出たという話を聞いたことがあり、憂慮している人々も多いようです。ただ、最終的には使う側の意思だと思います。企業の経営者側が主体性を持ち、「何のためにコンサルを使うのか」「何をどこまで頼むのか」をはっきり認識して、本当に会社のためになるＩＳＯ14001構築とコンサル選定(別に使わなくてもよい)を考えれば、問題はないはずです。

チェンジング・コース
No. 210
　[No.207]で『チェンジング・コース』という本に触れたところ、当時BCSDへ日本団のメンバーとして参加された方から、事実関係のご指摘をいただきましたので、調べてみました。BCSDの地球サミットへの報告書として、1992年に刊行された本で、正式な書名は『Changing Course: A Global Business Perspective on Development and the Environment』著者は、「シュミトハイニーとWBCSD」。
　ここで少し、「BCSD」「WBCSD」の整理をしておきます。BCSD(The Business Council for Sustainable Development)は、「持続的発展のための産業界会議」「持続可能な開発のための経済人会議」などと訳されていますが、1990年にスイスの産業家、ステファン・シュミトハイニー氏が設立しました。1992年のリオでの地球サミットに向けて、ビジネス界からの「持続可能な開発」に対する考え方を提供することが目的でした。その報告書として地球サミットに提出された『チェンジング・コース』は、経済界からの地球サミットへの大きな貢献であると認められ、政府や産業界に対するその提言は強い支持を得ました。
　WBCSD(The World Business Council for Sustainable Development)は、「持続可能な発展のための世界産業協議会」「世界環境経済人会議」などと訳されていますが、BCSDと、

ICC(International Chamber of Commerce)のイニシアティブであるWICE(the World Industry Council for the Environment)が1995年に合併して形成されたものです。

両組織とも、リオサミットで明白となったチャレンジに、産業界としてどのように対応するか、という活動の先導役として活躍してきた団体で、現在、WBCSDは「持続可能な開発」に関するビジネス界の考え方や取り組みのリーダー役をつとめています。

ＨＰによると、現在「持続可能な開発」へのコミットメントを共有する約130社が、30ヶ国、20以上の産業から参加しています。このＨＰはとても充実しているのでお薦めです。年4回発行のニュースレターもダウンロードできます。またスピーチ原稿のライブラリも充実していて、各産業界のトップが「産業と環境問題」についてどのようなビジョンや取り組みを進めているのか、読むことができます。「石油業界の変容：新しい時代への戦略」など、面白そうなテーマがたくさん並んでいます。トップのスピーチですから読みやすい英語だと思います。

先日私も通訳した『日経エコロジー』のシンポジウムでのデュポンのＣＥＯ、チャールズ・ホリデー氏の「ビジネスの成長と持続可能性：新しい世紀へのチャレンジ」の原稿もこのライブラリに載っていることを発見しました。ホリデー氏はWBCSDの会長でもいらっしゃいます。

今まで知らなかったのですが、最近のキーワードのひとつ、「エコ効率(Eco-Efficiency)」ということばが初めてお目見えしたのも、この『チェンジング・コース』だそうです。そのためでしょう、WBCSDでもエコ効率のプロジェクトが盛んに推進されており、ＨＰでも多くの情報が入手できます。

シュミトハイニー氏が「自費でも」とビジョンを形にしてBCSDを設立されたのが、1990年。自分はその頃、何をしていたかなぁ‥‥と思います。まだ英語は喋れませんでした。通訳になって、レスター・ブラウン氏と出会って、自分でも環境活動を始めて、いろいろな出会いのおかげで、このようなニュースを書いたり執筆・講演をするようになるとは、夢にも思っていませんでした。私の"チェンジング・コース"だなぁ、と。

きっと同じような思いを抱かれる方も多いのではないかと思います。そしてこの先、どのように自分の、そして地球のコースがチェンジしていくのか、チャレンジングですが、楽しみでもあります。

ＩＳＯ14001と環境情報開示

No. 221

　ＨＡＣＣＰ(危害分析重要管理点：Hazard Analysis and Critical Control Point)を取得している雪印の製造工場が、ＨＡＣＣＰをうまく使いこなすことができずに、問題を起こしています。[No.208](170P)で、ＩＳＯ14001について「規格そのもの」と「その運用」を分けて考えたい、と書きましたが、今回のＨＡＣＣＰにも当てはまるように思います。

「主(あるじ)は皆さん、企業の経営者ですよ。ＩＳＯは僕(しもべ)です。逆ではありません」と、中小企業の方にもよく申し上げるのですが、ＩＳＯ14001には「マネジメントシステム」として優れた切り口がたくさん用意されています。それを何のために活用し、どのように自社で展開するのか？ これを考えるのが企業経営者の仕事だと思います。

WBCSD　http://www.wbcsd.ch/aboutus.htm#top

そんなISO14001の「切り口」のひとつが、「情報開示」「利害関係者とのコミュニケーション」です。ISO14001の規格で求められているのは、「環境方針は一般の人が入手可能であること」「外部の利害関係者からの関連するコミュニケーションについて、受付け、文書化し、対応すること」「著しい環境側面に関する外部コミュニケーションのプロセスを見当し、その決定を記録すること」です。この要求事項に対して、「認証を取るために仕方ないから形式的に整えよう」と対処するのか、「せっかくこういう切り口があるなら、自社にいちばん役立つ使い方を考えよう」と対応するのか？「認証証」という成果物は同じにしても、その後の企業の力に大きな差が出てくると思いませんか？

神戸大学の國部教授を中心に、このISO14001と情報開示に関する実態調査が行われました(出典：國部克彦他「ISO14000と環境情報開示に関する実態調査」神戸大学大学院経営学研究科ディスカッションペーパーNo2000·18)。結論としては、

1) ISO14001取得サイトの環境情報開示はきわめて不十分である
2) 情報開示されていたとしても環境方針が大半で、外部の利害関係者とのコミュニケーションは十分に実施されていない
3) 環境情報開示の実践に関しては業種ごとに統計的に有意な相違がある
4) サイトごとの環境情報開示を促進・拡充することが、利害関係者とのコミュニケーション発展の今後の課題とするならば、ISO14001の規定を具体的なものにすることが必要である

ということです。

GRI (Global Reporting Initative) (180P)でも、持続可能性報告書のガイドラインを設けようとしています。「環境情報開示」もその3本柱のひとつです。先日2000年版ガイドラインが発行され、HPでも公開されました。公開草案に比べて、どっしりと厚みを増し、具体的でより使いやすい説明になっているように思います。

公開草案を出して、世界中からにコメントをもらい、同時に草案に基づいてパイロット企業に実施してもらってフィードバックをもらう。それらを反映しながら、ガイドラインをあらゆる関係者(作り手、読み手、その他のユーザー)がいっしょに練り上げていく、というこのプロセス自体も、私には勉強になりました。今回の本式ガイドラインにも、継続的改善のため、是非コメントやご意見をお寄せ下さい、と書いてあります。日本語版もそのうち出る予定ですので、またご報告します。

ナチュラル·ステップとISO14001、企業での取り組み

No. 227

[No.183］で、『ナチュラル·ステップとISO14001』セミナーのご紹介をしました。私も通訳として参加しましたが、面白かったです(会場で読者の方4人ほどとお会いできたのも嬉しかったです)。

このセミナーには、スウェーデンから来日したナチュラル·ステップのコンサルタントが参加していました。彼は、コンサルタントになる前に務めていたホテルで、実際に＜ナチュラル·ステップ＋ISO14001＞を導入した担当者でもあります。せっかくの機会なので時間を取ってもらって、＜ナチュラル·ステップ＋ISO14001＞導入に、どの

GRI http://www.globalreporting.org/

くらいの費用と時間をかけて、実際にどのような効果が上がったか、取材をさせてもらいました。実際の数字や導入の実際が聞けるとその効果やプロセスがわかりますので、実際的な情報を入手できました。

〈ナチュラル・ステップ＋ＩＳＯ14001〉というのは、とてもよい組み合わせです(詳細と事例は2000年9月号の『アイソス』参照)。継続的な「実行プロセス」であるＩＳＯ14001(環境マネジメントシステム)は、そのプロセスで何を行うのか、という目的・目標の決め方については各組織に任せているので、ナチュラル・ステップのコンセプトを用いれば、その「目的地」を定め、道中のコンパスを得ることができる、というのがキーポイントです。両者を組み合わせることで、強力・高性能の「クルマ」と、投資に見合った見返りをもたらしてくれる「行き先」の両方が手に入ります。

実際のＩＳＯ14001への取り組みを見ていると、せっかくお金をかけたクルマで、5ｍしか離れていない隣家(裏紙利用とか昼休みの消灯など)だけをめざしているような、もったいない取り組みもあります。1～2年後には隣家に着いてしまいますから、そのあと「どうしよう？」と途方に暮れている組織もあるようです。そのような組織にもとても役立つなぁ、と思います。

セミナーでは、まずナチュラル・ステップの基本的なアプローチの説明がありました。
1．あるべき姿を描く：4つのシステム条件(164P)
2．現在の資源の利用や事業プロセスが、どの条件に違反しているかを調べる
3．対策を立てる
　・現状の改善の積み重ねではなく、あるべき姿から現在やるべきことを策定する「バックキャスティング」の手法
　・木の下の方の果実から取る：容易に見返りの得られるエリアから行う

たとえば、「木質系バイオマス(間伐材など)がエネルギー源としてよい」という議論が最近高まっていますが、バイオマスの使い方もこの4つのシステム条件に違反しない形で進めないと、結局マイナスの結果を引き起こしてしまいます。

欧州最大の家電メーカー、エレクトロラックス社は、ナチュラル・ステップを導入して、組織の考え方も方向も製品も大きく変革し、競争力を向上していることでよく知られています。同社は、かつてはフロンを用いた冷蔵庫を製造していましたが、フロンはもちろん代替フロンもシステム条件に違反することから、ナチュラル・ステップをガイド役に、フロンも代替フロンもまったく使わない冷蔵庫を開発しました。

同社は現在、洗濯機のリースを実験しているそうです。1回洗濯するのにいくら、と値段を設定して、1000回契約などで消費者に洗濯機を貸し、その洗濯機能だけを売ろうという考え方です。「彼らは別に環境のためにやっているのではないのです。拡大生産者責任など、ますます企業への環境圧力がかかってくることは明白ですから、その将来のサバイバルに必須だとして、実験しているのです」とのこと。

green-web の「ナチュラル・ステップ・ニュース」では「実際の企業がナチュラル・ステップを使って、何をして、どういう効果を上げているか」を知ることができます。特に勉強になったのは、「ダイオキシン問題をバックキャスティングで考えてみよう」「日本の企業にもコンパスの思考を！」など。ここに紹介されているボルボ社の取り組みも興味深かっ

たです。先ほどご紹介した家電メーカーのエレクトロラックス社の元社長が、ボルボの社長になっているからです。就任インタビューで「環境に熱心なあなたが、環境に悪いクルマの会社の社長になるのだが、ボルボはどう思うか?」と聞かれたそうです。彼の答え、そしてボルボ社がどのような環境戦略を掲げ、環境対策を進めているかは、HPでどうぞ!

さて、ナチュラル・ステップの創設者、カール・ロベール氏が今年の旭硝子財団のブループラネット賞を受賞されることになりました。これを追い風に、日本でもナチュラル・ステップのコンセプトやアプローチが普及することを願っています。

余談ですが、数年前に我らがレスター・ブラウン氏(ワールドウォッチ研究所所長:当時)もブループラネット賞をいただきました。副賞は5000万円でした。これほど高額の副賞はあまりないようで、レスター受賞!を伝えるニュースを用意していたワールドウォッチ研究所のスタッフがちょっと混乱してしまいました。5000万円は、約500,000ドルなのですが、「そんなに多いハズがない、何かの間違いでしょう」と、「000」を取ってしまったんですね。「レスター、500ドル受賞!」という記事が配られる直前に、慌てて刷り直しをして焦っちゃったよ、とレスターがあとで笑っていました。

環境報告書
No.9

「ソニーは、この地球上の有限な資源を使ってモノづくりをしています。まず、材料の購入・運搬の段階で資源・エネルギーを消費し、これに付随して二酸化炭素(CO_2)、酸化窒素化合物(NO_x)、酸化硫黄化合物(SO_x)などの大気圏排出物の発生をともないます。さらに、これを製造する段階で、水、エネルギー、化学物質を消費し、CO_2、NO_x、SO_x、化学物質を放出しています。つくられた製品をお客様のお手元まで届ける物流・販売の段階でやはりエネルギー消費による大気圏排出物が発生します。私たちの商品の性質から、お客様が製品を使用いただいている間の主たる環境負荷は、電力の消費に起因するものです。最後に、製品の寿命が尽きた時、リサイクルを含めた適正処理がされないと資源の枯渇を招き、製品の含有する一部の化学物質により、大気、水、土壌を汚染するリスクがあります」

これは、世界のソニーに挑もうとしている強硬な環境団体の発表文でしょうか？ いえいえ、1999年度のソニーの環境報告書の冒頭部分です。自分たちはこんなによいことをやっています、と列挙して、「環境にやさしい」イメージづくりのためか？と思える環境報告書にも多々お目にかかる中で、このように自社の「影の部分」を見据え、しかもそれを開示して、そのうえで「これからこうやっていきます、見ていてください」という姿勢は素敵だと思いました。

最近相次いで、多くの企業から環境報告書が発表されています。ＩＳＯ14001ブームの次の波のように、どんどん押し寄せてくる勢いです。環境報告書は、環境経営、ひいては企業経営の重要な核として位置づけられつつあるのです。企業向けの「環境報告書の書き方、出し方」セミナーも大はやりだそうです。

ナチュラル・ステップ・ニュース　http://www.green-web.ne.jp/backnew/2-4.html

環境報告書は出さないより出す方がよいに決まっています。その会社で、環境を意識した何らかの活動が行われていることを示しているわけですから。しかし、ＩＳＯ14001と同じように、「認証を取ればよい」「報告書を出せばよい」という時代から、「環境マネジメントシステムをどのように活かしているか」「報告書を何のために作り、使っているか」が問われる時代になるでしょう。環境会計と同様に、環境報告書についても「標準化」「監査」「格付け」の動きが活発になってきています。企業のイメージ戦略に目をくらまされることなく、その企業が環境報告書を用いて何をしようとしているのか、しっかり見て、比べていきたいものです。

　ＪＲ東日本の社長は、数年前に最初の環境報告書を見たときに、怒って書き直させたそうです。冒頭に「鉄道は自動車に比べてこんなに環境にやさしい」というようなことが書いてあったのをみて、「これでは自分の会社が何をしようとしているか、わからないではないか」と怒って、具体的な目標を明示させた、ということです（『地球環境と日本経済』（岩波書店）より）。自社の環境負荷の現状を認識し、目標を設定し、進捗を測る、という環境マネジメントの各段階での結果や成果をまとめ、見直しの機会にすることが環境報告書の大切なポイントでしょう。

　ソニーの環境報告書の最後には、前年の報告書を読んでくれた人のために、前回の報告書に取り上げて今回書けなかったものが「その後どうなったか」の報告が載っていました。市民との対等でオープンな建設的コミュニケーションのツールとして環境報告書を利用しようとしている姿勢にも大変好感が持てました。インターネット版では、オンラインで意見やコメントを出すこともできるようになっています。

　企業が変わろうとしています。情報を握ることで優位に立つのではなく、情報をあえて共有することで（勇気が要ると思います）対等な立場でいっしょに取り組もうとする企業が出てきているのです。今度は私たち、市民の番です。どしどし企業にモノ申しましょう！

エコラベルと環境税はなぜ必要か
No.21

　[No.9] (176P)、[No.10] (14P) に対するフィードバックをいただきました。
　　　企業の環境報告は、もちろん自らの襟を正す意味もあるでしょうが、企業戦略であることも事実でしょう。いや、自らの襟を正すことが企業戦略として必要、という面もあるでしょう。

「自らの襟を正すことが企業戦略」である時代になってきた、というのはその通りだと思います。「企業戦略」を超えて、「企業の存続を決する」といっても過言ではない時代になってきたのだなぁ、とひしひしと感じる今日この頃です。その事実に「目を背けている企業」あり、「頭では理解している企業」あり、「我が事として真剣に考えている企業」あり、という状況です。この差が今後、市場ニーズの取り込みから商品開発、消費者の受け入れ・拒絶、融資や資金確保、株主の反応などを通じて、企業の業績や存続自体を左右していくことでしょう。

ソニーの環境報告書　http://www.sony.co.jp/eco/

嬉しいことに「我が事として真剣に考える企業」がふえてきました。こちらが主流になれば、「目を背けている企業」は市場から駆逐されてしまうでしょう。その大きな原動力となるグリーンコンシューマーもふえてきています。いろいろな企業の"環境スタンス"にふれるにつれ、この「目を背ける」から「我が事として」という企業の差は、いったいどこから出てくるのだろう？と思います。

[No.10]では、日本とアメリカの文化の違いも見え隠れしていますね。確かに、その飛行機に命を預けるのですから、自己責任で判断すべきでしょうが、その場合にも「電子機器の不具合」と言われてもその深刻さがぴんときません。本気で判断するとなれば詳細な説明が必要となるでしょう。日本においても、トンネル内のコンクリートがはがれる中、調査と並行して新幹線は走っています。人はそれぞれの中でリスク評価を行い、暗黙に納得して選択をしている、そのためには情報が必要。しかしその選択は、限られた時間や空間で行わなければならない場合が圧倒的に多いのです。また、自己の中で本当に判断できるものはそれほど多くありません。

おっしゃるとおりだと思います。アメリカのスーパーでは、レジで「plastic? paper?」と聞かれます。ビニール袋に入れるか、紙袋にしますか？ということなのですが、ここで「う〜ん、どちらが環境に優しいのだろうか？ビニール袋は化石燃料からできているし、燃やすと有害物が出る可能性もある。しかし一方、紙袋は森林破壊につながらないだろうか？この茶色い紙袋は再生紙かもしれないな。紙のリサイクルにも実は多くのエネルギーが必要という話も聞いている。さてどうしよう‥‥？」なーんて迷っていると、後ろに並んでいる人からブーイングが飛んでくること、間違いナシです(^^;)。

ＬＣＡ(ライフサイクル・アセスメント)は、エコプロダクト(環境配慮型製品)の開発や評価に有効ですが、これにしても、すべての人が出会うすべてのものに対して行う時間はありませんし、スキルもありません。「時間や情報の制限を考えると、自分で本当に判断できるものはそれほど多くない」のです。そこで、そのような評価や判断の手助けをするツールが論議されているのだと思います。

1つは「エコラベル」です。エコラベルはＩＳＯ(国際標準化機構)でも標準化が進んでいます。ある一定の評価方法である基準を上回っていることが保証できる商品に「エコラベル」を付ける、というものです。消費者は、「エコラベル」の表示を見れば、ある程度の信頼感を持って商品の評価や選択判断ができるようになります。ラベルの評価基準や方法は標準化されていますから、「本当かいな？」と思う人は評価方法まで詳しく見ればよいし、大体の人にとってはかなりの「判断の手助け」になるでしょう。

もうひとつが「価格」です。市場経済はもっとも強力に経済改革・経済成長を推し進めてきました。しかし問題は、市場経済の「シグナル」として鍵を握る「価格」が、真のコストを反映していない、ということです。つまり、ガソリンの値段には、原油を採掘し、精製し、流通するコストは含まれていますが、ガソリン車の排気ガスが引き起こす喘息など呼吸器疾患の治療費、地球温暖化のコストなどは反映されていません。スーパーの例に戻ると、資源採掘から加工、処分まで、環境コストも含めた形で、「ビニール袋なら○円、紙袋なら△円」と有料にすれば、消費者は真のコストを反映した価格を見て判

断できるでしょう。「それなら自宅からマイバックを持ってきます」となるかもしれない。

　価格に真のコストを反映させるひとつの方法が「環境税」です。「環境税」というと、「また増税？」と顔をしかめる人が多いのですが、環境税を導入している諸外国の実例を見ても、日本での提唱者の考えも、「税収中立」、つまり、環境を破壊する行為(化石燃料や肥料の使用、有害廃棄物の排出など)への税は重くするが、生産的な行動(労働や貯蓄など)への税(所得税や法人税など)は軽減する考え方です。ですから「グッズ減税、バッズ増税」(良いものは減税、悪いものは増税)と呼ばれます。環境を破壊している行動に重い税をかけるのは、ＰＰＰ(汚染者負担原則)にも適っていると思いますし、価格は市場へのシグナルですから、広く意識啓発にもつながるでしょう。

　現在の税体系は構築されてまだ100年もたっていないそうです。「もう絶対に動かせないモノ」と考えずに、状況の変化に合わせて柔軟に「何のために、何に課税するか」を考え直してもよいのではないでしょうか？

　日本でも自動車のグリーン税が話題になっていましたが、ヨーロッパではさまざまな環境税の導入が試みられており、成果もあがっています。また「逆の税金」ともいえる「補助金」も大きな鍵を握っています。世界中で毎年6500億ドルもの政府補助金が、環境破壊を支援しています。補助金は、最初は必要性があって出されたとしても、状況が変わってもなお「既得権益」として離さない業界・人々がいるので、環境破壊に役立ってしまっているのです。私たちの税金なのにね？

　環境税や補助金の問題について、特に先行して取り組んでいる国の実例や成果については、『地球白書1999-2000』(ダイヤモンド社)第10章に載っています。また『エコ経済への改革戦略』(家の光協会)もワールドウォッチ研究所の研究者が書いた本で、「市場を活用してどのように方向転換できるのか」を多くの実例を挙げて語っています。

　ちょっと話が広がりましたが、「個々人の代わりに評価・判断するツール」として、さまざまな標準化の動きも加速することでしょう。ＩＳＯ14001もそうです。ただ「14001取得！」というのは、「ある目的・目標を立てて、その到達のために継続努力するシステムがある」ということにすぎません。「14001取得だぞよ！」といわれても「ははーっ」とひれ伏す必要はなくて、「それで、オタクのマネジメントシステムでは、どういう目的・目標を達成しようとしているのですか？」というところをしっかり見ましょう。

　標準化といえば、環境報告書の標準化も進んでいます。ＧＲＩ (Global Reporting Initiative)が、グローバルに環境報告書の枠組みを決めていこう(今のように百花繚乱状態では、比較も判断もしにくいですから)と進めています。ここでは「環境報告書」ではなく、sustainability report (持続可能性報告)と呼んでいるのも興味深いところです。来月このＧＲＩのシンポジウムが東京であります。通訳として参加しますので、またレポートします。

ＧＲＩシンポジウム報告記

No.37

　昨日、「ＧＲＩ (Global Reporting Initiative)シンポジウム」の通訳をしてきました。ＧＲＩの中核としてご活躍中のホワイト氏が、基調講演で、「グローバル化などの世の中の動きから、企業が財務報告書と同等の信憑性を持った持続可能性報告を出すことが、報告する

側の企業からも、報告を使う側の投資家や消費者、一般市民からも望まれている」と話されました。とてもわかりやすく、納得できるお話でした。ＧＲＩの取り組みのスタンスも、「政府、企業、ＮＧＯ、先進国、途上国、あらゆる利害関係者の代表をメンバーに、真の意味で『一般に認められた普遍的な報告のルール』を作っていこう」というもので、無理や押しつけがなく、「おー、これなら皆で頑張らなくっちゃ！」と力を入れて通訳しちゃいました(^^;)。

ＧＲＩでは、「環境報告」といわずに「持続可能性報告」といいます。なぜか？現在は「環境」が中心であることは認めつつ、ＧＲＩの基本スタンスは「トリプル・ボトムライン」、すなわち、企業のパフォーマンスにおける環境・社会・経済的側面の関連性に重点をおいた報告の枠組みなのです。「社会的側面」とは、少数民族や女性に対する処遇、地域・各国・世界的な公共政策形成への関与、児童労働問題、労働組合問題など。「経済的側面」とは、財務パフォーマンスに加えて、製品やサービスの需要形成、従業員に対する報酬、地域社会への貢献、地域での調達方針なども含まれます。ただし、後半のパネルディスカションでも話題になりましたが、「社会的側面」などの指標づくりは今後進めていく、という現状です。

ＧＲＩでは1999年春にガイドライン草案を出しています。このパイロットスタディには、世界で22社が参加、日本からはＮＥＣと北海道の「木の城たいせつ」が参加を表明しています。シンポジウムのパネルディスカションでは、環境報告書を作成している企業の担当者が報告を行い、報告書のユーザーとして金融アナリストが現在の環境報告書の問題点を指摘しました。各社の環境報告書作成の担当者の方々が、どのような経緯を経て、現在の報告書を作成するに至ったのか、どのような問題に直面したのか、今後どのようにしていくつもりか、というお話を「本音で」されたのは、とても興味深かったです。

それを受けてのホワイト氏のコメントにもなかなか感動して唸ってしまいました。(唸り声は通訳マイクには入らなかったと思いますが^^;)。

(1)報告書には業界に寄らない「コア」の部分が、おそらく半分ぐらいあるだろう。残りは業界ごと、セクターごとの部分になるだろう。ＧＲＩは最初はコア部分に注力する。

(2)自社や各サイトにとって重要なものにバランスよく焦点を当てることが重要で、このためにＧＲＩではＩＳＯ14001の「側面」(aspect)というコンセプトを導入している。各サイトで、自分たちにとって「重大な側面」を特定し、考えていく。

(3)いっぺんに網羅的な報告書はできない。カバーするサイトや製品群を徐々にふやしていく、最初は国内を対象に少しずつ海外拠点も取り入れていけばよい。「段階的アプローチ」が大切。

(4)そしてこのプロセスは、それぞれの人が「自社にとっての持続可能性とは何か？」と考える思考プロセスとして役立つ。これが大きな目的でもある。自社の操業や製品、企業理念そのものを見直すことにもつながる場合もあるだろう。

ところで、現在いくつぐらいの環境報告書が出されていると思いますか？その数は激増中ですが、今のところ、世界全体で1500社、日本だけでも300社が出しているそうです。私もいくつか見せてもらったことがありますが、確かに「何をどのように盛り込むか」の指針やルールがないため、よくいえば百花繚乱、悪くいえば各企業が好きなよう

に作っているので比較も検証もできない、という状況です。財務会計の分野では、100年近くかけて現在のような「一般的に認められる会計原則」が定められ、比較や検証ができる、信憑性のあるルールを形成してきました。環境報告(または持続可能性報告)は、そのプロセスの緒についたところ、といえるでしょう。

　環境報告書には公式のガイドラインはありませんが、日本では環境監査研究会とグリーンリポーティング・フォーラムというNGOが中心になって、「環境報告書のベンチマーク1999」を出しています。「コア」の部分と「業種別」部分のそれぞれについて、「何を」「どのように」書いたらよいのか、具体的な企業の環境報告書から「ベター・プラクティス」を引用してまとめたものです。環境報告書を作成する際にも読む際にも、役に立つと思います。

GRIシンポジウム雑感
No.38

　GRIシンポジウムのパネルディスカッションで大変興味深い話を聞きました。ソニー社会環境部の多田企画室長のお話です(ちなみにソニーの環境報告書は高い評価を得ています)。「この1999年版の環境報告書を欧州の専門家に見せたところ、less interesting(面白くない)と言われたんですね。パフォーマンスのデータはわかりやすく包括的に入っているけど、ソニーとして『持続可能な発展』をどう考えているのか、フィロソフィー(基本的な考え方)が見えてこない、ということだと思います。我々のこれからの課題です」。

　確かに多くの環境報告書は、データも充実し、レイアウトも読みやすく理解しやすく工夫されています。でも読んでいて「これは参った！」というパンチがないといえばないですね。欧米の報告書をチェックしてみなくては、と思いました。そしてこれは、前号のホワイト氏のコメント(4)、「このプロセスは企業にとっての『思考プロセス』です。自分たちにとっての『持続可能性』を考えていくためのプロセスなのです」につながる点だと思いました。

　ここから私の思いはさらに、ISO14001認証取得活動に飛びました。私自身、企業の方を対象に『環境問題とビジネス』のお話をする際にはキーポイントとしてISO14001の話をしますし、研修を受けたので一通り監査の中身も理解し、海外や日本のISO14001セミナーの通訳や、企業に対する認証取得のためのコンサルティングにも通訳として同席することもあります。そこで思うのは、「14001認証取得活動も、企業にとっての『思考プロセス』であるはずだ」ということです。確かに「半年間で認証を取らなければビジネスができなくなる！」という切羽詰まった状況もあり得るでしょう。今では環境ビジネスで一山当てようと、「認証ブローカー」という怪しげな人々も横行しているそうですから、お金を出せば半年で認証を「持ってきてもらう」ことも不可能ではないかもしれません。でもそれで本当に役に立つのでしょうか？「自分たちにとっての環境って、何だろう？」「自分たちのビジネスはどういう影響を環境に与えているのだろう？」と、自分たちで考えていくことこそが、力の源泉になるのではないでしょうか？

　「認証の授与」という表面的な結果としては同じでしょうけど、マニュアルにしたがって「法規制のリスト」「文書」「教育の記録」…とパーツの組み合わで形を整える環境マネジメ

環境監査研究会　FAX: 03-3353-3757　E-mail:earg@mission.co.jp

ントシステムと、"思考プロセス"をしっかり歩みながら、自分たちで議論し納得した目的を達成するためのシステムとして作り上げる環境マネジメントシステムと、経営者や会社はどちらを望むでしょうか？ そしてどちらが、ＩＳＯ14001の出発点であり究極の目標である「地球環境の保全」に本当に役立つのでしょうか？

ホワイト氏も「できるところ、中核部分から始めて、少しずつ広げていけばよい。段階的なアプローチが大切」とおっしゃっていましたが、これはそのままＩＳＯ14001に当てはまります。

ＩＳＯ14001は「システム」の規格です。継続的に改善できるシステムができているかどうか、を見るのが監査です。最初から「完璧」なシステムができていないから「失格！」となるような制度ではありません。監査で不適合が出ても(出ないことはほとんどありえない)、それは「ここを改善しなさいよ～」という合図ですから、そこを改良していけばよいのです。一発勝負の「受験」で「落ちたら浪人だ～」という仕組みではないのです。

ＩＳＯ14001の話になると(自分で勝手にしたのですが)、つい力が入ってしまいました(^^;)。そしてこのメールニュースも、私にとっての"思考プロセス"であることを再認識し、読んで下さっている皆さまに感謝した次第でありました。

「環境経営」が「経営」になる日をめざして

No. 237

先月「環境報告書」のセミナーで、ソニー社会環境部企画室の多田さんのお話を聞いてきました。多田さんはソニーの環境報告書の制作担当者です。私にとって特に面白かったところを自分なりにまとめてご紹介します。

(1)「最初に環境報告書ありき」ではない

ソニーの環境経営は、「１．事業活動、とりわけ生産プロセスでの環境負荷を削減すること」「２．製品から発生する環境負荷の削減」「３．環境の技術開発を行い、社会に役立てること」「４．教育と全員参加」「５．情報開示」という５本柱で繰り広げられています。この「環境経営」のループを最後に閉じるのが「情報開示」であり、その具体的な手段のひとつが「環境報告書」である、という位置づけが明確でした。

ではなぜ、環境情報の開示が必要なのでしょうか？「環境はソニーだけのものではなく、人類や生命体すべての共有財産です。でも、これを傷つけてソニーは利益を得ています。ソニーがどのくらい傷つけているか、どのようにそれを回復しているのか、これを伝えるのはソニーの責任だと考えています」と多田さん。「環境報告書はそれだけでどうのこうのというものではなく、環境コミュニケーションの一環であり、環境コミュニケーションは環境経営の一環である」という位置づけがよくわかりました。「多様なステークホルダー（利害関係者）とのきめ細かいコミュニケーションが求められています。誰に、何を、いつ、どういう媒体で、いかに、伝えるか……適切な環境コミュニケーションがはかれない企業は生き残れないと考えています」。

(2)発展してきた＆発展途上のソニーの環境報告書

環境先進企業のソニーと聞けば、「質の高い環境報告書が自動的に産み出されている」ようなイメージすらありましたが(私だけ?)、決してそうではない、ということがよくわ

かりました。

　ソニーが第1回の環境レポートを出したのは、'94年のこと。情報的には現在の5分の1程度、イメージパンフレット的なものだったそうです。「ソニーは環境にやさしい、的なレポートで、環境パフォーマンスの定量的情報はほとんど入っていませんでした」とのこと。多田さんは社内公募制度で社会環境部に'96年に異動してきましたが、その環境レポートを見て、「ダサイ」と批判したところ、「じゃ、おまえやれ」ということで、いきなり環境報告書の担当者になってしまったそうです。この後、多田さんは、'97年に第2回、'99年に第3回を出し、両方とも環境報告書の賞を受賞されています。

　多田さんは、環境報告書の国内外のガイドラインの動向や、多くの企業の環境報告書をつぶさに研究されていると思います。その多田さんから見て、これまで日本の環境報告書が改善してきた点は、「ネガティブ情報も含めて、事実を開示する方向へ向かっている」「内容も飛躍的に充実」「客観性、具体性、透明性、継続性、信頼性がアップ」などだそうです。

　そして、さらなる向上を願って、「日本の環境報告書の問題点(改善の方向)」をいくつか指摘されました。多くの企業にとって、環境コミュニケーションを考える上で参考になると思います。「このぐらいでよいだろうという甘えが垣間見え、コミュニケーションしようという気迫がない」「企業のイメージアップ・ツールになりがち」「ガイドラインの基本要求項目が満たされていない」「環境負荷の定量化、削減の行動計画策定、環境マネジメントシステム構築というストーリーが見えない」「環境負荷、環境コスト、ネガティブ情報、問い合わせ先、リスクマネジメント、法律遵守、グローバル情報が欠けている」などです。

(3) 私が感動したこと

　ソニーの環境報告書の最後のページには、読者からの意見や質問を寄せてもらうための窓口連絡先が書いてあります。電話やファックスの他、メールでも意見や質問が出せます。ここまでは多くの企業や組織に見られることですが、ソニーの場合は、メールのアドレスが担当者の個人アドレスなのです。これはなかなかないように思います。環境報告書が社内外のコミュニケーションの媒体として位置づけられていることを示しているように思えました。そして多田さんいわく「私宛てにたくさんの問い合わせのメールが毎日のように届きます。そしてかなりの時間をかけて、返事を書いています」。

　ちょっと話が飛びますが、地方自治体の組織には「広報課」というのがありますね。岩手県のは「広聴広報課」という部門名で、私はとってもいいな、と思っています。広く伝えるだけじゃない、まず広く聴きますよ、という双方向の姿勢が伝わってきます。ソニーの姿勢は「広報・広聴・広応」といったところでしょうか。

(4) もうひとつ、感動したこと

　世界でもそうですが、日本でも環境報告書のガイドラインやデファクト・スタンダードの整備が進んでいます。環境庁もガイドラインを出していますし、ある共通の基準で環境報告書の賞もできています。多田さんは、「バルディーズ研究会や環境監査研究会などのNGOの努力がなくては、このようなデファクト・スタンダードはできなかったでしょうし、短期間でこれだけの全体レベルの向上もなかったと思います」と、その貢献を高く

評価されていました。NGOと企業、そして環境庁などの官庁が、「良いもの・役に立つもの」を作ろうと力を出し合うことができるって、本当に素敵だな、と思いました。そして、私がナンヤカンヤとやっていること(企業といっしょにやっていること、このニュースなど)も、もしかしたら、いつか、どこかのお役に立てるのかもしれない、と励まされた思いでした。

(5)「環境経営」が「経営」になる日

環境経営に対する企業の考え方についての質問への、多田さんのお答えです。

　　　経営者の考え方の影響が大きい。たとえば、キヤノンの酒巻さんは「環境はイノベーションの宝庫だ」とおっしゃっている。「環境はコストアップ、経営圧迫、できればやらずにすませる方がよい」というのが古い考え方だったが、今では、省エネ、リサイクル設計などは、商品力そのものであると考えられている。たとえば、リサイクル設計した製品なら修理がしやすいので、修理時間も減らすことができる。これはソニーにとってもプラスであり、お客にとっても支払いが少なくても済むのでプラス、という見方になってきた。このような考え方にたって、たとえば、テレビのビス止めもかつてはあちこちの面からやっていたが、いまでは、あとで取りやすいように一方向から、接着剤もつけない方法に変っている。

　　　経営陣も「環境がプラスだ」とわかってきた。環境が競争力に直結する時代なのだ。環境は当たり前、となりつつある。環境コストが本当に内在化されたとき、「環境会計」から「環境」が取れるのだろう。企業経営に環境側面が必然的要素として自然に入るとき、「環境経営」も「経営」になる。

「環境会計」が「会計」に、「環境報告書」が「報告書」に、そして「環境経営」が「経営」になる日を、１日も早く迎えられますように！

そして「環境報告書の読み手がもっとウルサク企業に声を届けた方がよいと思う」ともおっしゃっていました。皆さん、企業をプッシュ・プルするのは、「うるさい市民」の役目であります。環境報告書というせっかくのコミュニケーション・ツールを活用しましょ！

環境報告書のどこを見る？

No. 253

つい先日、東京ガスの環境報告書が届きました。カバーレターに「今回はわかりやすさに心を砕きました」とあったように、読みやすくするための工夫がたくさん盛り込まれていて、とても「とっつきやすい」報告書だと思いました。

環境報告書を手にして、どこに注目して見るかは人によって違うことと思います。私は、だいたい次のようなところに注目します。

(1)環境負荷の実際(主に総量：二酸化炭素などの排出量、エネルギーや資源の使用量など)

環境活動の実際と効果を報告するのが「環境報告書」ですが、「それで、どうなったわけ？」というところを最初に見たいと思います。

排出量や資源使用量の表示には「総量」と「原単位」があります。原単位は、たとえば売

上比など比率を使うもので、技術開発や業務上の削減努力の成果が反映されます。でも、どんなに売上比の排出量が減っても、売上がグングン伸びていたら、「総量」は増大してしまいます。「地球」にとって大切なのは、単位比ではなく、「いったいどのくらい、ボクの中から掘り出して、ボクに廃棄物を出しているの？」ということですから、総量をチェックすることも大切だと思っています。ですから、両方のデータを載せてもらいたいと思います。「原単位の改善」だけを誇っていたら、もしかして総量は出せないワケ？ とあらぬ疑いを抱くかも(^^;)。

(2) 今後も活動をさらに高めつつ進めるための仕組み

トピック的に「このようなイベントをした」「このような取り組みをした」という記事は、それはそれでよいのですが、"継続的改善"の保証にはなりません。ということで、社内の仕組みとして、環境マネジメントシステムや、その他のガイドラインの設定がどうなっているか。数値的なコミットメントがあるのかなどを知りたいと思います。

ただし、ＩＳＯ14001を取得している事業所数、環境研修の回数などは、あまり重視していません。「仕組み」がきちんと効果的に運用されているかどうかは、この情報からはあまりわからないと思うからです。結局、仕組みの効果は、(1)に挙げた数字としての「環境パフォーマンス」に表れるのだと思っています。いくらＩＳＯ14001を導入していても、環境パフォーマンスが悪化していたら、「何のためのＩＳＯ14001？」ですよね？

(3) コミュニケーションの姿勢

環境報告書は、環境コミュニケーションの一環ですが、環境報告書から感じられる「コミュニケーションの姿勢」はけっこう企業によって違いがあるように思えます。本当はいちいち「ご意見をお寄せ」して、その対応や反映までチェックできればよいのかも知れませんねぇ(分担してやりましょうか？ ^^;)。

皆さんはいかがでしょうか？「私はここをチェックしている」という項目や分野がありましたら、教えてくださいませ。

余談ですが、ほとんどの環境報告書はその性格上でしょうね、「古紙100％の再生紙と植物性大豆油インキ」を使用している、と書いてあります。日本では現在約300社が環境報告書を出しているそうですが、この数が増えるにつれて古紙100％の再生紙と、植物性大豆油インキの需要が高まって、コストダウンにつながり、より利用しやすくなれば、環境報告書のひとつの貢献になるのかも(そうはいっても、印刷には紙やインキ、エネルギー等を使うので、本当の環境負荷削減のためには、オンライン発行への移行なのかもしれませんが)。

環境報告書ネットワークをご紹介しましょう((財)地球・人間環境フォーラムのＨＰの案内より)。環境報告書ネットワークは、環境報告書の普及と質の向上を目的に1998年６月に発足したＮＧＯです。環境報告書等をめぐる国内外の情報収集や環境報告書のあり方に関する研究等を進める一方、環境報告書に関する最新の情報を提供するため、定例会やシンポジウムの開催などにも取り組んでいます。1999年８月現在の会員数はおよそ300で、企業や団体、地方自治体、学識経験者がメンバーとなっています。

現在日本には、２つの環境報告書の表彰制度があります。「環境レポート大賞」と、グリーンリポーティング・アウォード(環境報告書賞)です。これまでの受賞作品を研究してみるのも、「環境報告書」の読み手として(もちろん作り手も)スキルをアップできる道だと思い

ます。
　環境報告書の勃興と展開にかかわり、その動向にお詳しい方から、以下のコメントをいただいたことがあります。

　　環境報告書は最近「パッケージ」化されています。実際に環境報告書を使ってこんなコミュニケーションができたといってくれる事例が企業側からも、読み手側からも出てくることを何とか盛り上げたいです。

　私がユニークでよいなぁ、と思った環境報告書をひとつ、ご紹介したいと思います。スウェーデンのソンガ・セイビーというホテルです。この会社は[No.227] (174P)で書いたように、ＩＳＯ14001の土台としてナチュラル・ステップを活用していますが、環境報告書もナチュラル・ステップを基盤にしているのです。具体的には、ナチュラル・ステップの4つのシステム条件のそれぞれに照らし合わせて、環境パフォーマンスの改善度合を報告しています。マネジメントシステムも環境コミュニケーションも、環境経営のさまざまな要素を統合して取り組んでいる好例だと思います。このような統合型取り組みなら、「何が何でも環境報告書を出さなくては(株価にかかわる！)」という姿勢ではなく、「何のための環境報告書か」という位置づけがしっかりできると思います。
　「パッケージ化」については、知り合いのＩＳＯ14001のコンサルタントも、「規格はひとつのガイドでしかなく、それをどう各社が活用して独自の特徴と強みのある環境マネジメントシステムを作るか、なのに、どうも規格に合わせればよい、規格に書いてあることさえ満たせばよい、という発想になってしまいがちだ」と嘆いていました。何となく、特に日本人に多く見受けられる特徴のような気もしますねぇ……。
　そこで提案。環境報告書の表彰制度に、フィギュアスケートのように「規定」部門と「自由演技」部門を設けるというのはどうでしょうか？「規定」部門の基準は、ＧＲＩその他の環境報告書(持続可能性報告書)のガイドラインの項目をどれだけきっちり満たし、比較可能性を確保しているか。「自由演技」部門の基準は、報告書の目的である「コミュニケーション」をどのくらい高めたかなど、それぞれの企業が環境報告書に対して設定した目標をどのように創造的に達成しているか。
　「環境レポート大賞」の選考基準の最後に「独自性」もあがっていますが、ここの配点を思い切り高くするとか、ここが特に優れている報告書に特別賞をあげるとか。どうでしょうね？

環境報告書とＧＲＩガイドライン
No. 259

　[No.253]で書いた私の環境報告書を見るポイントに対するフィードバックです。

　　環境報告書の見方について、とてもいいところにポイントをおいていらっしゃると思います。「結局、その企業がどこに行こうとしているのか」が知りたいところですよね。ほんとに「サステイナブル」を考えているのかどうか、その考え方を伝えることが必要ですね。

　　私は、企業が「社員や地域のエコライフをどこまで推進しているのか」をポイントに

環境報告書ネットワーク　http://www.wnn.or.jp/wnn-eco/ner/
「第3回環境レポート大賞」の受賞作品・講評　http://www.eic.or.jp/kisha/199911/66202.html
ソンガ・セイビー・ホテル　http://www.sanga-saby.se/eng/index.html

しています。いくら企業側でがんばってエネルギーを減らしても、家に帰ってクーラーをがんがんつけていたり、便利だからと車をいつも使っていたら、エネルギー総量はアップしますよね？ 8／28日の日経新聞にも載っていましたが、90年比で、21%も民生部門のエネルギー消費量は増えているそうです。

たとえば、松下電器では、地球を愛する市民活動というエコライフの推進を熱心にしていて、今回、環境家計簿運動に参加した人は4000人。平均4.6%のCO_2の削減ができたそうです。これを全社で取り組んでしたら、工場の省エネや製品の省エネよりもかなり大きくなるのでは？ と思います。これからは、社員全体のライフスタイルの環境負荷も報告書に盛り込んでもいいじゃないかと思います。

とても大切な点ですね。確かに、松下電器の全社員(29万人)がそれぞれ家族や近所、親戚も巻き込んで展開したときのパワーは、工場の製造プロセスを変えたり、環境機器にコストをかけたりするより、大きいかも知れませんね。(もちろん両方が進めばもっと大きい！)。「環境家計簿をつけることで、平成7年度の1世帯あたり年間約3.6トンのCO_2排出量を、1.2トン減らすことが可能」という研究データを見たことがあります。環境家計簿は、それぞれの家庭で、電気やガスの料金を毎月つけていくなかで、「現状(どのくらい使っているのか？)」を知り、「行動計画(どうやって減らせるか？)」を考えてやってみる、その結果、「二酸化炭素排出量も減り、支払額も減り、家計にも地球にも優しい」家庭になろう、という取り組みのツールになるものです。

これまで「社会貢献」として、社員のボランティア活動や会社の支援を取り上げるものが多かったのですが(それはそれで大切ですが)、ボランティア活動をする一握りの社員だけではなく、もっと裾野まで広く、取り組みを進めるよいツールだと思います。ボランティア活動はちょっと敷居が高い、時間がない、という人のところにも、電気やガスの領収書兼請求書は毎月来ますからねぇ。

安田火災海上保険でも「エコライフ宣言」(職場で、家庭で、環境配慮型生活のすすめ)を社員に配って(最後に環境家計簿も載っています)、日常生活での環境配慮型行動を「宣言」してもらって、取り組みを促しています。この様子も、安田火災の環境報告書に載っています。

もうひとつ、安田火災では1993年から「市民のための環境公開講座」を開催しています。いつもすぐに満員になってしまうほどの人気だと聞いたことがありますが、そうそうたる講師による本格的な講座のようです。参加できなくても、97年度以降の講義は、「インターネット市民講座」で概要を読むことができます。家庭へ、コミュニティへ、社会へ、というアウトリーチ(影響力を広げていくこと)ですね。そして、時空を超えて、そのアウトリーチを活かすことができるようになってきたのが、ＩＴ革命の何よりの恩恵だと思います。

さて、安田火災、松下電器とも、今年の環境報告書の特徴は「ＧＲＩ：global reporting initiative」に言及していることです。ＧＲＩは「持続可能性報告書のグローバルなガイドラインを作ろう」という取り組みで、2000年6月にはじめてのガイドラインが出ています。企業の環境報告書担当者の方々は、このガイドラインの発表と報告書の編纂とタイミングを測りながら、苦労して進められたのではないかなぁ、と思います。

環境庁環境家計簿　http://www.eic.or.jp/cop3/kanren/panfu/kakei/ss_idx.html
松下電器環境報告書　http://www.panasonic.co.jp/environment/
安田火災海上保険環境報告書　http://www.yasuda.co.jp/environment/earth1.htm

松下電器の報告書では、「今日、採用できた項目はわずかですが」という注意書き付きで、「今回は特に、世界的な潮流のひとつであるＧＲＩの2000年6月に発行されたガイドラインを試行的に採り入れました」としています。安田火災の報告書には、「今年度からは、ＧＲＩの"持続可能性報告ガイドライン"を意識し、環境問題だけでなく、地域コミュニティとの連携や文化・福祉分野の支援など、社会への貢献活動についても記載した『環境・社会貢献レポート』としました」と書いてあります。

　さて、このＧＲＩのガイドラインですが、日本語版ができています。ＧＲＩのＨＰからダウンロードできますし、ＧＲＩに運営委員としても参加している環境監査研究会から、英文と和文を製本した冊子が出ています。一冊 2000円（10冊以上なら1冊1000円）。

　エコファンドの話でも、「欧米にも環境配慮型のファンドはありますが、日本のように＜環境＞だけに焦点を絞っているだけではなく、社会的な面などに加えて、もしくはその一環として、環境面もチェックしているものが多いようです」という話を聞きました。日本の企業にとっては「環境報告書もまだ満足に出していないのに、次は社会的・経済的側面も入れた、"持続可能性"報告書かい？」みたいな感じもあるかもしれませんが、全体的な大きな方向であることは確かだと思えます。とはいっても、このガイドラインでも断ってあるように、「環境に比べると、社会・経済面は、まだまだ未開発」の部分で、必要性は感じるけど細目はこれから、という状況です。世界全体の、そして環境も包含した大きな流れを見ていくためにも、今後のＧＲＩの展開も要チェック！だと思います。

グリーン購入ネットワークへのお誘い

No. 169

　「グリーン購入ネットワーク(ＧＰＮ)」についてご紹介しましょう。グリーン購入の取り組みを促進するために、1996年2月に設立された企業・行政・消費者の緩やかなネットワークで、全国の多種多様な企業や団体が同じ購入者の立場で参加しています。

　ネットワークでは幅広くグリーン購入の普及啓発を行うとともに、購入ガイドラインの策定、環境に配慮した商品情報をまとめたデータベースづくりとデータブックの発行、国内外における調査研究活動などを通じて、消費者・企業・行政におけるグリーン購入を促進しています。

　主な活動は、シンポジウムや展示会の開催、優れた取り組みの表彰といった普及啓発活動、購入ガイドラインの策定や商品情報の提供、研究会の開催やアンケート調査の実施などです。

　ＧＮＰでは、グリーン購入ガイドラインを制定する対象品目を続々と増やしています。「新しい品目のガイドラインは、だれがどうやって策定しているのですか？」とお聞きしたことがあります。行政、民間団体(ＮＧＯ)と企業からなるタスクグループを設定して、ガイドラインの検討・制定を進める、ということでした。企業も、メーカーのみでなく、ユーザーの立場の企業もメンバーとなるよう配慮しているそうです。

　このニュースを読んでくださっている方の中には、これからグリーン購入ガイドラインが策定される製品に関わっている方もいらっしゃることでしょう。規模の大小を問わず、やる気のある企業なら、自分の業種での全国的なスタンダードづくりに参画できる

ＧＲＩ2000年ガイドライン日本語版
http://www.globalreporting.org/Guidelines/June2000/June2000GuidelinesDownload.htm
環境監査研究会　FAX 03-3353-3757　E-mail:earg@mission.co.jp

チャンスだと思います。検討会に参加することで、「グリーン購入の対象になるためには、何が必要か」など、有益な情報やアイディアがたくさん得られるのではないでしょうか。

　企業における環境マネジメントシステムの有無を簡単にチェックする一助として「ＩＳＯ14001取得の有無」をチェックするように、グリーン購入の実践の有無の簡単なチェックのひとつのツールとして、「ＧＰＮへの参加」をチェックすることが増えつつあります。

　以下のような企業で、まだＧＰＮに参加していないところは、ぜひこの機会に！
・グリーン購入に関心がある
・グリーン購入を行っているが、有効に実践するためのノウハウやアイディアを共有したい
・対外的にもグリーン購入をやっていることを知らせたい（ＧＰＮ参加企業・団体のリストが公表されます）
・自分の業界でのグリーン購入のスタンダードづくりに参画したい

　ちなみに、入会費、会費は無料。ネットワーク費として企業会員は年１万円。これで情報が得られ、研究会にも参加でき、参加企業リストに掲載されるというのは、オトク！と思います。

グリーン購入ネットワークの購入ガイドライン

No. 195

　１ヶ月まえにグリーン購入ネットワーク(GPN)をご紹介したときの加入団体数は2134団体でしたが、この１ヶ月で40団体も増えています。企業や自治体が中心です。ＨＰで参加団体名を業種や都道府県別に見ることができます。

　ＧＰＮでは、グリーン購入を自主的かつ積極的に進めようとするさまざまな個人や組織の役に立つよう、グリーン購入の基本的な考え方を、「グリーン購入原則」としてまとめています。

　１．「製品ライフサイクルの考慮」　資源採取から廃棄までの全ての製品ライフサイクルにおける多様な環境への負荷を考慮して購入する
　１−１.「環境汚染物質等の削減」：環境や人の健康に被害を与えるような物質の使用及び放出が削減されていること
　１−２.「省資源・省エネルギー」：資源やエネルギーの消費が少ないこと
　１−３.「持続可能な資源採取」：資源を持続可能な方法で採取し、有効利用していること
　１−４.「長期使用可能」：長期間の使用ができること
　１−５.「再使用可能」：再使用が可能であること
　１−６.「リサイクル可能」：リサイクルが可能であること
　１−７.「再生素材等の利用」：再生された素材や再使用された部品を多く利用していること
　１−８.「処理・処分の容易性」：廃棄されるときに処理や処分が容易なこと
　２．「事業者の取組みへの配慮」　環境保全に積極的な事業者により製造され、販売される製品を購入する
　３．「環境情報の入手・活用」　製品や製造・販売事業者に関する環境情報を積極的に入手・活用して購入する

グリーン購入ネットワーク(GPN)事務局　　TEL.03-3406-5155 FAX.03-3406-5190
ホームページ：http://www.wnn.or.jp/wnn-eco/gpn/

GPNでは、この基本原則に基づいて、ＯＡ・印刷用紙、文具・事務用品、コピー機、プリンタ、オフィス家具、照明器具など、各商品選択のための詳細な購入ガイドラインを定め、消費者ができるだけ環境負荷の少ない商品を選べるよう、「商品選択のための環境データベース」を構築しています。

　さて、GPNではこの購入ガイドラインを策定する対象商品群をどんどん増やして、消費者が商品を選ぶ際の拠り所と情報の拡充を図っています。新しい購入ガイドラインを制定する場合は、会員及びアドバイザーからなるタスクグループ及び部会でガイドラインを検討した後、一般からの意見を求め、それに基づいて必要な修正を経て最終案を決定する流れです。

　現在この手順に従って、「テレビ」購入ガイドラインの第一次案が公表されています。
1)使用時・待機時の消費電力量が少ないこと(基本原則1-2に対応)
2)節電機能を有していること(基本原則1-2に対応)
3)はんだの無鉛化が進んでいること (基本原則1-1に対応)
4)長期使用を可能にするため、アフターサービスが充実していること
　 (基本原則1-4に対応)
5)使用後に分解して素材のリサイクルがしやすいように設計されていること
　 (基本原則1-6に対応)
6)再生プラスチック材を多く使用していること (基本原則1-7に対応)

　各項目には詳しくその背景や環境への意味などが説明されています。その他にも、配線被膜類への塩ビの使用、臭素系難燃剤の使用などに関する背景説明や業界の動き、基本的な立場なども書いてありますし、製造工程での環境対策に対する考え方も載っています。

　この購入ガイドラインは、環境教育教材としても大変優れているなぁ、と思いました。製品を作る上で(そして購入の選択をする上で)地球環境にとって何が大切なのか、なぜなのか、世間や業界の動きはどうなっているのか、今後どうなりそうか、を知ることができます。私も環境会議の通訳場面で時々お目にかかる「臭素系難燃剤」が、どうしてそういう会議で出てくるのか、やっとわかりました。すでに策定されている数多くの商品群のガイドラインも、とても勉強になりそうです。基本原則にのっとって各購入ガイドラインが定められていること、そして、その基本原則も「必要に応じて見直し、修正していく」と明確に謳ってあることを見ても、本当によい取り組みだな、と思います。

　さて、臭素系難燃剤まで細かいところを見ました。テレビの環境負荷が製品によって、つまり購入の選択によって変わることもよくわかりました。ここで、顕微鏡から望遠鏡にメガネを掛け替えてもう一度考えたいと思います。

　テレビって本当に要るの～？ 何のためにいるの？ その必要なサービスを提供するためにはテレビじゃないといけないの？ テレビの環境に対するよい貢献はどのようなものがある(ぁりうる)の？ どんなテレビだったら持続可能な社会のために役立つの？

　ＬＣＡ(ライフサイクルアセスメント)でも、ＩＳＯ14001でも、環境法規制やさまざまなルールでも、同じだと思いますが、そのものを突き詰めて考え進めていくミクロの目と、「それが全体像の中でどういう位置づけなのか」を考えるマクロの目と、ひとりひとりが

複眼を持つ必要があるんじゃないかな、と思います。[No.113](115P)に書いたＢＷＡ(ビジネスワイド・アセスメント)と同じことです。いくらプリウスの燃費が向上して二酸化炭素排出量を削減しても、自動車の絶対数が増加しつつある中では、多少の時間稼ぎにはなっても、根本的な問題解決にはならない、ということです。

　そういう一歩引いた見方も忘れずに、でももし今日明日テレビを買うなら、環境負荷の少ないモノにしたい。そのためのテレビ購入ガイドラインをよりよいものにするために、どうぞＧＰＮまでご意見をお寄せ下さい。

早い！ 安い！ うまい！ 環境活動評価プログラム
No. 229

　何人かの方からリクエストをいただきましたので、環境庁の「環境活動評価プログラム」について、説明します。ＩＳＯ14001について、環境マネジメントシステムの重要性について、何度も書き、話していますが、中小企業の方からは「興味はあるし、やってみたいけど、お金や人手の点で難しいと思う」というお返事がとても多いです。そうなのだろうと思います。「もっとカンタンに取り組めるようなモノはないの？」という願いをかなえてくれる、規模の小さな企業にも取り組みやすいプログラムが、環境庁の『環境活動評価プログラム』です。

　ＩＳＯ14001とこの環境活動評価プログラムは、どう違うのでしょうか？ 私がよく使う例えは、「ＩＳＯ14001とは、山登りのようなもの。どの山に登るか、どの道を進むか、自分たちで決める。それに対して『環境活動評価プログラム』は、オリエンテーリング。「行き先」と「たどるべきポイント」が決まっている。そのポイントを順番に進んで行けば、誰でもゴールにたどりつくことができる」。

　ＩＳＯ14001では、その企業なり工場なりの環境側面と環境影響を自分たちで漏れなくチェックし、その中で「著しい」環境影響は何か、自分たちが影響を及ぼせるのは何か、という評価を重ねて、改善活動として取り組む目的・目標を定め、プログラムを策定し、運用・見直しを行う、というプロセスを踏みます。

　私の知っているコンサルタントは「環境影響評価こそＩＳＯ14001の眼目だ。あとは文書化やコミュニケーションなど、運用システムを作るだけだから」といいます。私もそうだと思います。私が「環境影響評価」が大切だと思うのは、この作業が「環境との対話」を促すものだからです。自分たちの事業や製造活動が、環境にどういう影響を与えているのだろう？ 地球から何を取り出して工程に入れ、何が工程から地球に吐き出されているのだろう？ ということを、工程毎に細かく見ていく作業だからです。時間的・空間的な広がりの中で(たとえば、工場内や現在の環境影響を見るだけでは不十分)自分たちのやっていることを環境という切り口で見直す作業になります。

　逆にいうと、「環境との対話」を促さない「環境影響評価」はあまり意味がないと思っています。世の中には、「環境影響評価のやり方」というガイドブックがあって、チャートが用意されていて、それに従ってただ記入していけば、最後に「オタクの環境側面はこれこれ。著しい環境影響はこれこれ」と自動販売機みたいに出てくるツールもあります。コンサルタントの指導でこのような表を埋めていくだけの作業って、「環境との対話」を促

すのかなぁ？　と思います。

　私が参加しているコンサルチームでは、この「環境との対話」のところを、ブレーンストーミングでとても力を入れてやってもらいました。ここをしっかり押さえておけば、あとは自分たちの現場にいちばん合ったやり方で、環境側面をリストアップしたり、環境影響を評価することができます。何のためにやっているかがわかった上で進められますから。

　このように重要な「環境影響評価」ですが、欠点は時間と人手がかかることです。ＩＳＯ14001認証取得には平均して１年～１年半かかります。これだけかけて運用が始まれば、継続的に環境負荷を軽減していけるよい仕組みなのですが（そのように構築すれば、ですが）、地球としては１年は待たないといけないわけです。

　そこで、すぐに行動したい、時間や人手は最小限でやりたい、という向きに、この環境活動評価プログラムは有用です。「環境影響評価」の結果出てくることの多い"必須項目"を予め挙げてありますので、環境側面の洗い出しや環境影響の評価を「パス」して、先へ進むことができます。

　『環境活動評価プログラム』の中身を見てみましょう。
＜ステップ１＞　「環境への負荷の自己チェック」(表に記入して計算する)
＜ステップ２＞　「環境保全の取り組みの自己チェック」(項目をチェックしてみる)
＜ステップ３＞　「環境行動計画の作成」(最低限必要な要素を入れて作成する)
＜ステップ４＞　「環境行動計画の実施と見直し」

　シンプルでしょう？　それぞれのやり方はプログラムに詳しく書いてありますし、電力使用量などのデータを入れていけば、環境負荷も計算できます。思い立ったその日から活動が始められます。『環境行動評価プログラム』には、ＩＳＯ14001で求めている「環境側面の特定」「文書管理」「内部監査」などは入っていませんから、その分作業負担や費用をかけずにすみ、規模の小さな企業でもすぐに取り組めます。またＩＳＯ14001のような「規格」ではないので、業態や状況に合わせて、使いやすいようにプログラムを自由に改定して使えます。といっても、基本的な考え方や要素はＩＳＯ14001と共通しているので、まずこのプログラムをやってみれば、ＩＳＯ14001の考え方や要素、仕組みがよくわかると思います。それからＩＳＯ14001へステップアップすることもできます。

　グリーン調達を進める大企業にも、「下請けや供給業者にも環境への取り組みを進めてもらいたいが、すべてにＩＳＯ14001を求めるわけにいかない」と、簡易版としてこのプログラムを利用する動きが広がっています。キヤノンやシャープ、オムロンなどは、グリーン調達ガイドラインに「ＩＳＯ14001または環境活動評価プログラム」と明示しています。

　それから、このプログラムに参加した企業名は環境庁関連の全国環境保全推進連合会のＨＰで公表されるので、自社の環境活動をアピールする根拠にもなります。環境庁の「環境レポート大賞」には、このプログラムを通じて作成した環境行動計画の表彰もあります。この賞に応募する企業は(たぶん)まだそれほど多くないので、チャンスですよ～。

　ＩＳＯ14001認証取得にはン百万円もかかりますが、このプログラムは300円でできま

す(^^;)。「300円で300万円儲けた！」という事例がこれから出てくると思います。

環境活動評価プログラムをいっしょにやりましょう
No.230

　前号で、吉野屋みたいな(^^;)タイトルを付けてしまいましたが、高級料亭のすき焼きでも、吉野屋の牛丼でも、それぞれの時間的・財布的状況や好み次第であって、どちらの方が優れているということはないと思うのです。(注：だからといって、私が牛丼の方が好きだといっているわけではありません、念のため ^^;)。

　「本当に環境問題に取り組むにはもっと身近でお金が掛からず実のある事があるのではないでしょうか？」という多くの中小企業の声に応えてくれるプログラムだと思いますし、あちこちでご説明すると、「これならできそう！　やってみたい！」とおっしゃる方も多いのです。

　しかし、「やってみたい！」といっても、いくら独力でできるように作られているといっても、ゼロから自分一人でやるのはなぁ……という方も多い。ましてや中小企業では、目の前のことに忙しくて、腰を上げるきっかけがないとなかなか…というのも事実でありましょう。

　「じゃ、みんなでやらない？」という事業が、日本青年会議所の富山ブロックで行われます。主催する地球市民委員会の委員長のメッセージをお届けします。

　　　富山県初登場、環境活動評価プログラム(環境庁作成)を使って自社の環境行動計画づくりのお手伝いを枝廣淳子さんと富山ブロックの地球市民委員会が致します。
　　　名づけて『みんなで実践、自分の会社の環境行動』。こんな方にお得です。
　　○ＩＳＯ14001の取得を考えている方や興味のある方：この環境活動評価プログラムは、ＩＳＯ14001取得へのワンステップになります。
　　○自社の経費削減を考えている方：会社の環境負荷の低減を考え実行すると、不思議なことに必ず会社の経費削減につながります。
　　○21世紀に残る企業体質を作りたい方：21世紀は『エコ企業』がひとつのキーワードです。
　　☆今回の環境活動評価プログラムを利用した環境行動計画は、会社の大小に拘わらず作れますのでふるってご参加お願いします。会社も良き地球市民の一員になりましょう。
　　＜実施日時＞
　　１．2000年8月28日(月)　午後6：00～　基調講演：枝廣淳子
　　　自治体および企業と環境マネジメントシステム～いますぐ出来る環境マネジメントシステム～
　　　◎現在の地球環境問題の背景・現状と環境先進企業や自治体の事例紹介
　　　◎なぜ今、環境マネジメントシステムが必要なのか
　　　◎環境活動評価プログラムの説明
　　２．9月4日(月)午後6：00～　実践みんなで作ろう環境行動計画書　その1

「環境活動評価プログラム」は、1部につき300円分の切手と A4サイズが入る返信用封筒を同封して、社団法人 全国環境保全推進連合会まで。
〒113-0033　文京区本郷3-14-10　泰生ビル2F　TEL(03) 5684-5735/5730
http://www.napec.or.jp/

環境活動評価プログラムを利用し、自社の活動が現在どのくらい、環境に負荷を与えているのか、実際の自社の数値を見て現状認識(自己診断)の作業をする。

3．9月11日(月)午後6：00～　実践みんなで作ろう環境行動計画書　その2
前回で現状認識(自己診断)したものをもとに自社の環境行動計画(環境への負荷の低減目標の設定、環境保全に向けた具体的な取り組み)を作成する作業をする。

＜実施場所＞
魚津市ありそドーム：魚津市は北陸地区で唯一のエコシィティで、この会場は魚津市の下水廃熱を空調に利用しています。

　この事業の特徴は、「良いプログラムがありますよ～」という紹介にとどまらず、「じゃ作っちゃおう」というところまで含めていることです。だから3回シリーズ。環境庁には環境カウンセラー制度があって、各都道府県に登録カウンセラーがいらして、環境活動評価プログラムのお手伝いをして下さる方もいらっしゃいますが、今回は私がお手伝いすることになりました。
　私がお引き受けした条件のひとつは、「持続可能な活動のために、私がいなくてもプログラムを回していけるようにしてください」ということでした。具体的には、実際の事業でのインストラクターは、この委員会のメンバーが担当します。私はぶらぶらしているだけ(^^;)。そのためにいま、私がインストラクター役を務めながら、委員会メンバーが環境活動評価プログラムを体験中です。とっても面白くて楽しい経験をさせてもらっています。ちょっとご紹介。
　まず、事業の環境負荷を把握するステップです。各企業の電力・ガス料金や、紙の使用量、廃棄物の量などのデータを持ち寄って、「環境負荷の現状」のページに記入し、計算しました。
「こんなに電気料金払っているとは知らなかった～！」「うちなんかだいたい、電力料金の伝票も取っていないから、調べられなかった」「で、どうしたわけ？」「北陸電力のお客様相談窓口に聞いたら、教えてくれた」「なーるほど。そういう手があったか！」……「紙の使用量なんて、記録していないよ」「コピー機についているカウンターを調べた。だいたいコピーに使っているから」「紙の置き場に表を貼って、出すたび印を付けている企業もあるよ」「文具屋の請求書に、これから明細をつけてもらえば」……。
　中小企業には、基本的なデータ収集の仕組みもあまりしっかりしていないところがあります。というか、これまでそういうデータが必要とされる場面がなかったので、仕組みがないのです。それはそれでかまいません。でも今回のプログラムで、データが必要、でもデータ収集・記録の仕組みがないことに気づいたら、「どういう仕組みを作ったら、これから無理なくデータを集められるかな？」を考えてもらいます(このように仕組みを作っていけば、日常の企業活動にもプラスになりますし、ＩＳＯ14001への取り組みもずっとラクになります)。答えは各企業で違いますが、何社かで集まってやっていると、いろいろなアイディアやヒントが交換できてとてもよいなぁ、と思いました。
　環境活動評価プログラムは自由に改定して使ってかまいません。みんなで記入しながら、「ここの単位はキロリットルよりリットルの方が伝票から写しやすいんじゃない？」

など、改善のアイディアをどんどん盛り込みました。自分でやってはじめてわかる改善を盛り込んで、より実用的なプログラムになってきました。データを記入し終わった後で、計算表に従って二酸化炭素排出量を計算します。当然事業規模の大きな企業の排出量は多いのですが、「オレのところ、こんなに多い……」と恥ずかしがっている？メンバーもいて、「それだけ改善の余地が大きいってことじゃない？」と私の大して救われないコメント(^^;)。

　次に、自社で現在行っている環境活動のチェックです。この取り組みチェックは、やってみるだけで「ああ、こういう活動があるのね」「これならウチにもできそう」など、取り組みのヒントがたくさん得られます。私はちょっと掘り下げてみようと思って、「使用済み封筒の再利用をしている」という項目をピックアップし、「どんなことををやってますか？」と聞いてみました。これがけっこう面白くて(封筒はどの会社でも共通する項目なので)、「知っている相手なら、封筒はいらないよ、と言っている」「相手からの封筒がたまったら、返している」「何度もやりとりをするモノをいれるのは、捨てるには惜しいしっかりしたもので作り、何度も使っている」「自分の書類整理用に使っている」「自分が見積など出すときは、封筒を使わざるをえないよなぁ」「そういうとき、相手の前で封筒から見積書を出して渡しちゃう。封筒も、といわれなければ、封筒は持って帰る」「なるほどね〜」などなど、たくさんの話が出ました。

「みんなでやろう！」のよいところは、このようにアイディアやヒントの交換ができること、自分がやっていることを認め、励ましてもらう機会になること、新しいことをやってみる気持ちになることじゃないかな、と思います。

　で、次回はいよいよ、これまでの現状把握(環境負荷、自社の取り組み)に基づいて、環境行動計画を作成して持ち寄る予定です。またまた楽しみ！です。

　さて、この委員長は、私よりも熱く環境を語る人でして(ご本人は「枝廣さんから伝染してしまった」と人を病原菌のように言いますが^^;)、富山ブロック以外の方々でも、ご関心があるなら喜んでごいっしょしましょう、とおっしゃっています。ご興味のある方、喜んでおつなぎします。「早い！安い！コスト削減になる！そして楽しい！」プログラムです。いっしょにやりましょうよ！

「今すぐできる環境マネジメントシステム」セミナー報告記

No. 254

　[No.230] (193P)で紹介しました、日本青年会議所富山ブロックの3回連続ワークショップが始まりました。中小企業が環境活動に取り組む(そしてコスト削減や体質強化をはかる)よいきっかけになるツールとして、環境庁の「環境活動評価プログラム」を実際にやってみよう、というプロジェクトです。

　第1回は、私の基調講演とプログラムの説明が中心でした。今回は、第1回にとりあえず参加してみた、という参加者に「じゃあ、作ってみよう」とやる気になってもらわなくてはならないので、できるだけ事例や数字を挙げて、お話をしました。少しは切迫感が伝わったかな？「変化に対して企業はどう対応するか？」というところで、このような話をしました。

「産業革命が始まって、内燃機関が発明され、機関車ができました。皆さんが、それまで人力車夫だったとしましょう。この新しい変化、脅威に、どのように対応されるでしょうか？　機関車を打ち壊してしまえ、という人力車夫もいたことでしょう。もう少し考えて、「機関車の停車駅で客待ちをしよう」と商売のやり方を変えた人力車夫もいたことでしょう。そしてきっと、「これからは機関車の時代だ」と、潔く機関士になる勉強をして、転職した人力車夫もいたのではないでしょうか。今から見れば、産業革命の流れは押し止められるものではなく、「歴史の必然」に思えますが、その渦中にいる人にはきっとそうは見えなかったのだと思います。

　そして、現在の「環境の世紀」への流れも、同じようなものではないのかな、と思います。毎日の仕事に追われて、「そんなことはない」「まだまだ当分は大丈夫」と思っていても、産業革命に匹敵する「第三の革命」といわれるこの波は、押し止めることのできない、あっという間にあらゆる企業を押し流していく流れなのだ、と私は思っています。

　大きな変化は、あっという間に世の中を変えていきます。20世紀を目前にした100年ほどまえに、米国で、オピニオン・リーダーを集めて「20世紀はどのような世紀になるか？」の議論が行われました。当時は、石炭がエネルギーの主力に踊り出て、60％ものシェアを誇っている時代でした。有力な知識人たちの議論で、だれひとり「石油時代の到来」を予言する人はいませんでした。現在、ワールドウォッチ研究所をはじめ、環境の分野の人々や、シェルのような一部企業では「ソーラー・水素時代の到来」が現実になると語っていますが、多くの企業や人々は「いつかはそうかもしれないけど…まだまだ先さ」と思っていらっしゃると思います。しかし100年前のことを考えると、「皆が信じなくても、新しい時代は来る」ことは確かだろうと思います。

　もうひとつ私が強調したのは、今回取り組もうとしている環境活動評価プログラムの位置づけでした。企業はその規模を問わず、社会的な存在ですから、その時々の社会の求めるものを提供していかなくては、存在することができません。現在は、地球環境の悪化が明白になってきていますから、社会は「環境への配慮」を求めるようになっています。そうすると、どのような企業でも、環境という側面で、自分たちの事業や工場を考えていく必要があります。
・どのような環境負荷を与えているのか、現状を知る。
・その環境負荷を減らすために、どのような行動を取るのかを考える。
・行動を取り、その効果をチェックして、次の行動に繋げる。
・いくら投資して、どのくらいの見返りがあるのか、を把握し、経営判断に用いる。
・自分たちの現状や取り組み、成果について、その環境負荷による影響を受ける(または受ける可能性のある)人々に報告する。
　このような活動は、その規模にかかわらず、企業として必ず行うべきだというのが時代の流れであると理解しています。現在、「ＩＳＯ14001」「環境会計」「環境報告書」と、企業の環境面の活動や取り組みが「部門分け」されているような印象もありますが、決してそうではなく、一連の「当然の」活動のさまざまな側面やプロセスが、「環境マネジメ

ントシステム」や「環境会計」「環境報告書」なのだろうと思います。

　中小企業の方々と話していると、「環境会計なんてとてもとても」「環境報告書なんて作るお金も余裕もありませんよ」という声もあります。大企業が行っているような、きめ細かい会計やきらびやかな報告書のイメージが強いせいでしょうか？　どの規模の企業だって、何かに取り組む場合には当然行っているであろう「コスト計算」「報告」を環境面に当てはめただけなのに、と思います。

　ジグソーパズルのようなものだと考えられないでしょうか？　大企業のようにスタッフも資金もあるところなら、3000ピースの精度の高い美しい「会計」「報告書」を作るかもしれない。でも中小企業がそのレベルに見合えないからといって「無理です」という必要はない。12ピースのジグソーパズルだって、ちゃんと全体像が見えれば、十分役割を果たしているのだと思います。そのような「全体的な・統合的な」取り組みの一環として、最初の一歩として、この「環境活動評価プログラム」をやってみましょう、と呼びかけました。

　このプログラムを最初の一歩に使いたい理由はもうひとつあります。このプログラムは認証のための規格ではなく、ガイドラインです。各企業がこれを参考に、使えるところは取り入れ、使えないところは落とし、ないけど必要な部分を付け加えて、それぞれのプログラムを作っていくための「叩き台」なのです。[No.253] (186P)で「パッケージ化」志向という話をしましたが(そして、フィギュアスケート方式の提案には賛成の声をいただいています！)、今回のプロジェクトは「ガイドラインを叩き台として使う」練習にもなると思っています。

　データの集め方について質問が出ました。「どうしなくてはならない、という決まりはないのです。使う企業にとっていちばん無理のない形で、しかし意味のある(つまり意思決定に使えるような)データを使えばよいと思います。ここに書いてあるデータすべてがすぐに集まるとも限りません。必要のないデータもあるでしょう。でも"必要だけど今は集めていない"データがあったら、どのような仕組みを作れば、今後集められるかを考えてみてください。このデータ集めの宿題を、仕組みづくりの点から捉えてください」と答えました。

　第1回は、定員を大幅に超える参加者を得ることができました。担当委員会のメンバーの努力の成果です。嬉しかったのは、「一般の参加者」(青年会議所メンバー以外)が22名もあったこと。富山県庁、魚津市役所、新湊市役所からも職員の方々が来てくださいました。自治体と企業がいっしょにやっていくきっかけになれば嬉しく思います。そして、青年会議所メンバーが自分の企業の人を連れて参加してくれたのも嬉しく思いました。ただ講演を聞くだけではなく、自社で取り組もうという、そのきっかけに活用しよう、という思いを形にするお手伝いができれば、と思います。

　来週のワークショップまでに、参加者は基本的なデータを集める宿題があります。委員会メンバーは、自分たちでそのプロセスを踏んでいますので、そこでの苦労や面倒くさいと思う気持ち、日常に追われてしまう現実をよくわかっていることでしょう。彼らが、自分の地域の企業を受け持つ担当制なので、きっと共感的かつ強力なサポートやプッシュで進めてくれることと思います。そして、参加者の疑問やつまずきにオンラインでサポートし、行動計画を作った後もフォローして、実行と見直し、来年の計画へとつなげていくためのツールとして、委員長がメーリングリストを設置しました。この環境

活動評価プログラムに取り組んでいらっしゃる企業や関心のある方がいらっしゃったら、情報交換しませんか？

エコファンド

No.39

　先日ニュースを読んで下さっている方に「なかなか時間がなくて書けないんですよ〜」といったら、「それ以上時間がなくてよかったですよ」とシミジミ(^^;)。

　さて(めげない私 ^^;)、かつては環境関連の会議に出てくるのは、環境活動家や環境研究者などの限られた"特殊な"人々が多かったものです。でも、環境がメジャーになった今、これまであまり考えられなかったセクターの方々が主力選手として活躍しています。そのひとつが「金融業界」です。「エコプロダクツ展1999」でも、「環境報告書のグローバルガイドラインに関するシンポジウム」でも、エコファンドは大きなトピックの一つでした。少しまとめて、社会現象ともいえる「エコファンド」の爆発的人気に迫ってみたいと思います。

　1997年の京都会議に合わせて開かれたあるシンポジウムでのこと。ある火災保険会社の常務が損保業界の考えを代表して、「金の流れで、企業の行動を環境配慮型に誘導することはできない」と言い切ったところ、会場から手が上がり、「あなたは間違っている！」と断言した女性がいました。この女性こそ、エコファンドの名付け親(いまや世界的に通用)であり、日本でのエコファンドの生みの親であるグッドバンカーの筑紫みずえさんです。エコファンド(とは外国ではあまり呼びませんが)が進んでいるのはやはり欧米で、中でもスイスのＵＢＳ銀行は「ＩＳＯ14001を取っていないと融資しない」など、融資面でも金融面でも環境配慮を積極的に取り入れている銀行です。このＵＢＳに勤めていた筑紫さんは数年前、「日本でもこのようなファンドが必要だし、市場が大きいはず」と日本に戻ってグッドバンカー(投資コンサルティング会社)を設立、金融機関を回ったが、門前払いの毎日だったといいます。

　さて、実際に日本のエコファンドはどうだったか？ 皆さんもご存じの通りの「大ブーム」です。筑紫さんも「手の平がえしの引く手あまた状態」に苦笑とか。最初の日興エコファンドが８月21日に売り出されましたが、「50億売れれば」という予想を遙かに上回る200億円以上がわずか数週間で売れました。他のエコファンドも、「売れっこない」という社内で猛反対されたところもあったそうですが、フタを開けてみれば大ヒット。これまで４本のエコファンドが出ており、立ち上げてわずか３ヶ月ちょっとの間に、合計1585億円(1999年12月７日現在)です。

　エコファンドの特徴は、これまでの投資信託の購入者層とは違う人々に売れている、ということです。購入者の９割以上が個人で、女性や若者が多く、新規購入が大半、利回り追求型より長期保有型が多い。日経でも最近「エコファンド関連銘柄」として株が紹介されるそうですが、固定ファンの多いファンドと位置づけられているようです。

　欧米では、エコファンドは大きな力を発揮し、企業に影響を及ぼしています。エコファンドに組み込まれるかどうかが、企業の資金調達力やブランドイメージさえ左右するからです。企業はエコファンドに入れてもらおうと、前向きに環境対策に取り組み、環

境報告書を出すなど情報開示にも積極的だそうです。「グリーンコンシューマー」に続いて「グリーンインベスター(環境に配慮する投資家)」が大きな力を持つようになってきた、という認識が日本でも広まりつつあります。

　日本での現在のエコファンドの規模は1500億円強ですが、欧米・オーストラリアなどの市場規模は合わせて2兆円と推定されています。日本でのエコファンドの成長可能性は？　日本全体では、株式への投資が70兆円、債券が64兆円、投資信託が29兆円、外国証券が4兆円です。エコファンドは投資信託全体のまだ1％にも満ちていないのですね。東大の山本良一先生は、3％(1兆円)ぐらいいけば、大きな力で経済を変えていけるだろう、といっています。

　住友銀行が「融資条件」のひとつに「環境側面」を入れているように、なぜ金融業界は「環境」を投資や融資の判断材料に取り入れるようになってきているのか？　これまでは、バランスシートの健全性からリスクを判断し、企業の予想成長率から収益率を判断していました。しかし、いまでは「環境」が、「リスク」にも「成長性」にも大きな影響を及ぼします。土壌汚染、化学物質のリスク、規制強化による外部費用の内部化などがリスクです。その一方で、環境ビジネス、法規制強化による環境配慮型製品の付加価値増大、コスト削減による効率性向上などはビジネスチャンスでもあるのです。企業の「財務パフォーマンス」に加えて、「環境パフォーマンス」が投資や融資の判断にとって、不可欠な情報になってきた理由です。

　ここで、2つの大きな課題・疑問が出てきます。
　(1)「投資判断に使えるような、信頼性があり、他社と比較ができるような情報を、企業側から出してもらわなくてはいけない」(現在の環境報告には基準やガイドラインがないため、百花繚乱状態)→「環境報告書のガイドラインを考える会議」に金融業界の方が主力メンバーの一員として参加されている理由です。
　(2)「金融機関はどのように企業を『環境面』からスクリーニングし、投資判断をしているのか？」→「これは見逃せない！」というシンポジウム『金融と環境——新たな企業評価軸を探る』が開催されます。

　'98年7月に金融関係の有志が立ち上げ、企業側のメンバーも含めて活動している「金融と環境を考える会」が開催するこのシンポジウムのスゴイところは、これまでエコファンドを売り出している4社とこれから売り出す1社のファンドマネジャー・スクリーニング担当者が一堂に会してパネルディスカションを繰り広げることです。これは見逃せませんねぇ！

　前半は「判断される側」の企業がさまざまな業種から出席し、討論します。これも本音の話が聞けそうで、期待しているところです。私もこのシンポジウムには「通訳」ではなく「一個人」として参加の予定です。見かけたら声を掛けてくださいね！

エコファンド　つづき
No.40
[No.39]にさっそくフィードバックを戴きました。
　　　エコファンド、力の入った (^o^) レポートでした。参考までに、ちょっと斜に構え

た見方もあるということをお知らせします。各社のエコファンドで取り上げている銘柄は大差が無く、例えば、全てにソニーが入っているし、キヤノンが入っているし、東芝が入っています。つまり「エコファンド」はその実、「ハイテク日本株オープン」とか「ネット関連日本株オープン」のようなもので、上記のような銘柄が上がってきているから、エコファンドの運用成績も上がっている、といえそうです。一方、これらの企業はその事業の性格上、グローバルな市場の中で、世界を相手に商売し、競争し、世界の投資家の注視の中で活動しているので、環境問題に関心が深く、環境対応についても大変な努力や投資をしているから、「エコファンド」に、これらの銘柄が取り上げられるのは、一つの必然であるということもいえます。

　その通りなんですよねぇ。先日の「エコプロダクツ展1999」の講師打ち合わせで雑談になったとき、東大の山本良一先生が「日本のエコファンドはつまらない」とおっしゃっていました。理由は上記のコメントと同じです。その時に、『ファクター4』の著者であるワイツゼッカー氏は、ご自分も顧問をなさっているスイスのUBSでは、エコファンドの資金の90％はいわゆる大企業（ブルーチップ）の中の環境優良企業に投資し、残りの10％はハイリスクハイリターンの環境ベンチャーに投資していると教えてくださいました。この組み合わせで、確実な運用を確保しながら、新興の環境技術や環境ベンチャーを後押ししているのですね。日本のエコファンドのポートフォリオ構成に、このような「ベンチャー支援」の視点がどの程度入っているのか、ぜひ聞きたいところです。
　したがって、企業の「財務パフォーマンス」に加えて、「環境パフォーマンス」が投資や融資の判断にとって、不可欠な情報になってきたのです、とまで言い切れるのかどうか、各エコファンドのファンドマネジャーが、本当にそう考えているのかどうかは、そのシンポジウムで、彼らが本音で語れば自ずと見えてくるのでしょうね。購買層は「長期保有型」と思っていたとしても、ファンドマネジャーの報酬はあくまで運用実績で決まるのでしょうから。

　ファンドマネジャーの報酬体系にも、もしかしたら新しいモデルが必要なのではないでしょうか？　それから、ファンドマネジャーやスクリーン担当者のバックグラウンドも知りたいですね。まえに会った欧米のあるエコファンドの統括マネージャーは「環境科学専攻」と自己紹介していましたが、日本ではどうなのでしょう？　環境面でのスクリーニングの基準や重みづけは誰が、どのように決めているのか？
　もうひとつ、1兆円規模の運用資金を持つ連合は、エコファンドに重点投資することを決定しています。これも大きな追い風となることでしょう。でも連合にとっては、「環境報告書」に「社会的側面」も加味した「持続可能性報告書」の方が自分たちの利害により近いですね。持続可能性報告書の討議に連合の代表も入っているのか、今度聞いてみようと思います。

エコファンド つづきその2

No.43

　今度出されようとしている「第5のファンド」の企業環境評価の担当者からメールを戴きました。ご本人の許可を得て、転載させていただきます。

> 　いただいたフィードバックは大変参考になりました。ベンチャー(成長株)を入れる趣旨は、他社でも当社でも考えていますが、現段階のファンドは上場している企業の株を購入するので、おのずと限界があります(ベンチャーキャピタルまでは手がでません)。ですが、当社が担当しているファンドの対象範囲は、なるたけ成長株を入れていきたいために、二部上場や店頭上場も含めた3300社あまりから選べるようにしています。
> 　差が出てないという批判も正しいです。でも、なかなか理念まで伝わらず、組み入れ上位10社のみで判断されがちなので、特にそういう印象がもたれやすい点も否めません。当社のも5つめのファンドですので、差がわかるようにPRするつもりです。

　エコファンドがどのように差別化を図っていくのか、どのように「企業としての目的」(=収益率)と「社会的目的」(=企業のグリーン化・環境ベンチャーの支援)を両立していくのか、どのように投資家や潜在的投資家にコミュニケーションしていくのか、興味深いところです。
　金融関係には疎いので的はずれかもしれませんが、従来の「投信」の枠を外したら、いろいろなバリエーションが考えられるのではないでしょうか？財団法人国際ボランティア貯金普及協会の資料では、「国際ボランティア貯金」(預金金利の20％を国際貢献事業に寄付)の加入者数は、当初の1990年の213万件から、1997年には2428万件へと、ぐんぐん増えています。「人々が必ずしも高い金利だけを求めて行動しているのではない」のです。また、「必ずしも高い金利だけを求めて行動するわけではない社会貢献志向型の人々」がどこにいそうか、も示しているようなデータです。郵便局の開いている時間にボランティア貯金の口座を開設しに出かけていくのは主に誰でしょう？普通の主婦やお年寄りにとって、「ショウケンガイシャ」って敷居が高いし、「トーシン」なんて言われたってよくわからないし、何か恐かったりするし……。でもそういう人々も、潜在的グリーンインベスターなんですよね。
　このような人々にもちゃんと「理念」を伝えて理解してもらって、支援を得られるかどうか？買い物ついでの郵便局で申し込めるような、身近な存在になれるかどうか？投資後の情報開示でさらに投資家の「グリーン化」を促進できるかどうか？まだ日本では生まれて4ヶ月のエコファンド。すくすくと健やかに育って、「お金の流れを変えることで企業のグリーン化を進める」という当初の目的に向けて邁進してもらいたいものです。
　先日、世の中では「エコ○○」が大流行、「エコ」さえつけば、という世の中になっていないか……という苦言をいただきましたが、「エコファンド」も(各社とも環境にだけ焦点を絞る、という意味で)「ジャパン・スタンダード」的なものかもしれません。欧米には、SRI「社会的責任投資」(Socially Responsible Investment)という概念があります。投資の際に、企業の社会的・倫理的基準を考慮して、社会的に責任のある投資をしましょう、という考え方です。
　SRIが生まれたのは、1920年代のアメリカで、教会の基金を酒、たばこ、ギャンブル産業に投資することはキリスト教倫理に反するからやめよう、という動きに始まると

いわれています。その後、60年代にはベトナム戦争に反対して軍需産業への投資をボイコットし、南アのアパルトヘイトをやめさせるため、南アへの投資から利益を上げている企業の株式を売却する運動などが展開されました。85年の大キャンペーンのおかげで、IBM、GMなどは南アでのビジネスを大幅に縮小し、白人政権がANCとの対話路線に踏み出すきっかけとなりました。欧米のSRIの主力は、労働組合、生活協同組合、生命保険会社、財団、公的年金基金など、その性格として道義的側面を重視する団体の他、女性と個人の投資家が多いそうです。

　SRIのチェックポイントとしては、「アルコール、たばこ、ギャンブル、軍需関係は排除する」「労使関係、雇用の人権や差別など」「環境配慮」が主なものだといわれており、「環境」は「そのうちのひとつ」なのですね。もちろん「環境」に特化したファンドもあると思いますが、全体の「理念」は、環境も含むがもっと広い「社会的・倫理的」背景に根ざしている、といえそうです。先日別のレポートで書いた「単なる『環境報告書』ではなくて、社会的・経済的側面も含めて『持続可能性報告』を」という流れとも符合するような気がします。

　ところで、[No.39]ご案内したシンポジウムに何人かの方が参加されるようです。「見かけたら声を掛けてくださいね」といっても、実際にお会いしたことのない方が多いので……。ノボリを立てるワケにもいきませんしねぇ(^^;)。赤いセーターにメイプルのペンダント。出会うも八卦出会わぬも八卦(^^;)。

金融と環境

No.47

　[No.39](199P)でご紹介した「金融と環境を考える会」のシンポジウム『金融と環境──新たな企業評価軸を探る』に参加してきました。シンポジウムの第1部では、6業種の会社から環境担当者がパネリストとして参加して、「評価される側」の思いを訴え、また「評価する側」への厳しい注文をつけられました。非常に示唆に富む意見が百出して、私も夢中になって聞いていました。すべてレポートしようと思うと、100本ぐらい環境メールニュースを出さないといけないなあ(^^;)。

　大きく(1)情報の正しさ　(2)評価の深み　(3)評価の範囲、と分けることができるでしょうか。
(1)に関して私が書き留めたパネリストの声は、
・外部からはわからないが、数字の根拠や算出方法が会社によって違っている。数字が一人歩きしがち。数値の裏にあるデータは共通していない。一方で、環境報告書の独自性も大切なので、それとの兼ね合いもあるが。
・提示する情報が「評価対象」として使われる現在、他社との比較可能性も含めて、どのように情報を出していけばよいのだろうか。
・たとえば、有機農法や無農薬の安全性に関心が集まっているが、日本には本当の有機や無農薬はありえない。したがって西友では「除草剤は使っていない」「低農薬を使っている」という表示をしている。ところがあるグリーンコンシューマーを育成するという消費者団体の評価で、「西友は有機、無農薬の扱いが少ない」とされた。消費者に本当に

ほしい情報をどこが提供していくのかも問題。情報の提供の仕方で、消費者は逆に混乱してしまう。
(2)に関しては、
・報告書で目を引く数字だけではなく、地道に取り組んでいる地味なこともちゃんとわかってほしい。ゴミを減らすという取り組みも、目を引くような激減ではないが、着実な減少として現れてくるはず。
・本業以外にも、子どもや若者への環境教育に力を入れる、地域での環境活動に尽力するなど、幅広く頑張っていることを、どのように評価してもらえるのか。どのように重みづけするのか。
(3)については、
・業界や大企業だけを並べてみるのではなく、中小企業の環境の取り組みにもエコファンドなどの関心を向けてほしい。大きな企業でないと環境に取り組んでも評価されないのか？

　エコファンドや金融側に対する意見としては、
・エコファンドという名前を広めたのはよいが、内容を見れば従来の商品とどう違うのか？(組み入れ銘柄を見て、エコファンドだ！とわかる人はいないだろう、という厳しい指摘も)
・環境活動のおおもとにある思想や考え方は定量化しにくい。評価する側は、重みづけなど評価の透明性を開示してほしい。
・エコファンドのため、といってヒヤリングに来るが、結果については全くフィードバックがない。なぜその結果になったかわからないと、改善につながらない。
　会場では、このニュースを読んで下さっている方との再会や初会(?)もあり、嬉しく思いました。参加されていた方々、追加コメントや情報がありましたらよろしくお願いします。
　そしていよいよ、第２部。販売(予定も含む)している５社から、スクリーニング担当者、ファンドマネジャーを迎えて「エコファンド」に関する熱い議論が展開されました(いちばん熱くなっていたのはアナタでしょ、といわれそうですが ^^;)。「金融」にとっても「環境」にとっても、歴史に残る(?)スゴイ出来事だったのではないか、と思います。ただいま頭を冷やしているところです(^^;)。

エコファンドに関する取材の報告

No. 87

　先日、「エコファンドについて環境サイドの意見を聞きたい」という日本証券新聞の記者の方とお会いしました。私も聞きたいことがたくさんありましたので、「金融ジャーナリスト」対「環境ジャーナリスト」のバトルは、バチバチと火花を飛び散らせて……(^^;)。
　最初に、あるウェブの投書欄に載っていた発言を見てもらいました。「エコファンドというものをやってみたいと思っています。具体的にどうすればいいのか？ とか、資料はどこで手に入るのか？ など基本的なことを教えてください」。
　私が「金融と環境」のシンポジウムに出た後、金融側の方々に諭されたのは、「投信とい

う性格からして、ベンチャーの支援などはもともとできないのですよ。扱える銘柄が限られているのだし」。ちゃんと金融のことを勉強してください、という苦言はよくわかるのですが、でも、私も、きっとこの投書をした人も、環境に良いというから「エコファンドというモノ」に興味を持っただけで、投信とは何ぞや、とか、ファンドって何かとか、ましてや「トピックスにベンチマーク」なんて、ちんぷんかんぷんです。また個人的な感覚ですが、社会活動(環境活動を含む)をやっている人は、「金儲け」を余り良しとしない価値観を持っている人も多いような気もします。エコファンドの購入者のうち、「金儲けじゃなくて、本当に環境のためを思って買った」という人はどのくらいの割合なのでしょうね？

　たまたま、この取材を受ける前の日に、私の買ったエコファンドの証券会社の営業担当者が電話をくれたので、「事前取材」に協力してもらいました。
・エコファンドはとても売りやすい。他のファンドだと、いろいろ説明して提案して売るが、これは最初からエコファンドに興味を持ってコンタクトしてくる人が多いから。
・確かに金融になじみのない人も多い。それでもファンドの仕組みを説明すると、わかってもらえるようだ。これまで中国ファンドやＭＭＦしか買っていなかった女性が、エコファンドについて聞きたいということが多い。
・実際にはじめてのファンドとして、エコファンドを買ってくれたお客さんは、その値動きに興味を持って、株価をチェックするうちに関心が広がり、個別の株も買うようになることも。
・ただ、ファンドの仕組みなどの金融商品の説明はできるが、「エコ」の面を聞かれるとわからないし、説明資料も用意されていないので、「『日経ビジネス』や『東洋情報』を見てください」としか言えない。この面のお客様用資料を作ってもらわないと困ると思う。
・今はエコファンドはおしなべて業績がいいが、エコファンドだからよいというより、設定した時期がよかったという面も大きいと思う。

　ということでした。エコファンドがニューマネーを呼び込む効果を発揮していることは(程度はわかりませんが)間違いがないようです。これまで金融やファンドに興味のなかった層を「教育・啓発」する役割を果たしているようです。証券新聞の記者さんとそんなお話をしながら、私もいろいろ教えてもらいました(「なんだか僕が取材されているようですねー」と記者さん^^;)。

　記者さんは「このままではエコファンドは中途半端で、望ましい成長ができないのではないか」ということを心配していました。中途半端というのは、パフォーマンスも良いとはいってもそれほど派手ではないので、本当に利益だけを考えている投資家にはちょっと、という感じだし、エコ派にも心から愛されるものにはなっていないようだし、と。もうひとつおっしゃっていたのは、証券会社などが手数料を稼ぐ戦略で、どんどん乗り換えや買い換えを奨めてしまうのではないか、ということでした。エコ派は長期的に考えるだろうに、それに添わない売り方をしてしまうのではないか、と。

　私からもうひとつ話したのは、ボランティア貯金は利子の20％が国際ボランティアに使われる、ということで人気を集めているけど、実際のそのお金がどういう風に使われ

ているか、あまり気にせず、何となく「いいことしている」と思っている人も多いのではないか。政府がやっているから安心、というのもあるかもしれない。でもエコファンドだったら、私のような金融意識の低いエコ派で「何となくよさそう」「少しでもいいことしたい」とエコファンドを買う人々も、だんだん「何が、何のために、どのくらい良いのか」を問うようになるだろう。その時にどう答えられるのだろうか？

「エコファンド」は、「エコ」ファンドなのか、エコ「ファンド」なのか、企業のグリーン化のために買う人と、利益目的で買う人と、アクセントの置き方が違うと思うのですが、「ファンド」の面の評価にはベンチマークがあるのに、「エコ」の面の評価がないのが現状だと思います。「どれだけ値上がりしたか」だけではなく、「どれだけ企業のグリーン化を進めたか」という評価をしてもらわないと、バランスがとれないと私は思います。ベンチマークやクローズド期間などの説明もしてもらいました(が、やっぱりよくわからない私って、よっぽどの金融音痴…)。

最後に私から記者さんに提案したファンド。金融の常識から逸脱しているのでしょうが、まあ、あるエコ派のドリーム・ファンドということで(^^;)。「次の世代に美しい地球を渡すためのエコファンド」(なが～い名前 ^^;)クローズド期間が30年。自分ではなくて子どもが受け取るんです。自分が受け取るのじゃなくて子どもに贈ると思えば、元本割れしたっていいか、って気になる(^^;)。子どももらう立場だから、文句は言わないと思う。その代わり、30年間、しっかり企業のグリーン化に役立つ使い方をしてもらう。その使い方や効果を、少なくとも年に4回は教えてほしい。…どうでしょうねぇ？

90分一本勝負の「金融ジャーナリスト」対「環境ジャーナリスト」のバトルは、「お互いに、相手のことを勉強して、ジャーナリストとして伝えていきましょうね」というエール交換で終わったのでした(^^;)。ところで、この記者A氏は、友人のBさんにエコ派に取材したいと相談し、CさんとDさんを経由して、私の所に(運悪く？)たどりつかれたのでした。そして驚くべきことに、BさんもCさんもDさんも、このメールニュースを読んで下さっていることがわかりました。そして今では、記者A氏も(^^;)。

これじゃミイラ取りだぁ、と思っていらっしゃるかも知れないけど、「友達の友達は友達」ですものね！

エコファンドの現状と、荏原製作所への対応

No.151

昨日、証券会社から連絡がありました。「お持ちになっているエコファンドですが、運用成績良好のため、利益取りの解約が相次ぎ、純資産減少のため、値段が動かなくなっております。一度解約して利益を確定してもよいと思いますが？」。う～む、私に向かって、なかなか大胆なアドバイスです(^^;)。

日本証券新聞の記者さんに、エコファンドの現状を教えていただきました。

Q：5社あわせてどのくらいの規模ですか？
A：日々の株価で変動してしまいますが、4月4日時点では2185億円でした。
Q：5社の内訳は？
A：日興／　　　　　　　　　1391.6億円

パートナーズ／　　　　　159.2億円
　　　興銀第一ライフ／　　　　412.8億円
　　　安田火災グローバル／　　132.8億円
　　　ＵＢＳ／　　　　　　　　 89.2億円
　やはり、先を制するものが強いようです。
　Q：各社のファンドの違いは？
　A：設定日の基準価格を基点に作成したグラフを見ると、安田火災の「ぶなの森」以外は、どれもTOPIX(東証株価指数)と同じような推移を示しています。「ぶなの森」の組入銘柄には、製造業を中心としたバリュー投資(割安株投資といってもいいのでしょうが抵抗を示す人もいるので、「バリュー」にしておきます)を特色としており、ネット関連株を中心とする割高な成長株に人気が集中した昨年の相場では、出遅れ感がありました。それが最近、バリュー株が少し持ち直したところでパフォーマンスを伸ばしつつあります。パートナーズの「みどりの翼」は、サービス業(業種別区分)、店頭株(市場別区分)にも積極的に投資しています。「ぶなの森」とは対照的にグロース投資にその特徴を出しているので、大型(発行株数の多い)のバリュー株に人気が移る場合には、厳しい展開になるでしょう。

　ということでした。情報と専門家の分析をありがとうございました。エコファンドの取材を通していろいろと感じることや考えることがあったということで、また意見交換をしましょう、とお約束しています。皆さんも「ここを聞きたい！」ということがありましたら、お寄せ下さい。また、エコファンドに対する皆さんの感じ方や思いもぜひ教えてください。
　ところで、先日の荏原製作所の事故の報道に、エコファンドがどのように反応したか、ご存知ですか？ ５社あるうち、パートナーズ以外は全株売却。パートナーズだけは、株価を注視しつつ組み入れ比率を引き下げる、という対応でした。う〜ん……と思いました。皆さんは、この対応をどう思われますか？ 環境に悪影響を与える事故を起こしたのだから当然、という見方もありましょう。あの事故で荏原の株価が下落しましたから、ファンドのパフォーマンスを保つために「即刻売却」したエコファンドも多かったのではないかと思います。
　しつこいですが(^^;)、私の「30年間クローズド：美しい地球を次の世代に渡すためのエコファンド」だったら、荏原を即刻売却したりしないのになぁ〜。様子を見て、買い増しするかも知れない(^^;)。荏原の藤村会長に直接お話をうかがったことがあります。その時のお話から、会長の信念や企業としての環境への取り組みは「本物」だと信じることができるからです。少なくとも、今回の事故にどのように対応されるかを見ないで、判断することはしないでしょう。
　あの荏原なら、今回の事故をきっかけに全国の工場や事業所の見直しを厳重に行い、環境マネジメントシステムを強化して、さらにしっかりした環境対応活動を行うに違いない。それは長い目で見れば、荏原を組み込んだポートフォリオのパフォーマンスアップになるはずです(30年という期間を考えれば、一時的な株価の下落なんてナンでもないんです^^;)。

今回のことでひとつ反省していることがあります。先日グリーンコンシューマーが企業に影響を与えられる、という話を書きましたが、グリーンインベスターも同じはずですよね。今回の事故報道を聞いてすぐに、証券会社や運用会社に電話して、「これだけで荏原をポートフォリオから落とすようなことはしないで下さい！　もう少し長い目で見てください。環境への取り組みってそういうものでしょう？」と、一投資家の思いを伝えればよかった、と。そういう声を出す「エコ」ファンドの投資家が増えれば、エコ「ファンド」で始まったものも＜エコ＞の重要性に気づいてくれるかも知れない。
　でもどこに「エコファンド投資家の声を聞いてくれる窓」があるのだろう？「ファンドマネージャーを囲むエコ投資家の会」なんて、やってくれないかなぁ。アナタが来るなら絶対にやらないって？……(^^;)。

エコファンド　ふたたび
No. 153
　[No.151] のエコファンドについてのニュースには、エコファンドの作り手、買い手、またその他の場からも、いろいろなご意見をいただきました。
　投資家側からは、「何となくエコファンドを十把ひとからげに考えていたけど、いろいろとスタンスが違うのですね。もっとこちら側も違いをわかって、今回の荏原への対応など、細かくチェックしていかないといけないのですね」「エコファンドのポートフォリオに、これは本当に"エコファンド"なのだろうか、と疑問です」「もっと長期的な展望で銘柄選択をしてほしい」など。エコファンドの作り手サイドからのフィードバックもたくさんいただきました(5つのエコファンドのうち、4つに何らかの形で関係している方々からいただいています。この世界の方々にそんなに読んでいただいていると思っていなかったので、びっくりしました)。
　証券会社の営業担当者が「利益確定で売りませんか？」といってきたことに対しては、「これまでの証券会社の利益追及の回転販売は、エコファンドにはそぐわない」という意見を投資家からも作り手からもいただいています(今度は売り手をニュースの輪にひきこまなくちゃ！ ^^;)。
　あと、一口にエコファンドの販売といっても、証券会社だけではなく、銀行や損保のチャンネルもあるのですよね？　チャンネルによって、売り方や投資スタンス、エコ投資家のニーズへの対応なども違うかもしれません。「エコファンドを買うならココ！」みたいな、すべてのエコファンドを揃えていて、投資家のニーズをよく聞いて合ったファンドを薦めてくれて、その後もちゃんと情報を(利益パフォーマンスだけでなく、エコパフォーマンスも)くれる、そんな「エコファンド専門店」があってもいいですよね？
　あと、数社のエコファンド関係者から、「長期的な目で環境に取り組む企業を応援してください」という熱い思いをもって環境サポーターのために作ったファンドなのに、まだそのような形になっていないのは自分たちも残念、少しでもグリーンインベスターを増やしたい、そのニーズに応えたいと強く思っている、などのコメントをいただいています。
　「エコファンドの投資家コミュニケーション(頻度、内容、媒体、2ウェイの要素の有無など)に関するベンチマーキング」をしてみたいな、と思います。というのも、特に投資家への情報

提供ややりとりの面で、エコファンドの改善の余地が大きいように思うからです。というか、まずユーザーの声を聞かずに商品を売っているようなスタンス自体が、ちょっと違うのではないか、と(それでも買っちゃうユーザーの責任でもあります。反省^^;)。

私の持っているファンドの場合、フォローは今のところゼロです。ファンドを買ってから半年、先日の「売りませんか？」の電話まで、証券会社からも投信会社からも、ナシのツブテでした。ちゃんとフォローすれば、「そう、それは嬉しい展開だ」と喜んで買い増ししちゃうお客なんですけどねぇ、小口過ぎるのかな？(^^;)。証券会社が古い考え方で売っているのだったら、せめて投信会社からフォローをしてほしいなぁ。これについて、日本証券新聞の記者さんより。

> これはエコファンドに関する情報が少ないことに起因する部分が大きいのではないでしょうか。投信商品は通常、運用のノウハウにもかかわることから、いちいち銘柄の組入理由を開示することはありません。決算後に作成される運用報告書で組入銘柄等を開示するほかは、細かい組み入れ理由を開示する義務はファンドにはありません。ただ、エコファンドは別だと、私は考えます。なぜ、"エコ"なのか疑問のある銘柄が組み入れられている場合、なんらかの説明がなければ、いらぬ誤解を生みかねません。

また、別の方からのコメント。

> 私は、現状では「エコ」ファンドに投資するグリーンインベスターへの利益還元やフィードバックがないことがエコファンドの問題点だと考えています。

同感です。そして「グリーンインベスターにとっての利益」は通常の投資家の利益とは違う場合もあるということ、そのニーズにまだ応えてくれていないと思っているユーザーも多いように感じました。

「ファンドマネージャーを囲むエコ投資家の会」については、「それは面白い」「是非やりましょう！」というフィードバックをいただいています。また進行状況をお伝えしますね。

最後に、私も含めてユーザー側から、「エコファンドという名前に安心して任せ切りだったが、それではいけないのですね」という思いが出ています。ファンドの営業担当者や投信会社に「思いを伝える」努力をするとともに、「エコファンドが自分たちのニーズを満たしてくれないんだったら、別の方法を探してもいいんじゃない？」と思い始めています。ファンドマネジャーやシンクタンクに頼らず、「自分たちで勉強してエコ企業を発見し、応援しよう」という発想で「投資クラブ」を作るのもひとつの方法、というご意見をいくつかいただきました。現在、そのような環境配慮型の投資クラブが日本にあるのかわかりませんが、何ができるのか(特にエコファンドでできなくて投資クラブでできること)ちょっと調べてみたいな、と思っています。お詳しい方、ぜひ情報を下さい。

地域の環境改善活動をリードしている地元密着型の中小企業や、環境技術や環境サービスのベンチャー企業などは、社会や経済をグリーンにしていくためにとても大きな役割を果たしていて、もっと頑張るためには資金が必要なのに、ファンドの性質からエコファンドの対象にはならないのが現実です。エコファンドも大切な役割を果たせるはず

ですが、エコファンドではカバーできない中小企業やベンチャーをどうやったら応援できるのか、資金の流れの面からも考えていきたいと思っています。

エコファンド、指標、そして仕組みづくり
No. 157

「ぶなの森」の荏原製作所への対応を問い合わせて、教えていただきました。

> 荏原製作所の件ですが、安田火災グローバル投信投資顧問でも全株売却しています。ただし環境ユニバース(投資候補銘柄)からは外してはいません。今後事故の影響の大きさや事故原因・会社側の対応、現状回復への取り組みなどを見た上で、総合的に判断して環境評価の見直しを行い、その結果に応じて投資価値分析を行い、ファンドへ組み入れるか否かの判断を行いたいと考えています。

　ということです。「環境ユニバース」というのは、全対象銘柄(ファンドによって違いますが、一部上場とか店頭も含むとか)を、「環境」というフィルターでスクリーニングして残った銘柄グループのことです。そこからさらに絞り込んでいきます。私が昨年の12月に「金融と環境」セミナーで聞いたときには、ファンドによって、「財務スクリーニング」を先にかけるところや「環境スクリーニング」を先にかけるところなど、対象銘柄の選定プロセスはそれぞれ違い、差別化の源になっていると思います。(その割に組み入れ銘柄は似ているのですが)。

　またエコファンドでは、「ISO14001があればマル、なければバツ」的な見方をしているのではなく、ISO14001を取っていなくても独自の優れた環境マネジメントシステムを構築している企業もちゃんと評価しています、というコメントもいただきました。

　エコファンドのように、様々な業界の様々な業種の様々な企業を評価のまな板に乗せ、いろいろな尺度や基準でスクリーニングや選抜を行う場合、「うちのエコファンドではこういう基準で選んでいる」という一貫した、ある程度客観的な、説得性のある基準があるのかどうか、が大きなポイントだと思います。最近、ヨーロッパでも米国でも、持続可能な開発指標(sustainable development indicators)やエコ効率指標(eco-efficiency indicators)などの開発と適用がホットな動きのひとつですが、背後には同じような状況と理由があるのだと思います。定量的指標を求める動きは、日本より強いようです。

　ちょっと横道にそれますが、日米欧の意識の高い企業の取締役会などで、この数年で日常語のように使われ出したことばのひとつに「トリプル・ボトムライン」があります。「ボトムライン」(いちばん下の線)というのは文字通り「企業の収益報告のいちばん下の行」ということで「純損益額」のことです。ここから「ボトムライン」という単語は「つまるところ、こういうことなのです」という「最重要事項」という意味もあります。

　これまでボトムラインといえば「財務的な損益」のことだったのですが、これからの企業はそれではダメだ、企業活動が持続可能な発展にどのようなインパクトを与えたか、それこそが企業の「つまるところ」(ボトムライン)ではないか、という認識が広がっています。そして出てきたのが「トリプル・ボトムライン」です。持続可能性を支えているのは「環境、経済、社会」という3本柱だという認識で、財務(経済)的なボトムラインと、環境的なボトムライン、社会的なボトムラインのすべてをきちんと把握し評価しないと十分とはい

えないとしています。

　実際には、100年の歴史を持つ財務会計と、数年前に取り組みが始まった環境面からの企業評価、まだ定義もこれからという社会的側面と、「3本柱」の長さはそれぞれ違っているのが現状ですが、21世紀の企業は単なる財務的な損益のみならず、この3つの側面で「企業評価」がされるようになることは間違いありません。すでにＳ＆Ｐでしたか、sustaibability indexとして、この3本柱で企業評価を始めています。インデックスですから、定量評価です。財務はともかく「環境」や「社会」をどう定量評価しているのか、ぜひ勉強したいと思います。

　グリーンインベスターのひとりとしては、「うちのエコファンドはお預かりした資金を、このようなトリプル・ボトムラインのすべてのインデックスで3点以上の企業に投資しました。この2年間で、対象企業のエコ効率指標は、全企業平均を0.7ポイント上回る改善を見せていますので、エコファンドへの投資が、企業のグリーン化を促進していることがわかります」なんて説明してもらうと、かなりスッキリするんですけどねぇ。

　それぞれの指標には開発の目的や理由があります。エコファンドが本当に企業のグリーン化を進め、支えることを目的にしているなら、そのための指標を作ればいいじゃない。そうしたら、グリーンインベスターにも「投資見返り」が明確にわかるし。それぞれのエコファンドがどのくらい「持続可能性」や「経済の環境負荷低減」に役立っているのかを評価する「エコファンド指標」も作っちゃえるかも……などと思っていましたら、環境会計の仕組みづくりにかかわってきた方から、

　　日本のグリーンインベスターの声をまとめる組織の必要性を強く感じています。日本の環境運動として優先順位が高いことの1つが、グリーンインベスターの声を集めて社会の仕組みづくりに反映させることだと思っています。

　というメールをいただきました。

　本当ですね。グリーンインベスターの声が企業や社会を動かす実際の力になれるように、企業や社会もグリーンインベスターと手を取り合って本当に持続可能な方向へ動いていけるように、いまは欠けているインターフェイスを作っていくことは大切な課題だと思います。ご関心のある方、お知恵を拝借できる方、いらっしゃいませんか？

エコファンドとエコバンク

No. 168

　本当に気持ちのよい季節になりました。これまでエコファンドについて、何度か書いてきました。ところで、「エコファンド」という用語は、名付け親である筑紫さんのグッドバンカーが登標申請中、ということで、他の会社はパンフレットなどでは使っていないことを知りました。他社では「環境配慮型投信」「グリーンファンド」などの用語を使っているようですが、このニュースでは、一般的な"エコファンド"としてこの言葉を使わせていただきます。

　現在5本出ているうちの1本、、パートナーズ投信の環境配慮型投信「みどりの翼」の環境スクリーニングに協力している三和総合研究所のＨＰにとてもよいページが最近立

三和総合研究所　http://www.sric.co.jp/midori

ち上がりました。「環境配慮型投信とは」という、エコファンドの具体的でわかりやすい全般的な考え方の解説があります。そして、どのような視点で企業を評価するのかを、全業種共通の考え方と業種ごとの考え方で整理してあります。自分たちの業種の企業はどういうところをチェックされるのか、大変に参考になると思います。このＨＰは、エコファンドの作り手と、銘柄対象となる企業と、グリーンインベスターを含む一般の人々の間の「情報や理解のギャップ」を狭めるための取り組みであると思います。企業側からもグリーンインベスター側からも、「もっとこんな情報がほしい」「このような対話をしたい」等々、意見を寄せて応援したいと思います。

　私がいちばん気に入ったのは、「環境配慮型投信(エコファンド)にできること／できないこと」という項目が大きくしっかりと設けられていることです。何ができないか、というと「本当に小さい企業への支援はできません」と書いてあります。そしてその理由です。「投資信託の主流となる運用方法は、上場企業(店頭含む)の株式等への投資です。未公開の企業への支援を行う場合は、ベンチャーキャピタルによる投資や銀行による低利融資の方が有効です。一般投資家の方が、そうした企業を支援するためには、そのような企業の商品やサービスをできるだけ購入する「グリーン購入」も大きな力となります」。

　エコファンドの現実をあまり知らないままに、「それならエコファンドと呼ばないでほしい」と昨年シンポジウムで発言したことは、今考えると赤面モノですが、当時こういうページがあったら、もうちょっと建設的な意見がいえたかも～(^^;)。エコファンドとして「できること」「できないこと」を、グリーンインベスターや特に一般のエコ市民にちゃんと理解してもらう、共通理解の土俵に立ってやっていこう、という姿勢をすがすがしく感じました。グリーンインベスターにしても、「じゃあ、エコファンドにできることを最大限、効率よく行うには自分はどうしたらいいのか？」と考えることができます。そして、「エコファンドにできないこと」を実現するどのような手段があるのか、必要なのか、と考えることができます。

「エコファンドにできないこと：本当に小さい企業への支援はできません」のところをやっていくひとつの手段をご紹介したいと思います。「エコバンク」です。1988年にドイツのフランクフルトで設立された「エコバンク」が草分けです。地域の金融機関に預金された資金が、兵器メーカーや環境を破壊する企業に融資されていることに疑問を持った市民グループが発起人となり、「預金者にとって金利も大事だが、自分たちのお金がそうした企業のために使われるのは納得できない。もっと社会性の高い融資ができる組織をつくろう」と始められました。エコバンクの預金金利は、市中金利より低めですが、口座の開設は順調に進み、業績が拡大。'90年には黒字になり、'97年には取引高が約300億円とか。

　環境保護以外にも女性の自立支援事業などに融資をしていますが、ユニークなことに、融資目的別に口座が用意されているそうです。預金者が環境保護の口座を選んで預金すれば、その資金は必ず環境保護事業に融資される仕組みです。「草の根の社会起業家」を支援できること、預金者の預金を直接、融資に回してもらえるという「直接性」が魅力ですね。投資というリスクは負いたくないけど、という「グリーン預金者」が、自分の地域で、企業のグリーン化やグリーン企業の立ち上げを直接支援できる取り組みです。「お金

の流れを変えることで環境にやさしい企業／経済に変えていく」ための重要なチャンネルだと思います。

　日本にも「エコバンク」が立ち上がり、活発な活動を始めています。'89年にプレス・オールタナティブと永代信用組合との提携で設立された「市民バンク」です。市民バンクのＨＰには、代表の片岡さんが、「イギリスのロスチャイルドは銀行の設立にあたって「BANK は BAND(結びつけるもの)だ」という創業の言葉を残した。金融機関はもともと、人々の夢や想い、そして社会のニーズを結びつける大切な役割を持つものだった。(中略)社会が本当に必要としている金融機関の役割とはいったい何なのだろうか」として、市民バンク設立に至った熱い思いを書いていらっしゃいます。市民バンクの特徴は、「無担保」「その事業が利潤の追求を第一とするのではなく、『社会の問題を解決したい』という志をもって行われるかどうかを厳しくチェックする」というもので、現在では、都内32信用組合と提携し、これまで70件以上の融資を行い、1件も貸し倒れがないそうです。これまでの融資先には、「廃食油を使った石鹸プラント」「障害者による障害者のための移送サービス」「廃材を使った家具・インテリア」などがあります。

　片岡さんは、「市民バンクは地域を軸とする新しい社会の中で、事業に込められた社会性と志を担保に、金と知恵を貸している」とおっしゃっています。そして、「自分で正しいと思ったら自己責任で協力する、そういう姿勢が市民の間に広がっているのだ。人々が、金融機関がどういう姿勢で融資をし、どういう哲学のもとに経営を行っているのかを見極めた上で、金を預けたり引き出したりするようになれば、金融機関も自ずとその姿勢を変えざるを得なくなるだろう」と、預金者の姿勢や意識啓発の必要性を訴えていらっしゃいます。

「投資家」でなくても「預金者」である人は多いと思います。「どうやって殖やそうか」より、「どこにお金を置いておこうか」と考える預金者型の市民の大きな潜在力をうまく活かせればいいなと思います。郵貯でもやってほしいですね。

　この「市民バンク」を発足当時からサポートしている永代信用組合のＨＰにも、「地域と生きる。自分たちはこうやる」という確固たる意思が表れていて、とてもすがすがしく感じました。「市民バンクは、あなたやあなたの仲間の事業に対する夢や、熱意をきくことからはじまります。その上で、資金計画や事業を起こす上での技術や情報などの面での［えいたい］のノウハウをプラスして、どうしたら成功するかを一緒に考えていきます。単なる減点方式の融資から、一歩飛び出して、創り育てる融資をめざしています」。融資審査は、申込者の夢作文と事業計画(3年分)を基に行うそうです。従来担保として必要だった土地や建物がなくても、社会を変えるんだ！という熱い思いと適切な見通しがあれば、融資元が単なる「お金を貸してくれるところ」ではなく、事業パートナーとして、いっしょに成功のために尽力してくれる。その成功は、起業家や融資元だけではなく、その地域に還元されることでしょう。そんなエコバンクがあちこちの地域にどんどん出てくるといいですね。

　エコファンドは、動かす資金も影響力も大きいから、主に大企業を担当。エコバンクは、地元密着で小回りが利くことがセールスポイントなので、地場の中小企業のグリーン化の担当ですね。そして、もうひとつの大きな資金の流れである「購入・購買」を通じ

て、企業や経済のグリーン化をはかるグリーン購入。預金者／消費者／投資家である市民の意識と行動も、もっともっと高めていきたいし、それに応える企業や金融機関も増えてほしいと思います。

　お気楽な性格のせいかもしれませんが、あちこちでたくさんの「グリーンな」循環が芽吹きつつある「早春」のような感じがします。

環境白書に初登場のエコファンド
No.191

　エコファンドについて書きましたところ、環境庁の企画調整局の職員の方からメールをいただきました。今年の『環境白書』では、グリーンコンシューマーと並んでグリーンインベスターに着目しており、「個人の資産選択における環境保全意識の高まりとその社会的影響」という1節を執筆しました、と教えてくださいました。

　この方からのコメントです。

> 　個人の金融資産が、「株式・出資金、株式以外の証券」「現金・預金」「保険・年金」というそれぞれの区分(日銀の資金循環に基づいたカテゴリーです)において、どのような商品を経て、環境保全につながりうるか、という話を海外や国内の事例などを挙げて紹介しています。
>
> 　「株式」ではもちろん日本でのエコファンド登場の話をたくさん書きました。「現金・預金」では、郵便局の地球環境基金(利子の一部がNGOに寄付される)や、静岡銀行や滋賀銀行が行っているような、企業の環境保全事業に対する低利融資制度、ベンチャーキャピタル、枝廣さんも書かれているドイツのエコバンク、それを理想にして創られた市民バンク、オランダにおけるこの種の環境基金に対する税制優遇措置のことなどを紹介しています。
>
> 　「保険・年金」は、日本では年金基金の運用における環境保全の視点を入れた連合の環境指針くらいしか例を見つけられませんでしたが、海外、特にイギリスにおける年金法改正(1995年)によって、年金基金について社会的責任、環境保全的・倫理的投資に関する方針を公開する事が義務づけられたことや、ノルウェーの最大手保険会社ストアーブランドが、独自に環境行動計画を策定・実施し、環境・財務パフォーマンスの両面で優れた企業に投資を行う環境ファンドを設置している事例などを紹介しています。
>
> 　白書では、エコバンクやエコファンドは今年が初登場です。「自分のお金の運用において、環境保全を意識したい」というニーズが潜在的にはあると言えるので、それをうまく目的別に、いろいろなルートを通して環境保全型企業や事業・NGOに流せる仕組みができていけばと思います。そのためには、枝廣さんもおっしゃるとおり、環境情報の開示(環境報告書や環境会計、環境パフォーマンス評価などなど)がますます重要になっていくのだと思います。

　「白書の性格ゆえ、事例紹介も匿名で淡々と書かれているので面白みが欠けちゃったかな、と本人は思っています」とメールにありましたが、なかなかどっこい、淡々としているがゆえ説得力があります。ご興味のある方、ぜひ読んでみて下さい。来年へのヒント

市民バンク　http://www.p-alt.co.jp/bank/index.html
永代信用組合　http://www.eitai.co.jp/index.htm

にしたいということなので、ご感想や改善点などもどうぞお寄せ下さい。

　環境白書をあちこちめくりながら、その情報量と整然とした提示方法に、つくづく「省庁は日本最大のシンクタンクとよく言われるけど、情報収集力とその整理・分析力という点では、本当にそうなのだなぁ」と思いました。もちろん、そうした情報をもとに、既存の枠組みから離れた政策を形成し提言することは、省庁に期待することではなく、NGOなり市民社会が行っていくべきことですが、それにしても、この豊かな情報を活用しないテはありません。

　環境関係は、もう何でも載ってます、という感じです。私の十八番の(^^;)「もったいない」も、目下売り出し中の「ナチュラル・ステップ」も！願わくば、CD-ROMかファイルとしてダウンロードできるようにしていただけると、情報検索がやりやすくなって嬉しいです。市民やNGOの環境情報ベースとして使いやすくなります。

　コメントの最後の点はとても重要なポイントだと思います。そこで、環境情報の開示(環境報告書や環境会計、環境パフォーマンス評価などなど)の重要性に関連するお薦めの本『よくわかる環境会計』(多田博之著　中央経済社)をご紹介します。環境会計だけではなく、このような活動の原点である環境経営について、わかりやすく書かれています。中でも私がとても気に入っているのは、アカウンタビリティ(説明責任)に関するページです。なぜ環境が企業のアカウンタビリティの対象情報になるのかについて、「環境は、人類のみならず、この地上に生きとし生ける者すべての共有財産である。このかけがえのない財産を少しでも損ねたり傷つけたりすることがあれば(今まではほぼすべての経済活動が実際に損ね、傷つけてきたわけだが)、なぜ、どの程度そうしたことになってしまったのか(今まで経済的付加価値を生み出すためという免罪符ですませてきたわけだが)、ロスや傷を少しでも小さくするためにどんな努力をしているかを、きちんと社会に対して報告する責務があると考えるのは当然ではないだろうか」。

　そして多田さんは続けて、「私は、ソニーの環境レポートの編集責任者なのだが、カエルやメダカやミミズは字が読めないがもし字が読めたなら、彼らに対してもきちんと説明の責任を果たさなくてはいけない、申し訳ないなという気持ちでいつもレポートを作っている」と書かれています。[No.177](43P)でご紹介した身土不二の小島さんは最後に、「情報はたくさんありますけど、動けるのはこの体ひとつです」とおっしゃっていました。多田さんや小島さんのような心持ちで環境情報に対していきたい、と強く思います。

第5章
風は地方から—変わる自治体、元気な市民、そして新しいコラボレーション

東京都産業振興ビジョン

No. 144

　昨日、とってもワクワク興奮する資料をいただきました。一刻も早く皆さんに見ていただきたく、ご紹介します。東京都労働経済局が1999年11月に出した『都民と創る東京都産業振興ビジョン』の中間報告書です。「従来のビジョンづくりは、コンサルに依頼して原案を作成し、審議会でアリバイ的に検討するというのが普通でしょう」が、このビジョンづくりでは、特別な審議会や懇談会はつくらず、インターネットによる広大な情報ネットワークを駆使して、都民の知恵と力を結集する仕組みを創ったところが、本当に新しいところです。新しい合意形成の進め方のひとつのモデルだと思います。

　第1章「東京をめぐる産業の状況」では、示唆深い分析が簡明にまとめられています。その中でも「環境・福祉は産業の制約要因か～環境・福祉の危機は産業活性化の苗床～」は経営者をはじめ、ビジネス関係者にはぜひ読んでいただきたいところです。環境の危機はビジネスチャンスである、という主張にまったく同感です。

　第2章には、第1章の理解にもとづいて、実際にどのようにこの「東京都産業振興ビジョン」づくりに取り組んだのか、そのプロセスがまとめてあります。目玉は、活性化の芽の提案をより実現性の高い政策へと成長させ、実際に動かしていくための装置として考え出された「ダイナモ」と呼ばれる仕組みです。これは、広く都民から寄せられた提言をホームページに掲載し、幅広い都民に情報の提供やプロジェクトへの参加を呼びかけ、各プロジェクトにメーリングリストを開設し、参加者相互の議論を深めることで、「活性化の芽」を現実の政策へ成長させる、という仕組みです。最初の提案は133件寄せられました。環境関連が28.6％と、多いですね。このダイナモの仕組みの中で、驚くほどの数のプロジェクトが実行に移されたり、具体的な検討に入っています。たとえば、「リサイクルまちづくりから全国商店街ネットワークへ：新宿、早稲田商店街」「西多摩の山、再生プロジェクト」「異業種交流から生まれた電気自動車レンタル事業」「東京ソーラーシティ＝都民発電所構想」など。それぞれの内容は、ＨＰに載っている報告書をご覧下さい。ワクワクしてきますよ！

　第3章では、「これからの産業振興の基本的方向」について書かれています。「環境、福祉、情報などの分野から始まっている成功事例」がいくつもあります。たとえば、東京都が事業系ゴミを有料化したため、新宿区では100商店街の約半数で自主的なリサイクル・システムが作られました。その過程で、これまで「役員旅行しか活動しなかった」商店街が話し合いを積み重ねるようになり、商店街自体の活性化が図られ、「強い環境規制が商店街の活性化を生みだした」事例もあります。地域の「自発性」とそれを支える裏方としての行政がうまく二人三脚を組んでいるのでしょう。

　私がとても好きなのは、終章「明日に向かって‥‥一点を突破し、全面展開を！」というページです。引用させてもらいます。「民間やまちの活性化事例を見ると、横並びで成功したものはひとつもありませんでした。横並びで動こうとする限り、動けない組織、動けない主体がネックになり、一歩も前に進めなくなります。なぜ動けないかの解明にたくさんの時間とエネルギーが必要になり、実際に動かすには更に膨大な時間とエネルギーが必要となります。そして、結局は動けない。大事なことは、動けるところ、リス

東京都労働経済局　http://sangyo.iri.metro.tokyo.jp/

クを取れるところがまず一歩を踏み出すことです。全体が一緒に動くことを求めない代わりに、変化を全体の力で抑え込むこともしない」。

この基本的なスタンスといい、ＩＴの効果的な活用といい、私はとっても嬉しくなりました。最終報告書は、この夏をめざして作成中だそうです。都民もそれ以外の人も、まちづくり、環境と産業、情報技術の利用に関心があれば、要チェックです。

ＨＰには「ダイナモII」として、関連メーリングリストを参加者以外の人も読める仕組みが作られています。臨場感あふれるやりとりをウォッチしたり、ご関心があれば、ぜひ参加してみてください。そして参加されたら、こちらのメールニュースにもフィードバックを下さいな。Network of Networks（ネットワークのネットワーク）が大きな力になると信じています。

ダイナモ：住民が主体者となる新しい政策形成モデル
No. 146

[No.144]でご紹介しました東京都の産業振興ビジョンづくりのダイナモに、いくつもフィードバックをいただいています。

> 私も現在ある町の総合計画の策定に関わっておりますが、やはりコンサルタントだけのプランづくりには限界を感じております。当社では住民代表によるグループインタビューによりカバーしておりますが、メーリングリストによる住民参加には非常に興味があります。おそらく未知の手法なのでいろいろとご苦労があると思いますが、この手法はきっと瞬く間に全国的な動きになると思います。我々もそういった動きに対応した新しいプラン策定を思案中です。貴重な情報ありがとうございました。

もうお一方。

> 東京都産業振興ビジョンにさっそくアクセスしてみました。自分の住む町の住民参加、情報公開、町の活性化は、私にとってもテーマです。そのような活動を行おうとしている地域の会に、メーリングリストやホームページのより生きた使い方について、先週提案をしたところでした。町民の意識を喚起するという大問題がありますが。貴重な示唆をいただきました。参考にさせていただきます。

それから、「このダイナモの仕組みは、企業の自己変革にもつながる」という企業の方からの熱いフィードバックがありました。そうですね、企業でもプロジェクト制など部門を超えて活動したり、他の企業や地元住民、行政と連携しながら取り組みを行う傾向があると思います。ダイナモのような仕組みは、時空を超えて広く主体者が関われるし、出張も減るだろうから、環境にもやさしい仕組みなのでしょう。

先日聞いたＩＢＭの環境への取り組みについてのプレゼンテーションで、e-ビジネスの環境へのメリットをお話しになっていたときに、「infrequent traveler program」という表現にニッコリしてしまいました。通常の「頻繁に飛行機に乗る人向けプログラム」(frequent traveler program) は、無料航空券などの賞品と交換できるマイレージで釣って、たくさん飛行機に乗るようにと航空会社が促すプログラムなのですが、e-ビジネスはまさ

しくその逆です、というお話。余談ですが、学校のＰＴＡなども、ダイナモ化(?)してくれれば、働く親も参加しやすくなるのでしょうねぇ。

ところで、メーリングリスト(ML)を効果的に運営するには、やはりコツがあるように思います。いま思いつくのは、「参加者の意識や意欲が高いこと」と「ネチケット(ネットワークでやりとりする上での最低限の礼儀作法)」でしょうか。東京都のダイナモでは、ＨＰとリンクさせて、プロジェクトを組んでからＭＬを立ち上げているので、参加者の意識や意欲のレベルはある程度そろえて開始できるのかもしれません。また、ＭＬの内容をＨＰから誰でも読める仕組みになっているので、ある意味での「公共性」が確保され、フォーラムなどでよく問題になるといわれる個人攻撃や中傷発言などを避けられるのかもしれません。

東京都のダイナモは、ＨＰとＭＬをうまくリンクさせた例だと思います。そして、地域や参加者にあったいろいろなダイナモがあるのだと思います。手作りのチラシで地域に情報や気づきを届けて、各家庭のダイナモに点火するのも素晴らしいダイナモ活動(?)でしょう。私が皆さんのサポートのおかげでやらせていただいているように、自分の知っている情報を発信して、フィードバックをいただき、それを刺激にまた考えたり情報を集めて、発信・問いかけを繰り返すのも「変形ダイナモ」かな。日本や世界のあちこちで、「大ダイナモ、中ダイナモ、小ダイナモ」(早口ことばです、どうぞ！ ^^;)が立ち上がって、ダイナモのネットワーク化がさらに変化を加速していけそうな気がします。

ところで、この東京都のステキなダイナモ担当の方は、この資料と引き替えに、メールニュースに加わってくださいました(全然引き替えになっていないか^^;)。ダイナモ開発や運営上苦心された点、気をつけるべきこと、今後の見通しや計画など、是非また情報をいただければ嬉しいです。各地からたくさんのダイナモ経験を持ち寄って、dynamo of dynamos (ダイナモのダイナモ) に発展していけば、より強力になりそうですね！

ダイナモの内側に迫る！
No. 200

[No.146]で「ダイナモ：住民が主体者となる新しい政策形成モデル」という東京都の新しい取り組みをご紹介しましたところ、「可能性を感じる」「自分の地域でもやってみたい」等いくつもの感想やコメントをいただき、関心の高さを感じました。
「自分たちの地域でも考えたいのでつないでください」というある方のお願いに快く応じてくださった「ダイナモ・チーム」の方が、詳しい情報を私にも送って下さり、転載もどうぞ、といって下さったので、今回は「ダイナモの内側に迫る！」です。

　　ダイナモは永久革命を目指して、動き出したばかりです。振り返ると、これまでは「市民参加」による苦労というよりも、それを受け入れない・慣れていない「行政の風土を変える」苦労の方が大きかったと思います。しかし、市民参加を通じ、少しずつ職員が活性化し、都庁の風土も変わってきました(もちろんよい方向に)。また、「こんなにまちのことを熱く語る市民を始めて見た(職員の声)」「こんなに正直に話す役人を始めて見た(市民の声)」という言葉が聞かれるようになってきました。これはとても大きな変化だ

と思います。
○政策会議であわや否決か！？
「ダイナモ」は、「東京都産業振興ビジョン」づくりを市民中心で進めるために考案された装置の名前です。また、産業を活性化するための運動そのものでもあります。6月にダイナモ構想を政策会議(東京都の最高意思決定機関)に提案したところ、局長級幹部からも否定的な言葉があいついで出され、あまりよくない感触。それまでの職員、研究者、市民グループ対象のプレゼンテーションでは評判がよかったので、みんな驚くとともに、がっかりしました。しかし、このプロジェクトを始めることはなんとか認められました。
→後から聞くと、会議出席者の中でインターネットを使ったことのある人はごく少数ということが判明。反対というより「わからなかった」というのが実情のようです。ダイナモ構想は、都庁の情報化の遅れとの戦いでもありました。
○メディアには受けた
　市民参加を中心に据え、インターネットを使うことが受けて、NHKテレビ、ラジオ、各種新聞などに取り上げられました。そして、市民からの応援メールや提案(=チャレンジプロジェクト)が届き始めました。
→そのころから、我々も「いけるかも」という感じをもち始めました。
○賛否両論
　11月の産業振興ビジョン(中間報告)では、チャレンジプロジェクトのケーススタディを大きく取り上げましたが、反応は大きく分かれました。都議会、チャレンジプロジェクト提案者、都庁若手職員などには大好評。都議会の委員会ではすべての会派から絶賛され、議員の方々から「こういうことがやりたかったんだ」という声が聞かれました。渋谷にビットバレーとよばれる情報産業の集積地がありますが、中間のまとめの説明を機会に、知事がビットバレーを訪問し、全国に知られるようになったのも大きな動きでした。一方、都庁内部では「これは単なるアイディア、事例集だ。ビジョンはもっと大所高所に立った体系的なものであるべきだ」との声も多く聞かれました。都民参加といってもアイディア集みたいなものでは意味がない、との見方も根強いものがあります。
→私は、一見小さなプロジェクトの中に、新しい社会づくりのモデルになるものがある、地域の中で成功事例が社会を変えていくと考えています。
○都庁若者メーリングリスト(=ML)「waiwai」ができる
　このころから、都庁の若手職員がダイナモ事務局の産業政策室を訪ねてくるようになりました。その人々たちをつなぎ、若者の意見を反映するためのしくみとして、メーリングリストwaiwaiをつくりました。参加者要件は、「若者」ということだったのですが、後に「精神的若手」ということになり、管理職やベテラン職員の参加も増えました。このMLでの議論を庁内の情報システムを通じて紹介したところ、他の局からの参加が増えました。そして、産業政策室のある労働経済局への異動希望が殺到しました。これまでは、人気度は普通だったのですが、12年度はダントツナンバーワンに。
→議論が議論を呼び、ここでの問題意識が局内の議論に実際に影響を与えることも増

えています。ちなみに名前は、「わいわい」議論する場というところから来ています。
○チャレンジプロジェクト提案者ML「hiroba」の開設
「waiwai」に続き、チャレンジプロジェクト提案者や意見を出した人々を結ぶML「hiroba」を開設しました。自己紹介するだけでも面白い「人間動物園」ができあがりました。盛り上がりを見せたのは、「持続可能性」についての議論でした。「この言葉から想像することは？」という問題提起をしたのですが、「衰退」とか「怠慢」をイメージする人が多かったのは意外でした。日本で、持続可能な社会へ向けた方向転換がなかなか進まないのも、このイメージによるところが大きいのではないかと思いました。

→最近では、「waiwai」「hiroba」の連携プロジェクトとして、都民と職員が東京の観光を考える議論が始まっています。こういった動きを見ていると、ML自体がまちの活性化に向けたインフラになりつつあるように感じられます。

○「情報」が重要！！

賛否両論ありますが、ダイナモは盛り上がっており、支持を得ていると思います。成功の要因は、「情報」の役割を重視したことではないかと考えます。一つはインターネットの活用です。最も特徴的なのは、「ダイナモ」というインターネットを使った市民参加装置です。「ダイナモ」は、市民からの提案を公開するホームページと、その提案やその背景にある問題意識を議論し、政策案につなげるメーリングリストからなります。そして、産業政策室のメンバーは、そのメーリングリストに参加して問題意識を共有しながら、実現に向けたコーディネートを行ってきました。「○○さんたちみたいな人からのメールを毎日読んでいると、人間変わるよ。変わらない人はよっぽど鈍いよ」と事務局の某管理職はいっていました。心の底から市民の応援をする、という新しい公務員像が生まれつつあると思います。

もう一つは、メディアです。当初からメディアに取り上げられたことが市民の関心を呼び起こし、我々スタッフを勇気づけました。それが都庁内部に広がり、行政の動きが変わる。そして、市民との関係が変わる。良い循環が始まっています。メディアに取り上げられたのは、部長がメディアに売り込むことが得意であったことも影響しています。

→行政の仕事でも、市民との関係が内容の良し悪しを決める要因になってきています。

○情報公開

ダイナモが「市民の情報公開」の支援装置として働いたことも、メディアの関心を高めることに役立ったと思います。ダイナモ＝ホームページは、市民の動きをまとめて見ることのできる「ポータルサイト」としての役割を持っています。最初は、ダイナモ事務局への取材が多かったのですが、次第に提案を寄せた市民に取材がいくようになってきました。早稲田のまちづくりの中心人物、安井潤一郎氏がいっていたことですが、「行政に情報を出せというのではなく、自分たちがいまやっていることの情報を行政にしっかり伝えることが大切だ」という「行政の情報公開」でなく、「まちの情報公開」。まちからの情報が入るようになれば、行政の情報も、動きも次々と出てくると思います。

○ダイナモ内部の情報共有

ダイナモ事務局(産業政策室)は、事務連絡を基本的にMLで行っています。そして、そのMLには、局長、総務部長、計理課長等、重要なポストの管理職も入っています。連絡は、個人アドレスに送るのではなく、MLあてに送ることになっているので、参加者すべてが同じ情報を共有できます。同じ情報を共有していると、コンセンサスができやすくなり、会議が説得の場でなく、その次のステップについて議論する場になります。

　自治体と住民がどのように意見を交換し合い、共通理解を深め、信頼を構築して、戦略立案や合意形成を進めていくか、「風が吹いている地方」ではさまざまな試みと実践が始まっています。自治体側からすると、意見交換のためのプラットフォーム(場や仕組み)を整えるのと同時に、そういう場や仕組みをきちんと活用して、自分たちの意見を持ち、伝え、協力していける市民をどうやって育んでいくか、というところが鍵を握っているのではないか、と思います。

　[No.179] (150P)でご紹介した岩手県の増田知事は、定期的にFM岩手に出られて、ご自分の考えや県の状況について県民に情報発信するとともに、「県政懇談会　知事との対話」を市町村単位で開催されています。岩手県からのメルマガ「銀河系いわて情報スクエアメールマガジン」にも「あなたも、知事と県政について語り合いませんか？」というお誘いが載っています。「どなたでも参加できますので、日頃から県政に対して考えていることなどを直接、知事と自由にお話ください」とのこと。私も参加しちゃおうかな？ (^^;)。

　前回訪米した際、ワールドウォッチ研究所で、何人かの研究者をつかまえて(つかまえられて?)油を売ってきました。1月に会ったときに「次には"環境と宗教"について研究しようかな、"個人の変化"について研究しようかな」といっていたゲーリー上級研究員が、「決めたよ。個人や市民社会の変革について研究することにした」と。「それはいいテーマね。とても求められていることだもの。ところで日本にいい取り組みがあるわよ～」と、さっそくダイナモの話をしてあげたら、目を輝かせて聞いていました。「英語の資料はないの？」と。

　ダイナモその他、日本での取り組みやアイディア、コンセプトもどんどん輸出したいですね。いつの日か、世界中の政府が、国連や世界銀行などの国際機関が、大小業種を問わずすべての企業が、あらゆる市民団体やNGOが、そして私たち一人一人が、ダイナモ・ネットワークで結ばれ、本当のスクラムを組んで、進んでゆけるように！

燃料電池実用化物語
No.36

　11月30日付の新聞に「燃料電池車のシェア、2020年には最大25％に」という記事が載っていました。ダイムラー・クライスラー社と燃料電池を担当しているカナダのバラード社のトップの発表です。今や時代の寵児ともいえるバラード社。バラード社だけではないでしょうが、その納品する燃料電池エンジンは決して開けられないボックスに収められており、クライスラーでもトヨタでも、自動車メーカー側には絶対にのぞけないようになっているそうです。「開発した技術＝お金」でしょうから、当然でしょうね。

産業振興ビジョン　http://sangyo.iri.metro.tokyo.jp

ところで、そのバラード社がコツコツと燃料電池の開発をしていた数年前の無名時代のこと。大手自動車メーカーはどこもバラード社の潜在力に気づいていませんでした。多分売り込みにいっても「まだ早い。実用化は無理」と話にならなかったのだと思います。そのバラード社を世にデビューさせ、メジャーになる第一歩を手伝ったのは誰だったのでしょう？　ワクワクするこの答えは、『日経エコロジー』2000年1月号をご覧下さい！……と、私の取材した記事をご紹介して終わっちゃうのはあんまりかな？(^^;)。
　イクレイ(国際環境自治体協議会：International Council for Local Environmental Initiatives: ICLEI)をご存じですか？　環境保全をグローバルに考え、そして足下から行動しようという地方自治体の国際ネットワークです。2000年7月現在、60ヶ国359自治体、日本からも48自治体が参加して、いろいろな取り組みをしています。具体的な話を聞くと、自治体のパワーを感じますよぉ。どんなにスゴイか？　1990～1995年にイクレイ会員の150自治体が二酸化炭素の削減キャンペーンを行い、カナダの年間排出量と同量の二酸化炭素を削減したのです。20％削減、15％削減達成という自治体がゴロゴロしています。彼らはその実績を持って京都会議に乗り込み、会議直前の大会で「やればこれだけできる！　国が7％だ、いや6％だ、とチマチマやっていてどうする！」と大いに気勢を上げました。その大会にレスター・ブラウン氏が招かれていたので、私も同席して感心していたのでした。レスターもスピーチで「ここにいる自治体の首長と京都に集まってくる国の首長を取り替えたら、どんなにステキだろうか」とエールを送り、会場が拍手の渦に包まれたことをよく覚えています。
　話を戻しますが、トロントにあるイクレイの世界事務局が環境技術の情報をウォッチしていたところ、バラード社についても知るようになったそうです。ところが、このように新しい技術は実用化にかなりの資金がかかるため、二の足を踏むところが多い。そこで、イクレイは会員自治体のシカゴ市の交通局とバラード社のお見合いの席を設けました。そして、資金面のサポートも含めて、その実用化を促し、そのおかげで世界初の水素燃料バスがシカゴの街を走るようになったのです。そして、その後のバラード社のバラ色の展開(^^;)はご承知のとおりです。
　イクレイの世界事務局長は「イクレイにはまだまだいろいろな技術やノウハウがあります。ぜひ日本の自治体、企業、ＮＧＯの方々に利用していただきたい」といっていました。第二の水素燃料電池をめざす方は、ぜひ！

鎌倉市の取り組み

No. 135

　先日会議で、自治体の代表として鎌倉の竹内市長が鎌倉市の取り組みをお話しになりました。[No.36]でICLEI(国際環境自治体協議会)をご紹介しましたが、鎌倉市もこのイクレイの会員です。イクレイには、二酸化炭素排出量を10～50％削減した自治体も多く、高い目標に掲げて努力している自治体がたくさんある、というお話でした。鎌倉市も「20％削減」を掲げており、その実現のために、以下の3つの方向で取り組みを進めているそうです。
　(1)交通：ＴＤＭ(traffic demand management)を核に、道路が狭いという条件を活かして？

イクレイ日本事務局　http://www.ceres.dti.ne.jp/~iclei-j/

車を増やさない、ミニバスや鉄道を利用しやすいように促進している。
　(2)**ゴミ**：焼却ゴミ半減の計画達成時期を2005年から2002年に前倒し。
　(3)**市民意識の向上**：市民意識は確かに変わっている。"エコ博士"という表彰制度で市民の取り組み、アイディアの共有を進めている。19％も省エネした家庭もあり、アイディアの共有が大切だと市民のネットワークを作って活動してくれている。活動の成果が目に見えるシステムや指標がとても大切である。

　というお話でした。行動に結びつけるには、鎌倉市長のおっしゃるような「活動の成果が目に見える指標」が必要なのだと思います。企業でいう再資源化率など、このあたりは産業界の取り組みから学べそうな気がします。どうでしょうか？
　さて、世界での様々な分野での取り組みはどうなっているのか？　新たな環境問題として浮上してきたのは何か？　情報革命は地球を救えるのか？　環境対経済・雇用の図式は変わりつつあるのか？　お待ちかねの『地球白書2000－2001』(ダイヤモンド社)が出ました！
　以前からの読者の方は、「最近の地球白書は、問題の分析だけではなく、解決策を体系的に提示しようと努力しているなぁ」とお感じではないか、と思いますが、今年版は特にその方向で力強い一歩を感じます。ワールドウォッチ研究所の研究者たちも頑張っておりますので、アイディアやよい事例、記述の不明確なところなど、お寄せ下さると喜ぶと思います。研究所では早くも来年版の準備にかかっております。こんなテーマも是非！というインプットも合わせてどうぞ。
　そして、「良い本だということはわかっているけど、なかなか読む時間がなくて」というアナタへ。「地球白書を1時間で読破する法」をお教えしましょう。子どもの頃に、本の各頁の隅にイラストが書いてあって、パラパラめくると、簡易アニメーションが楽しめる付録で遊んだことがありますでしょう？『地球白書』の各頁の下欄には、一文ずつキーセンテンスが書いてあります。「メキシコは、コカコーラの一人当たり消費量で米国を抜いて世界一になった。マクドナルドが新規出店する5店に4店は米国外に所在する」「サンゴ礁の生物群系は海洋総面積のわずか約0.3％を占めるだけだが、海洋生物種の4種に1種、海洋魚種の65％が生息している」「デンマーク、ドイツ、スペインでは、再生可能な方法で発電された電力を購入することを電力会社に求める電力自給法を導入している」などなど。各ページの下の一文をパラパラと読んでいくだけで、世界と地球の状況、問題、解決への取り組みが浮かび上がってきます。そして所要時間はたったの1時間！(きっと ^^;)。
　お忙しい方にも是非読んでいただきたい本です。データや事例が豊富なので、資料集やデータ集としても価値があると思います。装丁もなかなかステキですよ。昨年版と並べると、ちょっと『ノルウェイの森』みたい(^^;)。

山梨県の「グリーン購入」の取り組み

No. 138
　山梨県がこのほど「環境にやさしい買物運動推進協力店」に329店を指定した、というニュースがありました。県のHPの情報からご紹介します。

　　　私たちの日々の暮らしや購入する商品の全ては、環境に対して何らかの負荷を与え

ています。この環境への負荷を軽減する有効な方法の一つが「グリーン購入」です。グリーン購入とは、商品の購入やサービスの提供を受ける際に、必要性をよく考えたり、価格や品質だけでなく、環境への負荷が出来るだけ小さいものを優先的に購入することです。

　グリーン購入を進めることにより、実践者のライフスタイルを環境にやさしいものに変えることができるとともに、商品を提供する企業にも、環境への負荷が小さい製品の開発や、環境に配慮した経営努力を促すことにつながります。このため本県では、このグリーン購入の考え方を、多くの県民に知っていただくよう、セミナーの開催や、広報誌などで啓発普及を図ってまいります。また、環境にやさしい商品の販売や、ごみの減量化・リサイクルなどの環境保全に積極的に取り組む小売店を「環境にやさしい買物運動推進協力店」として指定し、広く県民に周知することにより、グリーン購入の取り組みや、協力店と県民が協働して取り組む環境保全活動の推進を図ってまいります。

　環境にやさしい買物運動推進協力店のガイドラインは次のとおりです。応募していただいた小売店については、ガイドラインに基づいていることを確認のうえ、協力店として指定し、ステッカーを配付いたします。指定された協力店は、協力店であることやステッカーのデザインを広告などに利用することが出来ます。協力店は、次の必須条件を実施していることに加えて、選択条件の８項目から２項目以上の環境保全活動に取り組んでいる小売店を指定しています。

【必須条件】
○環境にやさしい商品(エコマーク、グリーンマーク、国際エネルギースターロゴなど環境ラベリング事業の対象商品など)を販売している。
○購入者がこれらの環境にやさしい商品を購入しやすいような工夫がされている。
　・一般商品と区分して、販売コーナーの設置や陳列などを工夫している。
　・説明用掲示板を見やすいところに掲げている。

【選択条件】
(1)包装紙、袋等の簡素化など簡易包装を実践していること。
(2)空き缶、牛乳パック、トレイ等の店頭回収をしていること。
(3)トレイ等使い捨て製品の使用削減(ばら売りの実施)に努めていること。
(4)買い物袋(マイバッグ)持参運動を実施していること。
(5)広告チラシ、事務用紙など紙類の使用抑制や再生紙の利用に努めていること。
(6)商品の修理またはリフォームに積極的に取り組んでいること。
(7)小売店の自主的な省エネルギー対策を実践していること。(電気・ガス・水道等)
(8)その他店独自の創意工夫による活動を行っていること。
　　(例示)・営業車両のアイドリング・ストップを実践していること。
　　　　　・フロンの回収と適切な処理を実施していること。

　「グリーン購入」について、とてもわかりやすい説明だと思います。そして、指定を受けるための基準もいいですね。初年度は意識啓発や参画が主眼でしょうけど、今後は

　　山梨県の買い物情報　http://www.pref.yamanashi.jp/kankyo/topics/kaimono/kaimono.htm

「継続的改善」で、満たすべき選択基準項目数を増やすとか、ベスト・プラクティスの事例集を作るとか、消費者への「環境コミュニケーション」の側面も見ていくとか、どんどん発展させて、引っぱっていってほしいと願っています。そしてもちろん、「お手本」たる山梨県がどのような基準でどのくらい「グリーン調達」を行っているかについても知りたいです。

　ところで、最近あちこちで「環境立県」「環境首都」「環境都市」等々のことばを聞きますね。このような「競争原理」で、多くの自治体が競い合って、環境政策を進めてくれれば嬉しいと思います。現在はすべて"自己宣言"ですが、そのうちＩＳＯのように、そのように宣言するための要求事項と監査の規格を作りたいですね。

　現在ＩＳＯ14020sで環境ラベルの規格化が進められています。「環境に優しい」なんていう曖昧で耳に優しい宣伝文句は安易に使えなくなると思います。そして、地方自治体を「環境格付け」する動きもそのうち出てくるでしょう。そのような「環境格付け」では、グリーン調達をしているか、ＩＳＯ14001を取得しているか、などだけではなく、たとえば、公共工事の立案や実施に、環境側面の評価は最初から入っているのか、影響を受ける住民は最初から参画しているのか、なども当然評価項目に入ります。

　産業界では、ある企業の抱える環境リスクを見極め、環境チャンス(環境によって成長するポテンシャル)を推定する中で、その企業の収益性や成長力を判断しようという環境格付けが進んでいます。エコファンドのスクリーニングもそのひとつでしょう。今後、地方自治体も同様の尺度で評価・判断されるようになるでしょう。産業界のように、「そのような環境格付け情報が必要だ！」というユーザーの声が大きくなればなるほど、その動きは加速されるでしょう。つまり住民の声です。そういう意味でも、毎日の買い物で住民の意識を啓発しようというこの山梨県の取り組みはすばらしいと思うし、今後の展開と成果を見守りたいと思います。

市民の市民による市民のための発電所

No. 139

　自然エネルギーに関する最新の話題が届きました。中でも福岡市の市民グループが太陽電池による「市民発電所」を設置したニュースがとても興味深かったので紹介します。

> 福岡市の市民グループ「たんぽぽとりで」が、２月11日、全国的にもめずらしい太陽電池による「市民発電所」を福岡県二丈町に設置した。同グループでは、一口５万円で出資者と屋根の提供者を募っていたが、36口の応募があり、発電所の建設にこぎ着けたもの。太陽電池パネルの出力は最大で３キロワット、面積は25平方メートル、総費用は300万円だが、国から1/3の補助がある。パネルが発電した総電力を売電し、収益は出資口数に応じて分配する。同グループの試算では、一口につき、最低でも1,500円を分配できるという。

　すてきですね！　楽しみですね。「グリーン電力」は最近どのような環境関係の会議でも出てくる用語になってきました。欧米では電力市場の自由化や、消費者が電力を選べるグリーン電力システムが進んでいます。日本でも、北海道でグリーンファンドが立ち上

がり、節電した分を自然エネルギー普及の基金に回し、風力やソーラー発電を進めようと活動をしています。この北海道グリーンファンドの監修した『市民発の自然エネルギー政策　グリーン電力』(コモンズ)には、欧米の事例紹介や、日本でも代替エネルギーの取り組みが進んでいる様子を、とてもわかりやすく解説してあります。しかも単に発電方法だけではなく、社会全体のエネルギー消費側の問題も考慮しています。ワクワクする本です。

とてもいいな、と思ったのが「抵抗からオールタナティブ（代替案）へ」という言葉です。「原発いらない！」式の抵抗・反発運動ではなく、市民側が「代わりに、私たちはこうしたい。そのために一緒にこうやっていきましょう」というコラボレーションをベースに進めていこうという姿勢です。今度はぜひ、電力会社側に「抵抗からオールタナティブへ」移行してもらいたい！

ところで、この自然エネルギーのニュースを届けてくれる会社では、ノートブックＰＣなどの携帯端末用のコンパクトなソーラー発電機も販売しています。私はよく、電車の中や機中、空き時間や待ち時間にニュースを書いています(どこ行くにもノートＰＣを背負っていて、現代の「二宮金次郎」と笑われたこともある ^^;)。　その時、もうちょっと何とか……と思うのが、ノートＰＣの電源です。残り時間が少なくなると、ウルトラマンみたいにピコピコ始めるので、早くとっておきの得意技でやっつけなくちゃ、と焦ってしまいます(古い～ ^^;)。ＰＣ用のコンパクトなソーラー発電機で、電池残量を気にせず青空の下で原稿を書けるなんて、ステキですね！　でも重量が１kgあると、かよわい二宮金次郎にはちょっとキツイ(^^;)。ＰＣの画面がソーラーパネルを兼ねていて、ＰＣを開くだけで発電できるようになる日を待っています！

NPOに愛を込めて！

No. 162

　私が海外出張で竜宮城にいるうちに(^^;)、日本ではＮＰＯが政府から国際会議のオブザーバーに認められなかったり、大蔵省に課税対象にするといわれたり、何とも「前近代的」扱いを受けている様子ですね(たまった新聞の山を切り崩し中… ^^;)。

　ＮＰＯとは、non-profit organization の略で、文字通り「非営利団体」ということです。が、この言葉が広く誤解されているようです。「ＮＰＯは、儲けちゃいけないんだ」と。これは誤解です。ＮＰＯは儲けていいのです。儲けなくてはどうやって、自立して持続可能な活動ができましょうか？　私が翻訳をさせてもらった『みんなのＮＰＯ』(海象社)から引用させてもらいます。「"非営利"という言葉は誤解されることが多い。専門的にいえば、"非営利"とは、その所有者に営利を(分配金やキャピタルゲインとして)分配しない組織を意味しているだけである。民間や営利分野でいう"所有者"がいないのだ」つまり、「非営利」というのは、「儲けてはいけない」ということではなく、「儲けを目的としていない」「利益を株主や社員などで分けない」という定義だと理解しています。

　ＮＰＯの先進国、米国では、この20年間にアメリカ経済におけるＮＰＯの規模も重要性も急速に増大しています。「1996年時点で内国歳入庁(国税庁のようなもの)に登録しているＮＰＯは150万を越えています。ピーター・ドラッガーによると、非営利団体は『アメ

自然エネルギー・ニュース　http://www.naturalgoods.com/topic.html

リカ最大の雇用主』であり、9000万人の有給の従業員とボランティアを抱えています。非営利団体にはいろいろな種類がありますが、最大の公益団体(慈善団体)の1996年の収入総計は6210億ドルで、これはアメリカの経済全体の約6.8％に相当しています。アメリカの制度では、ＮＰＯは簡単な手続きで法人格が取得でき、税制上の優遇措置や郵便料金の大幅な割引などが認められているのはご存じの通りです。米国では特に、80年代に健康や教育、社会福祉プログラムへの連邦政府の支出が削減された際に、その間隙を埋めるべく、地元のコミュニティや企業、市民が、自分たちで取り組み始めたことが、この20年間の隆盛の背景にあるようです。

　しかし、米国だけではありません。ジョンホプキンス大学の非営利セクター比較プロジェクトによると、世界中のほとんどの先進国だけではなく、工業化を遂げつつある新しい国々の多くでも、「民間の自発的活動の高まり」が見られるそうです。このプロジェクトが調査を行った22ヶ国では、非営利セクターにおける雇用が有給雇用全体の平均4.8％を占めているという結論でした」。

　なぜこのような展開になってきているのでしょうか？ひとつは、世界中の人々が、自分たちの生活やコミュニティの運命について、自分たちには自分たちのコントロールを主張する力がある、と自信をつけつつあることです。その力があるということは、そうしなくてはならない、という責任に結びつきます。東欧の共産主義が終わりを告げ、この地域で非営利組織に対する関心が高まっていることは、このことをもっとも明白に示しています。

　従来、民主的に政府を選出してきた国々でも、「政府にできることや政府に期待すべきことには限界がある」という認識が出てきています。政府のように非常に規模の大きな組織は、往々にして官僚主義的で動きが鈍いので、ＮＰＯのような小さな組織の方が小回りがきき、率先してコミュニティのニーズによりよく対応することができます。「非営利団体はその活動を通して、差し迫ったニーズに対応するだけではなく、社会の変化の触媒となり、政府の改善を推し進める刺激となるのである」。同書では、21世紀にも、社会の変化と家族の拡散という趨勢が続くであろうことに鑑みて、非営利団体の役割と価値は引き続き大きくなっていくであろうと予測しています。日本政府の方々に是非『みんなのＮＰＯ』を読んでいただきたい！

『みんなのＮＰＯ』は、以上のようなＮＰＯの重要性の認識に基づき、ＮＰＯがしっかりと責任を果たし、社会を動かしていく有効かつ効率的な活動を推進するためにはどうしたらよいか、そのマネジメントの仕組みづくりについてのガイドブックです。この本を書いているのが、「ＮＰＯのためにマネジメントサービスを提供している営利企業のトップ」というのも面白いですね。米国にはＮＰＯへのサービスで利益を上げている会社がいくつもあるそうです。

　そして、ＮＰＯといっても、さまざまな性格やミッションのＮＰＯがあります。「ＮＰＯ・ＮＧＯ」と十把一絡げにしないで、「このＮＧＯは何のために何をしているところか」をひとつずつ見ていった方がよいと思います。環境問題に携わっているＮＧＯにもいろいろあることはご存じだと思います。たとえば、「ワールドウォッチ研究所」「世界資源研究所」「グリーンピース」。それぞれのＮＧＯのポジショニングやスタンス、活動内容は、

「何を変えたいのか?」「どうやって変えたいのか?」によって様々です。もともと組織とは、誰かが何かを遂行したい!と思って作るわけですよね?そこのところです。それが「ミッション・ステートメント」といわれる組織理念です。

『みんなのNPO』の第1章「方向を定める」では、どうやって戦略的に考え、ミッション・ステートメントを作り、それを目的、目標、行動計画に落とし込んでいくか、というプロセスが説明されています。それぞれのNGOのミッション・ステートメントを比べてみると、その組織が「どうやって」「何を」変えようと活動しているのかがわかります。たとえば、ワールドウォッチ研究所は「学際的に地球環境問題を調査研究し、その知見を情報として発信することで世の中を変えよう」としていること、世界資源研究所は「政策形成」も重視していること、グリーンピースは、「直接抗議及びマスメディアに対する情報の提供を通して、環境問題に対する世論を喚起し、行動を呼び掛ける」ことに重きを置いていることがわかります。

個人的な考えですが、この3つのタイプが大まかなカテゴリーになるのではないかと思います。「調査研究」は多くのNGOで行っていますが、そのアウトプットをどう使うかはそれぞれ違ってきます。ひとつは、アウトリーチ(情報を広く届ける)によって、市民やマスコミ、政策立案者の意識を啓発するという役割(ワールドウォッチ研究所型)、もうひとつは、それに基づいて、具体的な政策形成を行い、様々なレベルの立法府、行政府に、政策提言をしていく役割(世界資源研究所型)、もうひとつは、もっと直接的な行動に訴え、世論を喚起すると共に、直接企業や政府のやり方に圧力をかけて変えていこうという役割(グリーンピース型)。目標はいっしょでも活動のターゲットが違います。補完しあっているのだろうと思います。

ワールドウォッチ研究所の予算の半分は財団から、残りの半分は講演や出版物、個人からの寄付金で賄っています。政府や企業からの寄付金はゼロです。「だからこそ、中立の立場で何でも言えるのだ」とレスター。そんなNPOが日本でも成り立ち、社会の中で重要な役割を果たせるよう、税制の仕組みや、お役所の方々も含めて国民のNPOに対する考え方も、是非変えていきたいものです。

エコマネー

No. 167

先日米国のある地域通貨のご紹介をして「日本の事例をご存じの方がいらしたら、是非教えてくださいな」と書きましたが、文字どおり自分の足元に情報がありました(机の横に出張中の新聞が積んである… ^^;)。4月19日付の読売新聞に「エコマネー　全国30ヶ所で流通」と大きな記事がありました。ここに載っていた主なエコマネー(準備中含む)は、

- 駒ヶ根青年会議所(長野県駒ヶ根市):通貨の名称は「ずらあ」(方言の語尾)
- くりやまエコマネー研究会(北海道栗山町):「クリン」(町名+クリーン)
- 富山福祉生協(富山市):「キトキト」(「新鮮」という意味の方言)
- 富山エコマネー研究会(富山県高岡市):「高岡ドラー」(ドラえもんより)
- 松江まちづくり塾(松江市):「ダガー」(方言の語尾)
- グループだんだん(愛媛県関前村):「だんだん」(方言で、ありがとう)

ワールドウォッチ研究所　http://www.worldwatch.org/wi/index.html
世界資源研究所　http://www.wri.org/values.html
グリーンピース　http://www.nets.ne.jp/GREENPEACE/overview/1_intro/intro.html

- 多摩ニュータウン学会(東京多摩ニュータウン)：「ＣＯＭＯ」(コミュニティやコ スモス(宇宙)の意味を込めて)
- 草津コミュニティ支援センター(滋賀県草津市)：「おうみ」
- 千葉まちづくりサポートセンター(千葉市)：「ピーナッツ」(特産品から)

　エコマネーの動きが目立ち始めたのは、介護保険の全体像が明確になり始めた約１年前から、とのことです。上記のＮＰＯを中心とした動きの他、自治体が音頭を取り始めているところもあり、北海道では富良野市と下川町でモデル事業を始め、静岡県でも実用化に向けての検討に入るそうです。昨年５月には「エコマネー・ネットワーク」が設立され、ノウハウをインターネット上で紹介するサービスを始めています。

　エコマネーとは、エコロジー(環境)、エコノミー(経済)、コミュニティ(地域)の意味を持たせて、通産省サービス産業課長の加藤敏春氏が命名したものですが、名付け親の加藤氏が「エコマネー・ネットワーク」の代表をなさっています。エコマネーとは何かをわかりやすく解説なさっている資料から、一部引用させていただきます。

> 「"エコマネー"とは、一言でいうと、環境、福祉、コミュニティ、文化などに関する多様でソフトな情報をも媒介する21世紀のマネーのことです。"エコマネー"は人間の多様性をそのままのかたちで媒介する"温かい"お金であり、現在貨幣に置き換えられていない多様な情報や価値をも媒介して21世紀において多様な富を創造できるものです」

　「エコマネー・ネットワーク」のＨＰには、「エコマネー」の解説の他にも、「エコマネー・マニュアル」「各地の事例」などが載っています。読売新聞によると、地域通貨は、1980年代の欧米で始まり、現在、世界中で2500以上が流通すると言われているそうです。加藤氏は「貨幣の代わりではなく、お金では量れない善意の行為を新たな価値や尺度で評価し、コミュニティを再生するための１つの手段として捉えることが大切だ」と。

　「日本の主なエコマネー」の表を見ていて、「エコマネーって本当にローカルのマネーね」と思いました。通貨の名称に方言が多く使われているからです。とても誇らしく胸を張っているような名前だと思いませんか？ 愛媛県関前村に行ってみたいなぁ。「これこれのサービスをお願いします」「はい、支払いは『だんだん』で」といって、「だんだん」(ありがとう)っていいながら『だんだん』マネーを渡す、なんて、何となくホンワカしません？

　方言の余談ですが、私は富山にお邪魔する機会が多いのですが、先日富山での会合で、「富山では『もったいない』というのを『あったらもんな』っていうんですよ」と教えてもらいました。同じ富山の方でも「え、知らなかった」という人もいて、どうも魚津方面？か、海岸沿い？の方言らしいのですが、とっても面白いなぁ、と思いました。

　余談の余談。いただいたコメントを「ニュースに使っていいですか？」とお聞きしたら、お返事が「つかえんちゃ」。使っちゃいけないのかと思うでしょう？ でも富山弁で「つかえんちゃ」というのは、「どうぞ。かまいませんよ」という意味なのですって。通訳が要るなァ！(^^;)。

エコマネー・ネットワーク　http://www.ecomoney.net/ecoHP/top.html

持続可能な都市へのチャレンジと国際環境自治体協議会

No. 196

　NHKのBS1の国際共同制作『地球白書』6回シリーズの第2回は「巨大都市、迫られる選択」をテーマに、都市問題を取り上げます。ワールドウォッチ研究所のレスター・ブラウン氏もよく講演で「あと数年で、人類は史上初めて、『都市の種』(urban species)になる」といいます。もうすぐ世界人口の半分以上が都市に住むようになる、ということです。

　都市はその定義からいっても、あらゆるものが「集中」する定めです。人も資源も食糧も都市に集まり、発生する廃棄物や排出物も土地面積あたりでいうと、膨大な量になります。都市をいかに持続可能にするか？　これは地方自治体の大きなチャレンジであるとともに、都市住民ひとりひとりの課題でもあります。「都市と環境問題」を考えるときに、何が鍵を握っていると思われますか？

　いろいろな観点があるでしょうが、私は「土地利用」「交通」「食糧(栄養素の循環)」だと思っています。番組では4つの都市を取り上げて、これらの観点から持続可能な都市の可能性と展望を見ています。特にブラジルのクリチバ市の事例は、「先手必勝！」(英語でいえば、reactive ではなく、proactive なアプローチの重要性)を痛感させてくれます。クリチバが大都市になる前に、ビジョンを育み受け入れる人がいた。それに応えて、ビジョンを描き、その実現に注力したひとりの男がおりました。その男のビジョンと汗の結晶が、現在世界中の都市からの視察団が絶えないクリチバ市だ、ということもできましょう。

　前にご紹介したイクレイ(ICLEI)は、国際環境自治体協議会という名が示すとおり、世界の約360もの自治体が加盟する環境分野における国際ネットワークです。「地域を動かせれば、世界を動かせる」というキャッチフレーズを掲げ、世界の都市のベスト・プラクティスを共有しながら、さまざまな分野で目に見える成果をあげるキャンペーンやプロジェクトを推進しています。ベスト・プラクティスを集めた「世界の自治体による先進的な環境対策事例集」が日本語でも入手できます。50事例以上そろっており、クリチバもありますし、日本発の事例として墨田区の雨水管理や神奈川県のローカルアジェンダの取り組みなども。ケーススタディは1部500円、イクレイの会員以外でもお願いできるそうです。

　イクレイの世界本部のHPもとても役立ちます。私はいつもイクレイのキャンペーンやプロジェクトの設定・運営の仕方に感心しているのですが、効果や成果が目に見えるような仕組みづくりが実に上手です。このあたりは学ぶべき所がたくさんあるなぁ、と思います。

　たとえば、「自動車のグリーン化」をめざすキャンペーンは、ステップ1、2、3で「車両のグリーン化を図り、公害と地球温暖化への貢献を減らしましょう」という実際的なプログラムですが、ISO14001のPDCA(現状把握、目標設定、実行、効果測定)のサイクルがちゃんと埋め込まれています。「ちゃんと考えて実行すれば、このプログラムが自治体の日常業務に差し障るようなことはありませんし、それどころか、大きなコスト削減につながります。たとえば、このような活動ができますよ」と具体的な例や進めていくうえでのツールや情報(戦略、公式政策への持って行き方、説明用の小冊子、リンクやスタッフへのコン

タクト先)などが用意されています。

　日本の自治体でも先駆的な取り組みや活動をしているところがたくさんあると思います。これまでは、たとえばイクレイのような団体に参加して「情報交換」しましょう、といっても、海外から情報をもらう方が多かったと思いますが、これからは日本の自治体やＮＧＯ、企業の取り組みや事例をどんどん「輸出」してほしいな、と思います。私もできるところからお手伝いしたいと思っています。

環境ＮＰＯとＣＳＯ
No. 202

　『みんなのＮＰＯ』(海象社)の翻訳を担当したご縁で、「あの本を参考に"東京都に燃料電池バスを走らせよう！"というＮＰＯを立ち上げました」「いまあの本で勉強しながらＮＰＯを立ち上げようとしています」というお便りをいただき、「翻訳者冥利に尽きるなぁ」と嬉しく思っています。余談ですが、日本では１日に250冊もの新刊が出版されているといいます。一生の間に読める本の数は、本当に限られていますよね。一生の間に翻訳できる本の数はもっと限られています。海象社の山田社長の「21世紀のことはＮＰＯに聴け」という先見の明と使命のお手伝いができ、日本でＮＰＯが力を発揮していくためのお役に少しでも立てているとしたら、本当に嬉しく有り難い「めぐりあい」だったと思います。

　1997年にＣＯＰ３(京都会議)が開催されたときには、日本には「環境ＮＰＯ・ＮＧＯ」があまり育っていませんでした。欧米からは力のある「ＮＧＯ」がたくさん参加するのに、日本があまり見劣りしてもいかんと政府がテコ入れしたとも聞いていますが、気候変動に関するＮＧＯ「気候フォーラム」が形成され、「日本のＮＧＯ代表」として京都会議に参加しました。「気候フォーラム」は京都会議後、「気候ネットワーク」として、以下の５つをめざして活動中です。

1)「抜け穴」をふさぎ、京都議定書の早期発効を！
2)日本政府はまず６％削減できる国内対策を！
3)政策決定プロセスに市民の参加と情報公開を！
4)地球規模の公正のため、南北のＮＧＯの連帯を！
5)みんなで協力して温暖化防止を！

　この「気候フォーラム」は、日本の(環境)ＮＰＯ史上、大きなきっかけと弾みになるものだったと思います。その後ＮＰＯ法が成立し、ようやくＮＰＯ法人への税制優遇の話題も本格化してきました。以下は、環境ＮＰＯ研究会のＭＬの情報です。

　　　経済企画庁の国民生活審議会総合企画部会(部会長＝佐和隆光京大教授)は21日、公益性が担保できる条件さえ整えば、ＮＰＯ法人の財政基盤を強化するために、税制上の優遇措置を認めて良い、などの内容を盛りこんだ中間報告をまとめました。具体的な優遇税制までには踏み込んでいないようですが、ＮＰＯ法改正に向けた動きとして注目されます。

　　　ＮＰＯ法は、検討課題とされている支援税制について、附則で2001年11月末までに検討・必要な措置を取るとし、さらに附帯決議では、2000年11月までに税制を含め検

討を終えるとしています。今回の中間報告は、その前提となるものですから、スゴク重要ですね。近く経企庁ＨＰ上で具体的な内容が公表されるでしょう。

　この環境ＮＰＯ研究会のメールニュースは、２週間に１度というとっても節度ある(^^;)ＭＬで、日本の環境ＮＰＯやＮＰＯ全般を取り巻く状況や出来事や、海外の環境ＮＰＯの情報、講演会やイベントのお知らせなどの「環境ＮＰＯ」関連の情報を届けてくれます。また、「議員と市民のパートナーシップ活動アンケート」調査の集計結果も届けてくれました。環境ＮＰＯがどのようなテーマに取り組んでいるのか、協力者・パートナーだと思う国会議員は誰か、どのように国会議員に働きかけを行っているか、などの調査結果です。

　環境ＮＰＯ研究会は、昨年９月の設立の任意団体的研究会です。環境ＮＰＯセクターがわが国ではあまりに脆弱である現状に疑問を抱き、なんとかして環境ＮＰＯの社会的立場や発言力を向上できないか、と考えた代表者が立ち上げました。個別の団体の規模や事業費は小さくても、連携・協働すれば社会に対して大きな影響力を持つと考え、環境ＮＰＯのゆるやかな連携や提言活動などをめざして、今のところ月１回の勉強会を行っているそうです。これまでの勉強会の内容は、「環境ＮＰＯ事始」「環境ＮＰＯの多様性」「日米ＮＰＯ比較考察」「ＮＰＯによる環境・福祉の連携」「エコ・アドボカシー新時代」「まちづくり・ｂｙ・ＮＰＯ」など。

　欧米人に「日本は京都会議のあと、経団連をはじめ、業界や企業で削減目標を定め、自主行動計画を立てて、毎年フォローアップするなど着実に実行している」というと、「信じられない」といわれます。「政府のコマンド＆コントロール(命令と管理)もなしに、業界が自主的に、政府と平和に？」と。すべてが良いことばかりではないでしょうが、「対決型」ではなく、「協調」しながら物事を進めていこうとする日本式のやり方は、地球環境問題のように社会全体のコラボレーションが必要な、そして「時間切れ」が迫っている問題に対しては、優れた方法ではないかと思います。対決し、議論の果てに合意に達して行動するより、「お互いに察して」協調行動を取る方が省エネで迅速じゃないかな、と。

　欧米の企業から「ＮＧＯが恐くて情報開示もままならない」と聞いたことがあります。少しでもネガティブな情報を出すと、「これからこうやって改善していきます」というところまで聞かずに、わーっと寄ってたかって叩くものだから(そしてあちらのＮＧＯはパワーがあるので、会社の売上や利益に直接響く)、こちらが願ってもおちおち情報も開示できないんですよ、と。このあたり、「日本型」の「本当に皆が勝者になれる関係づくり」をひとつのモデルとして構築し、世界にも発信してもらえたら、と環境ＮＰＯ研究会などの活躍にも期待しています。

　そして、ＮＰＯサイドだけではなく、私たち一般の人々も、ＮＰＯ・ＮＧＯは両刃の刃の力を持っていることを認識することも大切だと思います。「非営利」というのは「儲けてはいけない」という誤解があるとまえに書きましたが、一方、「ＮＰＯ・ＮＧＯはボランティアで良いことをやっているのだから、邪気があるはずがない」というそれこそ無邪気なボランティア信奉が一般の人々の間にありはしないか？と。

　[No.47](202Ｐ)に書いたことですが、日本には本当の有機や無農薬はありえないので、

気候ネットワーク　　http://www.jca.ax.apc.org/kikonet/
経済企画庁　　http://www.epa.go.jp/j-j/menu.html#04
環境ＮＰＯ研究会　　takapi@sf6.so-net.ne.jp

西友ではきちんと「除草剤は使っていない」「低農薬を使っている」という表示をしている。ところがあるグリーンコンシューマーを育成するという消費者団体の評価で、「西友は有機、無農薬の扱いが少ない」とされたそうです。たとえば、「グリーンコンシューマーを育成するためのNPO」なる団体が「これこれの調査により、西友は有機農業に不熱心である」という結論を世の中に発表したとしたら、どうでしょう？ 発表したのがダイエーだったら誰も鵜呑みにしないでしょうが、NPOだったら「そうなんだ。西友ってダメなんだ」と疑いも持たない人も多いのでは？

「NPO・NGOとの正しいつきあい方」「政府／企業／NGOからの情報の正しい読み方」という市民の力を同時に育成していかないことには、いくら企業やNGOから情報が出るようになっても、宝の持ち腐れか、悪くすると逆効果になってしまう恐れがあります。IT(情報技術)は目下の流行ですが、情報対処能力養成も同時に考えていくべきだと思います。

最後に、レスター・ブラウン氏も参加した5月の会合でのお話。安田火災の後藤名誉会長が、「私は、NGO (Non Governmental Organization) でなくCSO (Civil Society Organization) というべきだと呼びかけています。Nonという対立を表す否定語はよくありません。NGO、NPOを包含し、「目覚めた市民の力」を前面に押し出し、積極的な意味を持たせた表現がCSOなのです」と熱を込めてお話になったところ、レスターが「本当にその通りですね。考えてみれば、政府ができるずっと前からこのような市民のグループはあったはずですから、それを"政府ではない組織"と呼ぶことはないですよね。アメリカへ帰ってもこの言葉を使うようにしましょう」と。そして、この非公開会合では最後まで、誰もが「NGO」と呼ばずに「CSO」という言葉を使ったのでした。

世界のボーダーレス化が進んで、いつか「政府」がなくなる日が来ても、それぞれの地域に住んでいる人々の、または、関心を共有する人々の「集まり」はなくなることはないでしょう。CSO、よい言葉だと思いました。

うるさい市民を増やすには

No. 215

[No.196] (230P)の私の問いかけ、「"都市と環境問題"を考えるときに、何が鍵を握っていると思われますか？」に、コメントをいただいています。

> ひとつは「自分にも責任がある」、あるいは「自分も変革の主役のひとりである」と自覚している市民。もうひとつは地球規模のビジョンをもっている首長の存在です。とくに日本のように戦後、自治体がかなりの分野をサービスでカバーしているところでは、この点がとても大切だと思います。

水俣で開催された環境自治体会議の分科会で、コメンテーターを務めた日野市長が以下のような発言をされたそうです。「日野はうるさい職員がいる。その職員が環境に関しても活躍している。でも、うるさい職員がいるのは、もっとうるさい市民がいるから。自治体が環境自治体になるにはうるさい市民を増やすことが重要ではないか」。こんな市長が育つのもうるさい市民の存在が日野にはあるからです、というコメントでした。

「どうして日野には、『うるさい市民』が育ったのでしょうね？」とこの方にうかがってみました。「詳しくはわかりませんが、もともとうるさい市民がいるという感じがします。多摩川流域に残された自然を大事にしたい、地元で有機農産物をつくろう等々ＣＳＯではなくＣＢＯ(Community Based Organization)も多いようですしね」。そして、「ただ、ちょっぴり残念なのはうるさい市民は固定されていて、行政の人にとって『またあのグループか』と思われたり、なれあいになったりしていることですね。パートナーシップは仲良しこよしではないので、そのあたり、緊張感を保ちつつというのは、お互い工夫がいりそうです」ということでした。

近年、地方自治体で「環境基本計画」「ローカルアジェンダ21」などを策定するところが多いようですが、そのプロセスにどのように市民を巻き込んでいるか、自治体によってかなり違うように思います。残念なことに「学識経験者」からなる審議会に一度見てもらって、それで「市民の参画を得ながら策定した」という実績にしてしまっているところも少なくはないようです。日本と比較して、海外の様子を教えてくださった方がいらっしゃいます。

　　日本の図書館のレファランスコーナーには、環境なら年次報告書や環境影響評価報告書、環境科学センター研究報告書なども置かれていますが、どちらかといえばすでに結論が出たものに関する報告書です。審議会などで検討途中の資料や議事録は図書館では見ることができません。ところが、イギリスのサリーカウンティ中央図書館では、ローカルアジェンダ作成途中の会合の議事録がコピーしてファイルに綴じられています。会合に参加できなかった住民は、情報を請求する手間隙かけることなく、図書館に行けば読めるのです。内容についてわからない場合は相談員に聞くことができますし、図書館の会合案内掲示コーナーには次回会合案内も掲示されています。イギリスの他の図書館にも同様の議事録が置いてあるところが多いようです。
　　サリーカウンティでもサンフランシスコでも感じたのは、図書館にハード的なものをそろえる(議事録とかオンラインの端末など)だけではなくて、カウンセラーのようなソフトもきちんとおさえているというところです。サリーの場合は、ローカルアジェンダなど地域の情報についての相談員がいましたし、サンフランシスコでは登録してパスワードをあげるだけではなくて、希望者にはパソコン操縦方法などを教えているのです(ある程度まとまった人数になってから教えているようでした)。日本は箱物行政であまりソフトに力が入ってないようですが、情報共有・情報公開をすすめるにはやはり、このような個々人のレファランススキル支援やニーズにあった情報提供をする体制整備が必須だと思います。市民社会のベースですよね。

先日、取材させていただいた岩手の増田知事は「行政がＮＧＯと相対する対立する時代ではないでしょう。中まで入っていかないと」とおっしゃってしましたし、別の自治体の方も「行政とは市民に寄り添うもの」とおっしゃっていました。行政側の意識がだいぶ変わってきた、新しい考えの方々が行政側に増えはじめている、というのが私の最近の印象です(はじめてダイナモ氏と会合でごいっしょした時に、思わず「本当に都の職員ですか？役人っぽくないですねぇ！」ととても失礼な称賛の言葉を贈ってしまいましたが、「役人っぽい」の中身も変わってい

くのでしょうね)。

　イソップで言えば、これまでの市民／市民団体と行政は、「風と旅人」のような関係も多かったのだと思います。でも、今後は「太陽」のように旅人のガードを解いて懐に飛び込める純粋に前向きの思いとスキルが、市民の側にも求められているのだと思います。「環境教育」は「共育」だ、と言われますが、すべてのセクターに深い関わりのある「環境」を切り口に、情報開示やコラボレーションの進め方・あり方についても、お互いに助け合いながら「共育」が進んでいくのだろうと思います。そして、あちこちの成功事例やベスト・プラクティスを共有することで、そのプロセスを加速できれば、と願っています。

寒い寒い帯広の熱い熱い動き：北の屋台で町の活性化を！
No.220

　去年秋にある会合でごいっしょした帯広の「十勝環境ラボラトリー」の事務局長から、『北の屋台　アイディア・デザインコンペティション募集要項』が届きました。「どーして、寒い十勝で屋台？？？」と私。でも、教えてもらったＨＰを見て、とっても感動しました。「屋台」は、帯広のまちづくりについて考え抜いた結果出てきた取り組みだということがわかったからです。そして、都市やまちの現状分析や将来予測を行い、「ではどうしたらよいか」と取り組みを模索するプロセスは、帯広だけのものではない、よって日本中で、いや、世界中でまちづくりや町の活性化を考えている方々に是非読んでもらいたい、と思いました。

　「北の屋台とは！?」では、まず現状分析や将来予測を行っています。「屋台」につながるまでの帯広での活動や背景がよくわかります。「自分の地域も」と共感される方も多いのではないかと思い、一部ご紹介します。

　　　現在日本の都心部に位置する商店街はことごとく衰退を続けており、この傾向をこのままにしておけば、取り返しのつかない事態になってしまいます。各自治体や商店街も必死に対応策を施しておりますが、有効な方策は未だ見出せていないのが現状です。帯広においては、他地域よりも車社会の進行が著しく、車依存社会の特徴である郊外へのスプロール化は年を経るごとにますます激しくなっております。地球環境問題の深刻化や少子高齢化社会の到来等々、21世紀は人類がかつて経験したことがない難しい問題が山積しており、これまでどおりの方策では到底対処することができないと考えられております。発想のコペルニクス的転回が必要です。

　　　'99年2月末、人頼り行政頼りの要求するだけの陳情型ではなく、自分たちが自らの志と資金で行動を起こすことで、街づくりに新しい波を起こし、街を活性化しようという意識のもと、積極的にまちづくりに取り組んでいるエクスクラメーション、商店街サポーターズクラブ、北電まちづくりワーキンググループ、農業青年グループ等ＴＫＬ以外のグループの人たちにも呼びかけ、「まちづくり・ひとづくり交流会」が立ち上がりました。その後、会合や勉強会を重ねていたところ、4月になって「屋台」というキーワードが見つかったのでした。

　　　「屋台」を軸に「まちづくり」というものを捉えなおしてみると、「屋台」は商売の原点であり、失われた何かを見出すきっかけにもなり得るし、ローリスク、ローコストで開

業できるということもあり、自分たちが行動を起こすのにぴったりの小道具ではないかという結論に達したのでした。一軒一軒では力の弱い屋台でも、集団化することで、法律上の、あるいは資金等の問題点をクリアし、名前は「屋台」と古くても、まったく新しいニュービジネスを作り出そうと調査研究を進めてきました。

　「屋台の歴史」もこのＨＰではじめて知りました。どうして日本全国で屋台が「絶滅種」であるかも理解できました。法律がそう定めているのですね。そして、帯広の「北の起業広場協同組合」では、見事その法律の壁をクリアするアイディアを生み出しました。「オリジナル一部固定式店舗」というアイディアです。これによって、「給排水の設備など法規に則った形態の一部固定式店舗に移動可能の屋台を合体させることで、保健所の営業許可が下りる」「従来の屋台では不可能だった生ものの調理や販売も可能」「営業者側の寒さ対策ができる」そうで、帯広の寒さの問題もクリアできる、一石十鳥のアイディアです。というわけで、「屋台のコンペ」へのお誘いだったのでした。

　十勝環境ラボラトリーは、帯広青年会議所ＯＢが主体となり、「十勝を世界のモデル地域にしていこう」と発足した組織で、幅広く積極的な活動をなさっています。「21世紀、人間が自然の一部として、本当の意味で豊かに暮らしていくためにはどうしたらいいか？ 十勝環境ラボラトリーは、それを真剣に考えたいと思う十勝の人々によって生まれました。地域の有志、国内外の研究者、経済人など多くの人々とネットワークして研究・実践を重ね、その成果をさまざまな形で世界へ向けて発信しています」。

　十勝環境ラボラトリーでは、日産自動車と提携して、十勝に不可欠な、化石燃料に頼らない素敵な「場所カー」の製作プロジェクトを進めていたのですが、先方の都合で保留になってしまったのは本当に残念です。現在の自動車は、アラスカだろうが、赤道直下の砂漠だろうが、どこで走らせても問題のない品質をスペックの条件に作られています。でも、それはかなり「無駄な高品質」を要求し、結果としてコスト増加、環境負荷増大につながっています。十勝環境ラボラトリーでは、「十勝で走ることだけを考えたクルマ」を作ろうと、日産と組んでプロジェクトを進めていたのです。トヨタかホンダか引き継いでくれないかなぁ、と願っています。それこそ「新しい、カッコいいクルマ」ではないでしょうか？

　十勝環境ラボラトリーは、「６年間の期限付きで、やれる範囲のことはすべて実行するつもりで、がむしゃらにあらゆることに挑戦し続けてきた。そして提案するだけにとどまらず、楽しみながら実際に行動するのがモットーだからこそ、続けてこられたのだと思います」ということです。この「北の屋台」プロジェクトもきっと楽しみながら進めていらっしゃるのでしょう。

　凍てつく帯広の町を熱く盛り上げる元気な屋台、そこでは何を売っているのでしょう？ 来年夏に開業したら、ぜひ「北の屋台」に会いに行きたいと願っています。

屋台、そして投げ銭

No. 222
　帯広の「屋台でまちづくり」の活動に、何人もの方からフィードバックをいただきまし

北の起業広場協同組合　TEL/FAX 0155-23-8194
http://www.kitanoyatai.com　E-mail: tkl@iacnet.ne.jp

た。
　この２月にでかけたソウルの町の市場や繁華街では、屋台とそれを囲む透明なビニールテントが延々と連なり、商売の人たちと、通りを行き交う人たちが気軽にコミュニケーションできる場が設けられている状況でした。町を活き活きとさせるのに、屋台の果たす役割は重要との指摘には共感いたしました。

　屋台って、人の心をくすぐる何かがあるんですね、きっと。帯広の活動のひとつの核になっている「こころのよりどころ」、なのかもしれません。何かワクワクしてくるような、すれ違う見知らぬ人にも優しくなれそうな、しかめっ面してパソコンに向かって仕事しているときとは違う心の筋肉を使えるような、そんな感じだなぁ、と思います。
　それで思いつきですが、冬は無理ですけど、季節の良いときにだけ、「老人ホームからの有志による屋台」なんてどうでしょうね？屋台の醸し出すあの活気と人とのやりとりは、心や口を動かしてくれて、おじいちゃんやおばあちゃんも、周りの人もきっととっても元気になれそう。町には高齢者もいるのだし、いっしょに町づくりができるといいなぁ、なんて思いました。
　さて、屋台のにぎわいと共通する、ざわざわと雑ぱくな街角には……、大道芸人ですね。大道芸人も「先用後利」のスタンスですよね。「気に入ったら、投げ銭してくれ」ですものね。私は時々夜にＪＲ町田駅と小田急町田駅の間のコンコースを通りますが、どこから集まるのか、"未来の『ゆず』"でいっぱいです。２メートル置きぐらいにバンドの生演奏。しみじみと聞かせるフォーク調バンドの横で絶叫バンドありって感じで、それはそれは賑やかです。ウルサイくらいエネルギーが感じられて、足を止めて聞いている人もいい顔をしていて、私は結構好きです。警察や当局は頭が痛いかも知れないけど、路上演奏を取り締まって、あり余った若者のエネルギーが他で爆発する処理に追われるより、ずっとイイかもしれないですよね。
　見ていると、「お客さん」は結構シビアで、人が集まっているバンドはやっぱり上手い。ギターのケースにも小銭がけっこう入っています。声を枯らして歌っても全然足を止めてもらえないバンドもいる。シビアな現実に鍛えられるねぇ、頑張ってね、と私も足は止めないけど(^^;)、応援しています。
　市民活動を経済的に支援するインターネット・カンパ「投げ銭」ができるようになった、というニュースが届きました。「ViVa！ボランティアネット」のインターネット上のホームページから支援したい金額をクリックするだけで、簡単にカンパを送ることができるという仕組みです。この仕組みによってリアルな街角で大道芸人やストリートミュージシャンに投げ銭するように、気に入ったホームページの文章や活動に小銭をカンパし、そのページを支援できるそうです。この仕組みによって、市民が容易に様々なボランティア団体を経済的に支援できるようになる、と書いてあります。「資金不足に苦しむＮＰＯ団体が多い現状では意味のある試みであり、新しい市民のパトロンシップの提案でもあります」と。
　e-コマースにしても、e-ビジネスにしても、ＩＴ革命にしても、「何かの思いを遂げるためのツール」だと思います。幸い企業がビジネスとして考えているので、セキュリティ

ViVa！ボランティアネット　http://viva.cplaza.ne.jp/

などの仕組みはしっかりしたものができつつあります。「じゃあ、その安全で便利なツールを、市民やＮＧＯは自分たちの思いを遂げるためにどう使えるでしょう？」と考えたらいいのですよね。そういう意味で、この「インターネット投げ銭で、市民が市民活動を応援できるようにしよう」という取り組みは面白いと思います。

ＩＴ(情報技術)大はやりです。確かにＮＧＯや市民グループでも使いやすく効果・効率アップにつながるツールだと思います。ただ、その利点だけではなく、マイナス点や留意点についても、最初からしっかり考え、対策をとっておく必要があると思います。ＮＰＯの組織づくり、お金づくり、人づくりのガイドブック『みんなのＮＰＯ』(海象社)を日本で翻訳出版するための交渉で、ワシントンに行ったことがあります。この本のあとがきに書いてありますが、私から著者に頼んだのは、原本には含まれていないが、ＮＰＯが情報通信技術をどう活用できるかについて１章書き足してほしい、ということでした。「確かにそれは重要だ」と快諾を得ました。

日本語版用に書き下ろしてくれた「新しい情報技術」という章が届いて目を通したとき、「そうか～」とうなりました。さまざまな効果的なＩＴ活用方法や事例と並んで、「他のあらゆる組織と同じように、非営利団体も電子コミュニケーションの使用に関する公式の方針を定めるべきである」として、様々な問題の可能性および未然防止のために方針に含めるべきことをしっかり書いてあったからです(企業にも十分参考になる内容です)。米国が訴訟社会であり、電子メールも訴訟の証拠として使われるという背景もあると思いますが、「便利なものを便利に使いこなすためには、ルールを定め守ることが必要なんだなぁ」と、当たり前のことなのでしょうが、感心したのでした。

カーシェアリング
No. 160

ロンドン市内からヒースロー空港へタクシーで移動しました。交通渋滞がひどくて、遅々として進みません。ワールドウォッチ研究所のレスター・ブラウンが、「ロンドンの自動車の走行速度は、100年前の４輪馬車の速度と同じだ」と話していたのを思い出しました。同じ速度なら馬車の方がいい(^^;)。バンコクも交通渋滞がひどいらしく、運転手さんたちは年に44日間、渋滞で車の中に閉じ込められている計算とか。

ＪＡＦ(日本自動車連盟)の会員誌の５月号に、そんな渋滞解消＋環境負荷低減の試みが載っていました。カー・シェアリング(車の共有)です。日本でも横浜のみなとみらいで、電気自動車の共有利用の実験が行われていますよね。この記事で紹介されているのは、シアトルに登場した新商売、フレックスカー社のカー・シェアリングです。

開業前の同社の調査によると、シアトル都市圏の人々の１日の平均運転時間は１～２時間。残りはガレージに置いてあるだけなのに、家計の25％を車の所有・維持にかけているそうです。入会金を払って会員になると、キーをもらい、あとは配車センターに電話して、希望の時間・配車場に届けてもらい、車を使ったあと、希望の駐車場に返却し、月末に走行距離に応じた料金を払うだけの仕組みです。ガソリン代、保険料、維持費は料金に入っています。月５回の利用で試算すると、車を所有した場合のコストは月に290ドルだが、カー・シェアリングだと131ドルですみ、年に1900ドルも浮くとか。

フレックスカー社では、現在11台の車を171人で共有していますが、2年間で100台に増やすのが目標。「所有から共有へ」で車の使用は減らすことができ、先進国スイスでは70％も減ったという研究報告もあるそうです。渋滞や大気汚染、二酸化炭素排出量もそれだけ減りますよね。

　ドイツなどのヨーロッパでも、カーシェアリングがあちこちで普及しつつあります。日本でも、特に大都市のように「週末に時々使うだけ」なら、レンタカーの方がトータルでは安いという試算もあり、カーシェアリングは十分商売になりそうです。

　たとえば、トヨタや日産などの自動車会社が積極的にこの事業を進めれば、シェルが「我々はもはや石油を売る会社ではない。エネルギー会社だ」といったように、「我々はもはや自動車を売る会社ではない。移動手段を提供する会社だ」と、企業使命から大きく転換することができるのではないでしょうか。

　米国では、自動車以外にも「ツールキット・シェアリング」といって、ＤＩＹツールや芝刈り機のシェアリングもあるそうです。アメリカの場合、たいてい広い庭がありますから、年に数回しか使わない芝刈り機だって邪魔にならずに置いておけます。日本はその点、シェアリングがより普及する環境にあると思います。既存のレンタルショップも含めて、この分野も大きなエコビジネスの可能性が広がるところだと思います。

　さて、ＪＡＦの記事に戻りますが、シアトル市はボーイング社とマイクロソフト社の企業城下町ということで、ハイテクを駆使して、リアルタイムの交通情報を市民が腕時計型のレシーバーや携帯端末で得る実験が進められているそうです。家を出る前に、携帯端末で交通情報をチェックし、自動車にするか、バスに乗るか、自転車にするか、歩くかを決めるような時代がすぐそこにきているようです。

　ＩＴ(情報技術)が、環境問題の解決に大きな役割を果たすのではないか、という期待が、環境活動家の間に広がっています。最初にコンピュータが普及したときには、ペーパーレス・オフィスが紙の使用量を減らすという期待が見事に裏切られたのですが(実際には印刷用紙が最大の増加を示している)、今度こそいろいろな点で、ＩＴが持続可能な社会に貢献するのではないか、と私も思っています。どんな点で、ＩＴが持続可能性に役立つのか？実例やアイディアをお聞かせいただければ幸いです。21世紀の２つの重要なトレンド：「ＩＴの発達」と「環境の時代」のリンクとシナジー（相乗効果）を見つけ、プッシュしていきたいなと思っています。

　さて、交通渋滞にやきもきしましたが、何とか空港に着きました。明日からイースターのお休みのせいか、空港も混んでいます。ゲートまでたどりついた私を待っていたのは、何とポケモンジェットでした！ボストンの店先でもピカチューを見ましたが、カワイクない(^^;)。アメリカ製のピカチューは顔つきが違うんです。本物の可愛～いピカチューと一緒に、今から日本に向かいます(……といっても機内ではまだ携帯は使えませんから、このニュースを送信するのは成田についてからになりますが^^;)。

カーシェアリング　つづき

No. 206

　[No.202](231P) で、ＮＰＯじゃなくてＣＳＯ(Civil Society Organization)という言葉をご紹介

しましたが、もうひとつ別のＣＳＯを発見しました。ＣＳＯ(Car-Sharing Organization)。車のシェアリングを促進・運用する組織や団体をこう呼ぶそうです。

　カーシェアリングというのは、それぞれが自動車を所有するのではなく、会費を払ってＣＳＯの会員になり、使いたいときに使いたいだけ共有の自動車を使って、使用に応じた利用料金を払う、という制度です。ＣＳＯが共有で使う車を用意し、メンテナンスしますから、会員は自動車を購入したり、メンテナンスをしたりするコストや手間を省くことができます。自動車所有にかかわる維持費がなくなるので、実質的な「お金の節約」が魅力だという会員も多くいます。日本でも、横浜みなとみらい地区で、オフィスエリアを対象とした電気自動車のシェアリングのパイロット・プロジェクトが行われるなど、いくつかの取り組みがあります。

　ある方から、「カーシェアリングが汚染物質の低減にどのように役立っているのか、情報を知りませんか？」と聞かれたので、ワールドウォッチ研究所で「シェアリング」をテーマのひとつに研究しているゲーリー研究員に頼んだところ、興味深い資料をいくつか送ってくれました。

　ひとつは「スイスでの全国規模カーシェアリング共同組合の台頭」という論文です。スイスでは、1987年に２つのＣＳＯが1987年にでき、それらが1997年に合併して、現在ではスイスの組織的なカーシェアリングのほぼすべてをカバーしているそうです。「スイスは組織的なカーシェアリングが最初に発達した国」だそうで、現在ではスイス、ドイツ、オランダ、オーストリアに合計で７万人の会員がおり、会員数の年成長率は高い、と書いてあります。

　カーシェアリングの発展は、新しい情報通信技術（ＩＴ）の発展で可能になった、というのも、なるほど！というポイントでした。ＩＴによって、予約や費用計算のシステム、アクセスコントロールなどができるようになりましたし、予約も電話で行っていたのが、インターネットで時間を選ばず、人手もかけずにできるようになったのです。スイスではカーシェアリングの車両にコンピュータを搭載して、その車両のトラッキングやモニタリングを行っているそうですが、これは「以前には技術が未成熟で不可能だった」と書いてあります。

　この論文では、カーシェアリングが成功するための条件を見ていますが、そのひとつが、「カーシェアリングは、十分に密度の濃い魅力的な公共輸送網なしには成立できない」ということです。個人輸送と公共輸送を有効に組み合わせてはじめて有益である、と。鉄道の駅などをハブに、そこからの「個人の足」に近い感じなのでしょうか。

　また、他の成功要因は会員へのメリットです。もちろん予約や駐車場まで歩いていく手間は生じますが、その代わりにメンテナンスや修理の手間が省けるのでトレードオフだということです。会員への最大のメリットは「お金の節約」です。「年間の走行距離が１万ｋｍ以下のユーザーにとっては、カーシェアリングの会員になるほうが、自動車を所有するよりもコストが安くなる」そうです。

　もうひとつの資料は、オーストリアでの「カーシェアリング」の調査・実験の結果です。かいつまんで内容をご紹介します。ヨーロッパのＯＥＣＤ諸国では、「ＧＤＰが１％増加するごとに、道路交通量が1.74％増加し、民間自動車交通量が1.4％増える」と試算さ

れています。これは「持続可能な発展に拮抗する」ということで、カーシェアリングの考え方が出てきました。カーシェアリングの考え方が最初に出たのは、1950年代はじめのことでしたが、実施されたのは1970年代になってから、ビジネスとして成り立つようになったのは1980年代末、と書いてあります。この調査によると、1996年はじめの時点で、カーシェアリングの利用者は、ドイツ語圏で20000人、1260台の自動車が「カーシェアリング用」に使われているということです。オーストリアのある州では、タクシースタンドのような「カーシェアリング・スタンド」を設けているそうです。電車を下り駅から出ると、タクシーが並んで待っている隣に、貸し出しを待っているカーシェアリングの自動車が並んでいるのですね。

　さて、この研究ではオーストリアで、カーシェアリングの導入前後の人々の行動の変化を調査しました。結果の一部を書きます。「全体の走行距離は50％以上減少」「カーシェアリング導入前に車を所有していた人に限っていえば、走行距離は60％以上減少し、公共輸送機関の利用が増えた」「カーシェアリング導入前に車を所有していなかった人が半分ぐらいいたが、この人々の走行距離は多少増えた。しかし、その増加分は、元自動車保有者の走行距離減少分の数分の1であった」。

　私が特に面白い、と思ったのは、「車両を所有すると、走行距離が伸びる。カーシェアリングだと毎回の走行に"値札"がつくので、走行距離が抑えられる」というポイントです。「自動車所有者は、ランニングコストしか見えずに『自動車が安い』と使うが、カーシェアリングの仕組みで、フルコストが見えやすくなり、自動車を使う／使わない、どのくらい使うか、について客観的な判断ができるようになる」と書いてあります。

　環境税の論議で「現在、外部不経済として、コストに反映されていない環境への悪影響をコストに反映させ、市場や消費者が正しい情報で判断できるようにすべきだ」ということが語られています。レスターも「市場に正しいシグナルを送るべきだ」と税制改革を環境への取り組みの優先事項の最上位に置いています。それと同じように、カーシェアリングの考え方は、「自動車を利用するフルコスト」(環境への悪影響は環境税がない国では反映できませんが)を市場に告げる手段になるのだなぁ、と。自動車の所有者があまり気にせず払っているメンテナンスや車検、自動車税、駐車場代、その他のコストをすべて反映して、「会費」や「利用料」が定められているからです。

　これまで「自動車の台数を減らして環境負荷を減らす手段」という観点のみでカーシェアリングを考えていましたが、「見えない／見えにくいコストを顕在化させる」という面もとても重要だし、いろいろな分野のお手本になるのではないかな、と思います。そして、「見えにくいコストを顕在化させたら、自動車の走行距離が減った(＝環境負荷も減った)」という事実は、とても大切なシグナルだと思います。

　カーシェアリングの「経済全体へのインパクト」についても考察しています。カーシェアリングが進むと、新車の販売台数は減るので、自動車産業を抱えている国はあまり推進したがらないが、カーシェアリングの分野での雇用は自動車産業の失業者数を相殺して余りある、としています。管理用ソフトウェア開発や、車両のメンテナンスなどの他、公共交通網を促進するので、ここでも雇用を創出する、ということです。

　別の資料によると、ベルリンは、130台、2750人が参加している「世界のカーシェアリ

ング首都」だそうで、参加者は、年に2000ドル以上を節約しているという結果が出ているということです。「月会費は5～10米ドル、使用料は時間(2～4ドル)と走行キロ(0.15－0.2ドル)の組み合わせ。運転のフルコストが見えるようになるので、メンバーは年間の走行距離を50％減らしている」とのことです。ドイツ輸送省では、ドイツの潜在的なカーシェアリング・ユーザーの数を245万人と予測しており、これだけのユーザーがカーシェアリングを利用するようになれば、10年間で1200万トンの二酸化炭素が減少できる、としています。ドイツでは現在、約50のＣＳＯが運用中だそうですが、そのほとんどは小さな共同組合から育った団体だそうです。日本でもカーシェアリングに対する関心が高まっているようです。

「ＣＳＯのためのＣＳＯ」(Car-Sharing Organization を支援する Civil Society Organization)っていうのもあるのでしょうね！

カーシェアリングの追加情報と、クルマ・交通と環境
No. 214

　カーシェアリングについて、何人かの方が情報源や参考情報を寄せてくださいました。「カーシェアリングのＨＰでまとまったものがありましたので連絡いたします」と教えていただいたThe CarsharingNetworkのＨＰは本当にワクワクする情報満載で、まるで金鉱を教えていただいたようです。

「カーシェアリングは、個人的な交通の革命、21世紀のモビリティ(機動性)です」と元気の良い言葉に続いて、都市別カーシェアリングの運用状況などの情報が載っています。

　カナダでの取り組みが進んでいますね。例えば、

(都市名)	(組織名)	(設立)	(会員数)	(車両数)
モントリオール	CommunAuto	1995	750	40
ケベック	Auto Com	1994	550	37
バンクーバー	Co-operative Auto Network	1997	450	24

　その一方で、この5月に立ち上げ、会員11人で1台のシェアリングから始めたばかり、というところもあります。

| オタワ | Vrtucar | 2000.05 | 11 | 1 |

　ヨーロッパにも多くありますし、アメリカでも最近立ち上がりつつあるようです。日本の例が載っていないのは寂しいですね。多くのＣＳＯ(car-sharing organization)のＨＰにリンクが張ってあるので、多くの事例の実際を見ることができます。問い合わせもできるでしょう。

　カーシェアリングそのものではないですが、クルマと交通に関する情報もいただきました。ひとつは、パーク・アンド・ライド先進地の札幌で実態調査を行ったところ、中心部の車の削減には効果があったが、郊外の交通量は逆に増加していることがわかった、というものです。「パーク・アンド・ライド」とは、市中心部の交通渋滞を緩和するため、郊外の地下鉄などの駅近くに駐車場を整備し、マイカー通勤者に乗り換えてもらうもの

The Carsharing Network　http://www.carsharing.net/

で、札幌市は他都市に先行して取り組みを進めてきました。ところが、この駐車場を利用して地下鉄などに乗り換えている人のうち、54％は駐車場利用以前は駅までバスで通っており、歩いていた人も8％。利用者に想定していた中心部まで車で行っていた人は16％にすぎない、という結果でした。市では、結果について「中心部の車の削減に効果はあったが、全市の交通量抑制にはつながらず、郊外の路線バスの乗客も奪った」と分析し、今後、駐車場の契約は駅やバス停から遠い住民を優先する方針を決めた、ということです。

　もうお一方からは、"VERTIS"という日本のITS（高度道路交通システム：Intelligent Transport Systems)を推進する協議会の年次総会シンポジウムからの情報をいただきました。

　　　高速道路でのノンストップ自動料金収受の話とか、将来の完全自動運転を目指す自動車と道路のインテリジェント化技術の進展や、自動車の快適性や安全性な関わる話、eーコマースの話等、盛りだくさんでした。車は環境悪化の元凶になっているのですが、確かに日本だけで7000万台の車があるのですから、それらの出す排気汚染は大変な問題です。また、全世界では、毎年6000万台近くの車が新たに製造されているのですね。今後、インドや、中国において急激なモータリゼーションが進むと思うと、本当にゾッとします。

　　　以前、トヨタの豊田会長が話されていたのですが、先進国での最新の省エネ技術が今後の開発国で起こるモータリゼーションの際に大きく貢献するようになる！と。先端技術の進展は、車へ応用することで、エネルギー効率が高まり、省エネに大いに貢献していくのですね。一例ですが、高速道路に料金所があると、そこで車は停止しなくてはならない。現在の料金所の処理能力は、約230台／時間であるが、これをノンストップにすることで約800台／時間と3倍以上に処理能力を高められる。更に将来は1000台／時間にできるというような話でした。道路構造別の交通渋滞発生で、この料金所に関連して発生しているのは、年間約8000時間で、全体の30％を占めているということです。この渋滞を解消するだけでも、大きなエネルギーの節約になるのですね。

　どうもありがとうございます。おひとりのご参加で、数百人がその情報に触れられるということは、エコ効率の極めて良い話で、「ファクター400」ぐらい(^^;)かなと嬉しく思います。トヨタが「途上国でのモータリゼーション」を「(効率は向上したとしても)先進国と同じ自動車」を想定して考えているのだとしたら、非常にがっかりですね。「モータリゼーション」ではなくて「モビリティ」を提供するのだ、と企業理念をいつ変えてくれるのでしょうか？

　先進国に近いレベルの「モータリゼーション」が途上国に起こると、絶対数のケタが違いますから、省エネ技術などで燃費が何割か向上しても焼け石に水です。レスターがよく、「中国でアメリカと同じように一家に一台車を持つようになると、ガソリンとして必要な石油の量は一日に8000万バレルになる。世界中の日産が現在6400万バレルなのに」という例を話しますが、ここで燃費向上で何割か節約しても「問題の解決」にはならないことがわかるのではないでしょうか。自動車を生産するための資源や、道路や駐車場につぶされる田畑はいうに及ばずです。

もちろん途上国に「車を持つな」とはいえないわけで、かなり前ですが、このような発言を聞きました。「これ以上世界の車が増えては困る、というのなら、途上国で一台増えるたび、先進国で一台減らすべきではないか」。どう思われますか？

シェアリングの時代
No. 223

カーシェアリングについて書いたので、ワールドウォッチ研究所で『私有から共有へのシフト』を研究テーマのひとつにしている、ゲーリー・ガードナー研究員の書いたものをひっくり返してみました。余談ですが、彼は若い研究者ですが、書くものも講演もとてもわかりやすく、かつ説得力があります。仏僧のように物静かながら、内に秘めた強さを感じさせる、「冗談をいわないレスター」みたいな感じの人です(^^;)。

『ワールドウォッチ・マガジン』の1999年7－8月号の特集が、彼の「共有の時代への期待」でした。とてもよい記事です。彼はまず「共有という長年の伝統」を振り返ります。

「人類の長い歴史の中で、約1万年前に農耕が始まり、定住生活や財産の所有が可能になるまでは、身につけている服や、2～3の武器や道具を除けば、個人の財産などほとんど存在しなかった。河川や森林といった類のものは、誰のものでもなく、神のみが所有する自然界の一部だと考えられていたようである。農耕が始まり、食糧供給が安定して、定住生活が可能になると、自分や家族だけが使うよう財産を個人で取っておきたいという誘惑が登場した。

ここ3世紀の間、啓蒙思想から生まれた個人賛美もあり(デカルトの『我思う、故に我あり』)、個人の財産は、近代的な市場志向経済の基盤になった。現在では、財産権は自由市場経済の普及に伴って拡大しつづけており、不動産のみならず、以前は個人の所有と考えられたことなどなかった国土にまで広がっている。

個人の所有権がより広く受け入れられるようになるにつれて、また公的機関が多くの社会で影響力を失うにつれて、現在では個人の手中にある世界の富が増えつつある。裏返せば、共有される世界の富が減っている。なぜなら、個人の富は、個人的に使うときのためにしまい込まれがちだからである。

しかし、共同体での共有という古くからの営みを復活させる戦略もある。共有を目指す第一の動機は社会的なものかもしれないが、環境面での恩恵もきわめて大きい」

として、おなじみの「車」と、「住宅」「人々の時間とエネルギー＝ボランティア」という3つの分野で「共有の実際」を事例を交えて紹介しています。

カーシェアリングの「最初の商用化」物語が私には興味深いものでした。「1988年、カーステン・ピーターセンとマークス・ピーターセンというドイツ人の兄弟が、ベルリン市内の交通渋滞と運転コストの高さに大衆の不満が高まっていることに着目し、その前年にスイスで登場したある考えに飛びついた。その考えとは、高価な輸送製品ではなく、輸送サービスを売ったらいいじゃないか、というものである。2台のオペルと予約用の留守番電話でスタートした彼らのスタットオート・ベルリン社は、今では56ヶ所の駐車場に300社の車を置き、5500人の会員にサービスを提供するまでになった」。

ワールドウォッチ・マガジン(ワールドウォッチ・ジャパン発行)　Tel　048-861-5573

もうひとつのシェアリングの分野、「住宅」は、コハウジング(co-housing) という一種の共同体で、1970年代初めにデンマークで実験が始まり、現在では、数ヶ国で確固たる足場を築きつつある現在の村の一形態です。アメリカではカーシェアリングよりも進んでいる、と書いてあります。このコハウジングの様子を読むと、日本の長屋とか、私が小さい頃住んでいた田舎の生活が思い浮かびます。プライベートの壁で空間も心も閉ざすのではなく、空間も時間もある程度、近所の人々と共有していた生活です。「お互いに助け合う」とか、「お互いを知り信頼している隣人同士の親密さ」「子ども達が集団の中でに育つ良さ」(「ウチでは、コハンジングに越してきてから、テレビを見る習慣が消えました」との居住者のことば)などの社会的な良さの他に、環境にもやさしい生活であることが調査結果から示されています。

　最後の「個人の時間と技能」は、[No.167](228P)で取り上げたエコマネーに共通するものです。一例として、ニューヨーク市のウーマン・シェア計画の実例が載っていますが、「この成功は、ある幸福なジレンマを産み出した」と書いてあります。「会員同士が親しくなるほど、サービスの対価としてのエコマネーの受け取りを厭うようになる、ということだ。この事態は、エコマネーのシステムを崩しかねないが、それ以上に価値のある何かが残るだろう。共同体の結び付きが強まるにつれて、『理想はエコマネーが消滅することだと思う』と創設者のダイアナ・マッコートは思いをめぐらせている」。

　とても考えさせられるメッセージだと思いませんか？

　ゲーリー研究員は、最後に「絆の再発見」として、「個人主義という現在の時代の扉を開いた『我思う、故に我あり』というデカルトの言葉は、『私たちがいるから、私がいる』というアフリカ南部のコーサ族の英知に道を譲らなければならないかもしれない。私達が個人として共同体に根ざす状況を再評価してみれば、『共有』は『思考』と同様、第二の天性となるだろう」と結んでいます。

持続可能なモビリティへ向けて
No. 228

　「このクソ暑い最中にバシバシ原稿を書く元気はどこぞから沸いてくるんかいな･･･お化けのようだ･･･」というメールをいただいて、笑ってしまいました。前に「もったいないおばけがいるそうですよ」と書きましたが、私のこと？ (^^;)。いえいえ、インターネットで「もったいないおばけ」で検索してみてください。結構ヒットするんですよ。「そんなことをすると、もったいないお化けがでますよ」と。本当に＜もったいないおばけ＞がいるらしいのです。

　ええっと、今回はお化けではなく、足のある？ 自動車の話です。バルディーズ研究会の会報に掲載されているCERES年次総会参加記から許可をいただいて一部転載させていただきます。

　　　総会でフォード会長のウィリアム・クレイ・フォード・ジュニアのスピーチがあった。会長(といっても43歳)は、持続可能なモビリティを提示することを 21世紀の目標に掲げた。ただし、持続可能なモビリティの具体像はこれから解明しなくてはならない。そのためのプロセスとして、ステークホルダー(利害関係者)を巻き込むこと、透明な環境・

社会的目標を設定し、周知徹底させることが必要。この夏、フォードはステークホルダーとのミーティングを開催する予定。また、今回の大会でCERES原則に署名し、近々CERESレポートを発行する。

フォードでは、世界140箇所で'98年度までにＩＳＯ14001を取得した。サプライヤーにもＩＳＯ取得を働きかけている。ＩＳＯによって水やエネルギーを節約することは、ビジネスの原則からいっても理に適っている。製品面では、2003年にＳＵＶ（大型四駆など。大変人気が高いが、環境派からは燃費は悪いし、大きいし、で評判は悪い）のハイブリッドカーを発売予定。また自動車のリサイクル事業も手がける。これらは新しいビジネスチャンスと考えている。

「持続可能なモビリティ」の「モビリティ」というのは、「機動性」と訳すことが多いのですが、要するに「移動できること」です。自動車に乗るのも飛行機に乗るのも、「それ自体が楽しい」という人もいるでしょうが、大多数の人にとっては、「A地点からB地点へ移動する」ためですよね？　人々が「移動できる」力を自動車なりが提供しているわけですが、「移動できる力」を環境負荷を下げつつ提供することを考える！とフォードさんは宣言したわけです。

ＪＡＦの会報の最新号にも、「フォードが認めたＳＵＶの問題点」として記事が載っていました。フォードが、「主力商品のＳＵＶはユーザーの人気は高いが、反面、環境・安全上に問題がある」と率直に認め、改善に努力すると約束するなど異例の特別報告書を株主総会で配り、大きな反響を呼んでいる、という記事です。ＳＵＶは今や米自動車メーカーのドル箱。昨年のフォードの76億ドルという記録的な収益の大部分を生み出してもいる。しかし、環境団体からの批判が強く、この報告書はこうした批判への回答、ということです。環境対策を重視するフォード会長は、「ＳＵＶの問題を無視すると、たばこ会社のように評判を落とす」と述べています。

このフォード会長は、かのヘンリー・フォードのひ孫さんです。ご存知の方も多いと思いますが、ヘンリー・フォードについてご紹介しておきましょう。

20世紀初頭、アメリカの一人の実業家が、社会や地球環境に大きな影響を与えることになる取り組みをはじめました。アメリカの天才的技術者、企業的成功者として有名な、フォード・モーター社の創立者、ヘンリー・フォード(1863～1947年)です。農家の生まれですが、機械いじりが好きだったフォードは、エジソン電気会社での機械工をへて、自動車の組立に成功した後、1903年にフォード・モーター社を設立しました。何回かの失敗の後、1908年にフォード社は有名なＴ型モデルの開発に成功しました。

このＴ型は、当時あまりにも高価で「金持との玩具」といわれていた自動車を低価格で提供し、真の大衆の足とした画期的なものでした。自動車の価格は1908年の850ドルから、1924年には290ドルにまで下がり、Ｔ型車は生産中止となるまでの19年間に実に1500万台も生産されたのです。Ｔ型モデルの成功をもたらしたのは、標準化され、互換性のある部品を使った流れ作業による組立ラインでした。自動車の組立にはじめて「大量生産方式」を持ち込んだのです。この成功により、アメリカ産業は急速に拡大しました。

またフォードは、企業の成功は同時に労働者の繁栄であるとして、労使共栄の理念を打ち出しました。当時の標準的な日給は２ドル50セントでしたが、フォードはこれを倍増して５ドルに引き上げ、８時間労働制も導入して世間を驚かせました。このフォーディズムとよばれる理念は、大衆の可処分所得を増大させ、商品をより多く売ることで価格を下げ、それがまた消費量を増大させる、という「大量生産・大量消費社会」が登場する舞台を整えた、ともいえるでしょう。
　「内燃機関」を発明したヘンリー・フォードの孫が「内燃機関の終焉」を語った、という記事を前に読んだことがありますが、さらに若いこのひ孫の会長は、そもそも内燃機関の必要性を生み出した「モビリティ：機動性」を持続可能な形で提供するモデルを作るぞ！と宣言されている。とっても楽しみです。
　[No.220]で、十勝環境ラボラトリーが「十勝で走ることだけを考えたクルマ」を作ろうと、日産と組んでプロジェクトを進めていたが、今行き詰まっている、という話を書きました。日本のメーカーがのってくれないなら、フォードに持ち込めばどうでしょう？ 持続可能なモビリティのひとつのアプローチとして評価・協力してくれないでしょうか？
　もうひとつ、関連した動きがあります。[No.210](172P)で紹介したWBCSD(持続可能な発展のための世界産業人会議)が、「持続可能なモビリティ」プロジェクトを開始しました。これは、ＧＭ、シェル、トヨタ自動車が共同議長を務めるもので、世界の現在の交通手段の持続可能性について独立した評価などを行い、2002年末に報告書を出す予定だそうです。「このプロジェクトは、フォードなどの他のメンバーも参画する関連の４つのプロジェクトの中のひとつで、未来の持続可能な交通システムに関するビジョンの開発などをめざす」そうです。カーシェアリングなども入ってくることでしょう。要チェック！ですね。
　さて、帯広の「北の屋台」プロジェクトにも関係するかもしれませんが、移動式のラーメン屋台にもモビリティがあります。人力だから、環境にやさしい(^^;)。ところが、本格的に移動式の屋台を製作しているのは、全国で１社しかなさそう、という情報をいただきました。ほしい方は買えます(^^;)。１台80万円だそうです。

エピローグ
自分への、そして皆さんへのメッセージ

カエルのお話を2つ

No.31

　この環境メールニュースを始めて1ヶ月でナント30本も書いていたことに気づきました。当初は「週に1本ぐらいかな～」と思っていたのですが……。「急流あり澱みあり」と書いたら、「滝じゃないですか」といわれたりしていますが(^^;)、まあ、気長に気楽におつきあい下さい。今日はニュースというより、雑談っぽいですが、カエルのお話を2つ。

　地球環境問題に対する我々人間の認識や対応はよく、「茹でガエル」に例えられます。熱いお湯の中にカエルを放り込むと、カエルは「あちっ！」といって飛び出して逃げます。でも鍋の水の中にカエルを入れておいて、弱火で温めてやると、徐々に水温が上がっていくのに気づかずに、「ハハ～ンハハンハンハン(古い！)」なんていっているうちに、茹で上がって死んでしまうとか。

　記録を取り始めた1866年以降、地球の平均温度は確かに上がっています。二酸化炭素をはじめとする温暖化ガスがその原因であると多くの科学者が考えています。ではどのくらい実際に上がっているのか？ 1～1.5℃程度です、たったの。1998年は平均気温の記録を塗り変えた年で、ワールドウォッチ研究所では「これまで使っていた気温のチャートでは、縦軸(気温)が足りなくなった！」と、ショッキングな発表をしました。でも、それだって前年比0.2℃の上昇です。今のまま温暖化が続くと、2050年には地球の平均気温は2～3℃上昇するだろうといわれています。「これほど大騒ぎして、たった3℃？」と思われるかもしれません。

　でも、あの氷河期の地球の平均気温は、今よりどのくらい低かったと思いますか？「たった」3～6℃といわれています。ですから、2～3℃の気温上昇ですら、地球の多くの生物にとって「命取り」となる環境激変をもたらす可能性があります。でもこのくらいの温度変化では、人間は「あちっ」と飛び出すことはないでしょう。

　もうひとつ、「茹でガエル」的状況として、私がとても恐いと思っているのが、「環境ホルモン」です。内分泌撹乱物質がアメリカの五大湖周辺の子供の知能低下やその他の異常を引き起こしているなどの報告が数多く出ています。環境ホルモンの直接的な影響として、とても恐い話です。

　皆さんもそうなのですが、現代人の体内には、生まれたときには存在していなかった化学物質が250種類も入っているそうです。その多くが未知の物質で、物質同士の相互作用も、遺伝子レベルに与える影響も、何もわかっていないものです。これも少しずつ

体内に蓄積してきたから、「あちっ」とならずに、実は危険な状態にも気づかずにいるのかもしれません。

そしてもうひとつ恐いのは、この環境ホルモンが、世界をあまねく汚染しているという事実です。環境ホルモンの原因となる物質など、見たことも聞いたこともないはずのエスキモー人や北極グマの体内組織にも、非常に高い濃度で発見されているのです。研究者は「もう地上に汚染されていない地などないので、汚染のない状態との比較研究はできない」といっています。世界中の人々が、程度の差こそあれ例外なく影響を受けている、ということです。そうなると、世界の知能指数の分布が低い方にずれていく、ということではないか。それとは気づかぬうちに、「一億総白痴化」どころではない「全世界総白痴化」が進行しているのではないか。

人類史上つねに、知能に限らず人間の能力分布の高い方の極に位置する「天才」と呼ばれる人々が、さまざまな学問領域や芸術、社会で、その知能や深い洞察にもとづいて、人間の抱える問題を明らかにし、ビジョンを示し、その克服方法を見出し、世界をひっぱってきました。でも、分布が低い方にずれていったら、アインシュタインやガンジー、その他問題解決のビジョンを描ける人も減っていくということではないか。

「茹で人間」の行く末は、「ハハ〜ン」なんて呑気な安楽死ではなく、みんながますます自分の情動を抑えられなくなり、社会性を失い、自己中心的になり、暴力的になり、戦争や殺戮を繰り広げても何とも思わなくなり、しかも、そのような暗黒の時代から救い出してくれる「ビジョンの人」も出てこない、という状況ではないか……。

ここで、もう一つの「カエルの話」。

月夜の美しいある晩、2匹のカエルが散歩に出かけました。ところが、はしゃいでとび跳ねているうち、誤ってミルク壺に落ちてしまったのです。2匹は必死に壺から出ようとピョンピョンもがきましたが、なにせ壺が深い上、壺の内側はツルツルで、足場もありません。

1匹のカエルは「どんなにやったって、どうせ無駄さ」とピョンピョンするのをやめてしまいました。そして、沈んでいきました。

もう1匹は「なにくそ。最後まであきらめないぞ」と、必死にもがきつづけました。何度も気を失いそうになる中、必死に足を動かし続けていました。すると不思議なことに、遠い意識の中で、何か固いものが足に触れるのを感じました。気がつくとカエルは固い地面の上に立っていたのでした。あまりにかき回したので、ミルクが固まってバターになっていたのです。そこで、カエルは、難なくミルク壺から跳び出して、家に帰りましたとさ。

皆で、ひとりでも多くで、「ピョンピョン」してミルクをバターに変えましょう！ 気づかぬうちに、茹で上がってしまうまえに。

あとがき

この本の生まれと育ち

　この本は、通訳者・翻訳者・環境ジャーナリストという名刺を持って、あちこちに出没しては好きな仕事をさせてもらっていながら、自分で個人的に出しているEnviro-Newsというメールニュース(1999年11月～2000年夏頃まで)を編集したものです。
　こんにちは、枝廣淳子です。
　通訳という仕事柄、また環境関係の活動で、環境関係の興味深い内外のニュースや展開に触れることがあります。私一人でそのような情報を持っているのももったいないので、ご関心のある方々にメールで随時お知らせしたいな、と思いました。
　定期的なメールニュースではなく、まったく不定期に情報がある度に、お送りしたいと思います。

　このようなメールを、友人や知り合い約30人に送った1999年11月１日が、Enviro-Newsの誕生日？ になるでしょうか。このお誘いメールを書いたときには「週に１本ぐらい」のつもりでした。でもそんなに出せないかも知れない……と思って、「不定期」と断っておきました。断っておいてよかった。平均すると１日に１通弱のペースで、ひどいときには１日に４通もメールニュースを出しているもの(^^;)。この息をのむような展開ぶり(息ができない、という読者もいらっしゃる^^;)にいちばん驚いているのは、この私です。

　もともと、メールニュースを書こうかな？ と思ったのは100％自分のためでした。通訳者というのはとても面白い仕事で、そうでなければ会えないような人に会え(私の人生を変えたレスター・ブラウンとの出会いもそうです)、そうでなければ行けないようなところへ行くこともでき(女人禁制の炭坑に通訳しに行って塩を撒かれた友人もいます^^;)、そうでなければ聞けないような話も聞けます(守秘義務があるので沈黙^^;)。幸い私は、「仕事が終わったら抹殺されるかも」というようなトップシークレットの会議にはお声がかからず(^^;)、だいたい平和な公開シンポジウムや公開セミナーで通訳をさせてもらっています。
　通訳者の仕事ぶりをごらんになったことがありますか？ 私たちはいっしょうけんめいメモを取ります。特に逐次通訳(講演者と通訳が順番に喋るもの)では発言内容を全部は覚えておけないからです(時には30分も喋り続ける人もいますから)。当然、メモは走り書き。他人が見ても、ちっともわからない。本人も、仕事が終わって１日たつと、ちっともわかりません(^^;)。「翌日の仕事のために頭のスペースを空けるには、その日のことはすぐに忘れなきゃねぇ」というのが言い訳？ です。
　ところが、環境問題に関心を持って通訳するようになってくると、いろいろな会議や

セミナーがとっても面白くなってきました。「これは良い考え！」「なるほどなぁ」などと、そのまま忘れるのが惜しくて、一瞬の隙を盗んでメモ用紙になぐり書きをするようになりました。でも、通訳者の悲しい性で(?)、翌日になると何が書いてあるんだか、ちっともわからない(^^;)。「こりゃ、もったいないから、判読できるうちに、ワープロで打っておこう」「そーだ！ ただ打ってもつまらないから、興味のありそうな人に送っちゃおう」ということで、つまり、普通ならその場で捨ててしまう通訳ブースのメモの＜再利用・リサイクル＞として、Enviro-News は生まれたのでした。

　登録者は最初20人ぐらいでしたが、読者が他の方にご紹介下さったり、私も環境会議で出会った専門家に押し売りしたり(^^;)して、1年足らずで500人を超えました。「ご紹介のご紹介」「ご紹介のご紹介のご紹介」……と、今では5代目(^^;)ぐらいの「ご紹介」さんもいらっしゃいます。

　そして、何よりも驚き、有り難く思っているのは、数百人もの各界の専門家や第一線で活動中の方々のバックアップがいただける、何ともスゴイ「専門家と実務家のネットワーク」が広がりつつあることです。専門的な水質問題であれ、エコファンドの現状であれ、私の疑問にはすぐに解説や情報が届きます。「こんな情報もありますよ」という新しい分野の紹介や、書いた記事に対する様々な角度からのコメントが寄せられ、ニュースの幅と深みと私の視野を広げてくれます。

　また、「○号に出ていたあの人につないでほしい」「ニュースで紹介されたセミナーに行ったら、新しい出会いがあった」「自分たちも同じ活動をしたいので紹介してほしい」など、新しい活動や展開に結びついていく「エコ・ネットワーキング」があちこちで始まっていることにもびっくりし、嬉しく思っています。ある人曰く「枝廣さんは良い仲人になれますね！」(^^;)。

**　突然ですが、「Enviro-News」を本にしませんか？**
**　Enviro-Newsのいいところは、 記事に対するフィードバックを得られることです。そして専門家同士のタコツボ状態をたたきこわしてバーチャルなリング上で、知識と実践に関するニュースを一般の人にもわかりやすく展開していることではないでしょうか？**
**　環境問題は、やはり論より証拠的に進めていかないと十年一日のごとき堂々巡りをくりかえすような気がします。その意味で、このEnviro-Newsはたいへん意義があると思います。**
**　また、それをきちんとまとめて紙の媒体に記録しておくことも個人個人に情報格差のある現在、ぜひ必要なことと思います。**

　というメールを海象社の山田さんからいただいたのは、ニュースを始めてまだ2ヶ月のときでした。メールは使っていないけど環境に関心のある方々にも環境問題の情報を伝えたい、何よりも、元気で楽しい取り組みがあちこちで展開中！のワクワクさを届けたい、と一も二もなく話に乗ったのでした。

　実際の編集作業は、「作業を進める間にもニュースがどんどん増えてゆく」(^^;)という難点をのぞけば、楽しいものでした。ただ分量的にすべてのニュースは取り上げられな

いので、「みんな可愛い子なのに、どの子を置いていこうか」とかなり思案しました。「この本が売れたら、次作には入れてあげるからね」(^^;)と、ストーリーとしてまとまっているもの、特に最近の大きな動き、絶対に重要なポイントや自分なりの見方や考え方を提示できているものを中心に選びました。まだまだたくさん、素敵な取り組みや、展開が非常に早いため本に載せることを断念した新エネルギーの情報もあるんですよ！

　ニュースを読んで応援して下さる読者の方々、コメントや情報を寄せて下さる専門家の方々、いつもありがとうございます。ニュースやこの本へのコメントの引用を快く許可してくださった方々と、出版を応援してくれる多くの方々のおかげで、この本が生まれました。

　そして、タダの通訳者(無料じゃないけど^^;)だった私に、「環境」の世界を惜しみなく教えてくれ、冗談を連発しながら環境と人生の師でいてくれるレスター・ブラウン氏、講演など新しい活動への橋渡しをして下さった日本青年会議所元会頭の新田八朗氏（日本海ガス社長）、「環境ジャーナリストの名刺を作りなさい」と、著名な経済人へのインタビューや日本独自の活動の取材・執筆などの機会を与えて、「せっかく英語ができるのだから、日本の取り組みを世界に発信する役目を果たせ」と励まして下さる三橋規宏氏に、心から感謝しています。そしていつも温かく応援してくれている家族にも大感謝です。

　最後になりましたが(^^;)、自己紹介。これからもどうぞよろしくお願いいたします。

自己紹介
No.49

　これまで自分について書いたことはありませんでしたが、ここで初めて自己紹介をさせていただきます。

　えだひろじゅんこ。京都生まれ。通訳・翻訳者・環境ジャーナリスト。幼少の頃は色白で舞子さんをめざしていたが、5歳で宮城県の田舎に引っ越し、毎日野山を駆けめぐって遊ぶ野生児生活で真っ黒になり夢破れる。しかしこの時期五感で体験した「大地とのつながり」が今の自分の活動の1つの原点であるような気がしている。

　大学での専攻は「教育心理学」、特に臨床心理学(カウンセリング)。修士を終えて「社会を経験していない私に社会で困難を味わっている人のカウンセリングはできません。一度社会に出てきます！」と大学を飛び出して以来戻っていない。「枝廣はまだ戻らんかー」と先生。ごめんなさい(^^;)。

　「大学院卒の女子なんて要らない」という就職難の中、(株)サンマークの教材開発部門に拾ってもらい、第二の青春を送る。商品開発部所属であったが、社内旅行や会社の創立記念行事等の宴会部長として名を馳せる。その後10年ぐらいしてから、サンマーク出版から最初の翻訳書を出版してもらうことになる。

　1991～93年、夫の米国留学に伴い、ニュージャージー州で暮らす。渡米前は英語は苦手で大嫌いだったが、この2年間に一生懸命勉強し、帰国後、通訳となる(今も大学時代の友人は私が通訳で生計を立てていることを絶対に信じない^^;)。

　通訳・翻訳を通して環境問題に関わるようになり、今日に至る。

ある程度、英語力がついた時点で、たまたま『地球白書』で知ったワールドウォッチ研究所に「英語／日本語のコミュニケーションでお手伝いさせて下さい！」とボランティアの押し売りをし、以来、レスターをはじめ研究所の魅力にはまって、日本でのサポートを続けています。

　最近、通訳の仕事でも「環境なら枝廣サンに」と指名して下さるお客様も増え、環境の分野が多くなりました。専門用語や背景知識を活かせるし、そこで得られる現場の様子や最先端の知識は自分の糧になるので、とても嬉しく大いに張り切っちゃいます。

　通訳は基本的に"黒子"ですが、「自分の思いや考えも語りたい」と思うようになったころ、1998年10月から『信濃毎日新聞』の子ども向けページで、環境問題の連載を書く機会をいただき、2年間にわたり100回ちょっと書きました。子ども向けに書くことは本当によい勉強になります。子どもたちからのフィードバックももらえたし、毎週読んで下さった長野の方々ともネットワークがつながって、楽しい機会でした。

　また日本青年会議所とのご縁や連載やメールニュースの読者からのお声掛けで、「地球環境問題と私たち」「環境問題とビジネス」「ＩＳＯ14001」「森林問題」などの講演会、パネル、セミナーなどに呼んでいただく機会も増え、あちこちで新しい出会いをエンジョイしています。

　(ご覧のように ^^;) 書くことが好きで、これだけ書いてもまだまだ書きたいことがあります。「ポケットを叩くとビスケットが……」♪という歌のように、通訳に出かけるたびに、取材に行くたびに、そしてニュースを書くたびに、書きたいコトがどんどん増えるのですから！

　いつか、「台所から地球環境を語る」というような"環境エッセイ"に挑戦して、いまいちばん手が届いていない若い女性やお母さんたちにもぜひ大切な情報やメッセージを伝えていきたいと思っています。「環境心理学」なんて分野も開拓してみたい、と夢は拡がる一方 (^^;)。

　仕事上で、環境問題への取り組みで、そしてこのメールニュースで、たくさんの方とご縁ができ、いろいろなインプットをいただけることがとても嬉しいです。

　どうぞ今後ともよろしくお願いいたします。

枝廣淳子

＜お知らせ＞
(1) 本書掲載のＨＰのＵＲＬは、本にまとめた段階でチェックした最新のものですが、これ以後の変更についてはサポートできません。
(2) エコ・ネットワーキングのための利便性を考え、海象社のＨＰ上に、この本に登場するすべてのＵＲＬをファイルとしてまとめてありますので、ご利用下さい。こちらのＵＲＬは半年に１度程度はチェックし、更新する予定です。
(3) Enviro-News受信ご希望の方は、本書についている愛読者カードでメールアドレスをお知らせ下さい。私へのメッセージやフィードバックは、愛読者カードまたは下記のメールアドレスへお寄せ下さい。すべてにお返事を差し上げることはできませんが、いただいた情報やコメントは大切な糧にさせていただきます。
　海象社　http://www.kaizosha.co.jp

INDEX

ABC順

- BCSD……167, 168
- BP Amoco……78
- BWA……115
- CBO……234
- CERES原則……246
- Changing Course……172
- COP3（京都会議）……231
- COP5……77
- CSO（Car-Sharing Organization）……239
- CSO（Civil Society Organization）……231
- EMAS……139, 166
- e-コマース……237
- e-ビジネス……37, 217
- FSC……65, 66
- GPN……188, 189
- GRI……179
  - ーガイドライン……174, 179
- ICC……173
- ICLEI……222
- IPCC……80
- ISO……115, 161
- ISO14000s……161
- ISO14001……163, 165, 166, 168, 169, 173, 174
- ＩＴ……238, 239
- ＩＴＳ……243
- ＩＴ革命……187
- LCA……48, 115
- MIPS……121
- NGO……20
- NPO……226, 231
- POP……24
- PPP……179
- SRI……201
- TC……166
- TDM……222
- TLO……66
- TMO……66
- TQC……107
- TQM……107
- UBS銀行……198
- UNCED……167
- UNEP……80
- WBCSD……172
- WICE……173
- WTO……59
- ZETEK POWER……34

50音順　あ行

- アースデー……134
- アイスランド……136, 150
- アイソス……163
- 赤土汚染……73
- アカウンタビリティ……47
- アップグレーダビリティ……140
- アルカリ燃料電池……34
- 岩手県新エネルギービジョン……150
- インターフェイス社……148
- 「奪われし未来」……92
- 永久凍土……59
- エコ……118
- 「エコ経済革命」……20
- エコ効率……133
- エコデザイン……113
- エコバンク……210
- エコファンド……198, 199, 201, 202, 203, 205, 207, 209, 210, 213
- エコプロダクツ展……119, 133
- エコプロダクツ……118
- エコマーク……224
- エコ・マテリアル……162
- エコマネー……228
  - ーネットワーク……229
- エコライフ……187
- エコラベル……177
- エコ・リテラシー……94
- 江戸時代の循環型社会……53
- エネルギー源……62, 108
- エネルギー使用量……108
- エネルギーの質……108
- エレクトロラックス社……176
- 汚染者負担原則……179
- オゾン層……62, 101
- オピニオン・リーダー……144
- 温室効果ガス……33
- 温暖化……32、75

か行

- カーシェアリング……238, 239, 242, 244
- カール・ヘンリック・ロベール……123
- 皆伐……68, 160
- 海面上昇……80
- 買い物ガイド……160
- 拡大製造者責任……143
- 家庭版ISO……19
- 紙……24, 61
- カルンボー工業地帯……111
- 環境影響評価……191
- 環境会計……62
- 環境カウンセラー……194
- 環境家計簿……187
- 環境活動評価プログラム……191, 193, 195
- 環境監査研究会……181, 183
- 環境教育……119, 190
- 環境経営……182
- 環境自治体会議……163, 233
- 環境税……177
- 環境調停者……116, 117
- 環境調和型設計製品……118
- 環境と宗教……133
- 環境配慮型生活……187
  - ー製品……118, 199
  - ーファンド……188, 198
- 環境白書……213
- 環境パフォーマンス……171, 183, 185, 199
- 「環境ビックバンへの知的戦略」……20
- 環境弁護士……116
- 環境報告書……14, 176, 184, 186
  - ーネットワーク……185
- 環境ホルモン……92, 93
- 環境マネジメントシステム……169, 191, 193, 195
- 環境問題とビジネス……158, 161
- 環境ユニバース……209
- 環境レポート大賞……185
- 環境を考える経済人の会21(B-LIEF)……18
- 甘草……33
- 環日本海環境協力会議……17
- 間伐材……56、61
- 気候ネットワーク……231
- 気候変動……74
  - ーに関する政府間パネル……80
- 北の屋台……235
- 京都議定書……33
- 共有……239, 244
- ギルガメシュ叙事詩……124
- 金融と環境……202
- グッズ減税、バッズ増税……179
- グッドバンカー……198
- グリーンインベスター……201, 211
- グリーン購入……188, 189, 223
  - ー原則……189
  - ーネットワーク……188, 189
- グリーン・コンシューマー……159
- グリーン調達……169
- グリーン電力……35
- グリーンピース……68
- グリーンファンド……226
- グリーンリポーティング・アウォード賞……185
- グリーンリポーティング・フォーラム……181
- クリチバ市……230
- 継続的改善……167, 185
- 携帯電話……37
- 国際環境自治体協議会……222
- 国際標準化機構……168
- 国産材……72
  - ーで100年もつ住宅を建てるプロジェクト……64
- 国連環境開発会議……167
- 国連環境計画……80
- 古紙……61
- コハウジング……245
- 湖山池……82, 83, 86
- コラボレーション……46、160

さ行

- 再資源化法……88

再利用……105
里地地域の地球温暖化対策……75
里地ネットワーク……75
里山……75
産業エコロジー……49
産業クラスター……104
産業振興ビジョン……216、217、218
山川草木悉有佛性……93
シェル……36、70
自然エネルギー……36
　　─学校……29
持続可能……46、113
　　─な社会……111、127、164
　　─な森林管理……61
　　─な都市……230
　　─な国家……32
　　─な発展……172
　　─なモビリティ……245
持続可能性……121、173、181
　　─報告……174、179
湿地……31
シベリアの森林……59
市民発電所……225
市民バンク……212
社会的責任投資……201
社内排出権取引……77
シュミット・ブレーク……121
循環型社会……124、127、129
　　─形成推進基本法……128
情報開示……151、173
情報公開……217、234
食糧安全保障……54、58
食糧不足の時代……53
シンク……62
人口増加……102
人口問題……12
身土不二……43
森林管理協議会……46、60
水素エネルギー……62
水素スタンド……34
水素タクシー……34
水素バス……222
スーパーファンド法……69
スチュワードシップ……46
ステークホルダー……182
ステファン・シュミトハイニー
　　……172
税収中立……179
生態系の提供するサービス
　　……58、63
青年会議所……131、193、195
生分解性プラスチック……87、159
世界資源研究所……228
是正処置……109
説明責任……47
ゼロエミッション……110、112
全国環境保全推進連合会……192
全国地球温暖化防止活動推進
　センター……32
千枚田……52
先用後利……45
ソーラー・エネルギー……34、36

ソーラーパネル……30、36
草木國土悉皆成佛……137

た行

ダイオキシン……67、92
タイガ……58
ダイナモ……216、217、218
田毎の月……52
棚田……52、53、55、56
　　─支援市民ネットワーク……52
　　─を知る……112
チェロキーインディアン……143
地球温暖化……32、75
　　─国内対策の協力に向けた日独政
　　策対話会合……77
　　─対策推進大綱……60
「地球環境と日本経済」……106
地球サミット……127、167
「地球データブック1999-2000」……75
地球の友ジャパン……64
「地球白書」(本)……24
地球白書(テレビ番組)……12
地上資源……104
知足……135
地熱発電……149
「沈黙の春」……92
テッド・ターナー……13
ドイツの新エネルギー法……35
毒物ホットスポット……23
都市と環境問題……233
富山の薬売り……44、47
トリプル・ボトムライン
　　……180、209

な行

内分泌撹乱物質……93
ナチュラル・ステップ
　　……164、165、174
難分解性有機汚染物質……24
二酸化炭素……33、58、78
　　─の吸収源……62
　　─の排出……75、81
日本湿地ネットワーク……31
熱帯雨林……24
燃料電池……221
　　─タクシー……34

は行

……242
バイオマス……36,62,175
排出権取引……17,62,77
排出権取引グループ……78
場所カー……236
バックキャスティング……164,175
速水林業……67
バラード社……221

バルディーズ研究会……160,183
干潟……30
ビジョン
　　……145,148,151,152,216,217,218
ファクター4……113,120,133
ファクター10……120
フィージー……110
風力発電……35,38,107,226
富栄養化……82
フューチャー500……48
プラスチック……87,190
プリウス……106
ブリティッシュ・ペトロリアム
　　……78
ブループラネット賞……123,176
分別収集……19
ペットボトル……87,89
　　─のリサイクル……87
　　─リサイクル推進協議会……88
ヘンリー・フォード……246
北洋材……68,70
ホテル・ソンガ・セービー……186
ボランティア貯金……201,204
ポリエチレン……110

ま行

マイクロ発電……61
水不足……24,107
メタンガス……59
モーリス・ストロング……131
もったいない……
　　129,130,131,133,134,142,143,145
　　─精神……133
「森は海の恋人」……63

やらわ行

茹でガエル……248
良いコミュニケーターの3原則
　　……154
予防措置……109
ライフサイクル・アセスメント
　　……115
リグニン技術……61
リサイクル……87,89
竜安寺のつくばい……136
リユース……89
レイ・アンダーソン……148
レイチェル・カーソン……92
レスター・ブラウン……20
漏斗(ろうと)……164,165
労働生産性……41
ローカルアジェンダ……234
ロードマップ……22
ワイツゼッカー……133
ワールドウォッチ研究所
　　……20,25,26,38
渡り鳥……30
割り箸……158

255

エコ・ネットワーキング！
「環境」が広げるつなげる、思いと知恵と取り組み

2000年12月2日　初版発行
2002年4月27日　第3刷発行

著者　………………枝廣淳子

発行人　……………山田一志
発行所　……………株式会社 海象社
　　　　　　　　　郵便番号112-0012
　　　　　　　　　東京都文京区大塚4-51-3-303
　　　　　　　　　電話03-5977-8690　FAX03-5977-8691
　　　　　　　　　http://www.kaizosha.co.jp
　　　　　　　　　振替00170-1-90145

組版　………………[オルタ社会システム研究所]

装丁　………………鈴木一誌

イラスト　…………佐藤　省

カバー印刷　………凸版印刷株式会社

印刷製本　…………株式会社 フクイン
　　　　　　　　　担当 寺谷 仁

©Jyunko Edahiro
Printed in Japan
ISBN4-907717-70-9 C2030

乱丁・落丁本はお取り替えいたします。定価はカバーに表示してあります。